模具数控加工技术

主　编　刘宏军
副主编　黄　杰　段晓旭

第四版

大连理工大学出版社

图书在版编目(CIP)数据

模具数控加工技术 / 刘宏军主编． -- 4 版． -- 大连：大连理工大学出版社，2021.4(2024.6重印)
新世纪高职高专模具设计与制造类课程规划教材
ISBN 978-7-5685-2683-8

Ⅰ．①模… Ⅱ．①刘… Ⅲ．①模具－数控机床－加工－高等职业教育－教材 Ⅳ．①TG76

中国版本图书馆 CIP 数据核字(2020)第 171913 号

大连理工大学出版社出版

地址：大连市软件园路 80 号　邮政编码：116023
发行：0411-84708842　邮购：0411-84708943　传真：0411-84701466
E-mail:dutp@dutp.cn　URL:https://www.dutp.cn
大连雪莲彩印有限公司印刷　　大连理工大学出版社发行

幅面尺寸:185mm×260mm　　印张:15.25　　字数:368 千字
2007 年 8 月第 1 版　　　　　　　　　　2021 年 4 月第 4 版
2024 年 6 月第 2 次印刷

责任编辑:唐　爽　　　　　　　　　责任校对:吴媛媛
封面设计:张　莹

ISBN 978-7-5685-2683-8　　　　　　　　　　定　价:42.80 元

本书如有印装质量问题,请与我社发行部联系更换。

前　言

《模具数控加工技术》(第四版)是"十四五"职业教育国家规划教材。

作为高职高专院校模具设计与制造专业培养模具制造核心技能的教材,本教材一直追求真实反映模具数控加工职业工作过程,追求适合项目引领、任务驱动、学中做、做中学等理论、实践一体化的教学模式,并将各高职高专院校的专业建设、课程开发与实践结果引入教材中。随着科学技术突飞猛进的发展,模具数控加工制造的新技术、新装备、新工艺不断涌现,高等职业教育的教学模式也在发生变化,编者在将各用书院校的建议和教学经验进行梳理后,决定对该教材进行再次修订。

本教材此次修订以职业技能培养为核心,以完成具体生产技术工作任务为载体,形成专业知识、岗位技能、职业素养"三合一"的课程教学模式,并通过校企合作开发反映现代模具数控加工新技术、新工艺的立体化教学资源。相信本版教材能作为高职高专院校模具设计与制造专业中数控编程和数控机床操作实训课程的相关教学以及机床模具数控制造相关工种(数控车、数控铣、加工中心)职业资格鉴定培训的主选教材。

本次修订的主要特点如下:

1. 根据《高等职业学校专业教学标准》,以科学发展观为指导,围绕现代职业教育体系建设,采取校企合作方式,由企业专家及高职教学名师组成教材编写团队。

2. 突出职业特征,教材内容与模具数控加工技术对应的典型工作岗位及职业资格标准对接。教材的编写体系以数控机床中、高级操作工所需知识和技能为核心,突出对模具制造从业者的职业道德、专业知识素养和职业能力的综合培养,突出以学生为中心、项目导向、任务驱动等多种形式的"工学结合"教学模式。

3. 融入现代最新技术。对接现代模具制造职业标准和岗位要求,注重吸收模具数控加工技术发展的新知识、新技术、

新工艺、新方法。

4. 开发具有多种呈现形式的立体化教学资源。除纸质教材外，本教材还配有课程标准、电子课件、案例库、试题库、习题参考答案等配套资源，如有需要，请登录职教数字化服务平台进行下载。

本教材由南京工业职业技术大学刘宏军任主编，南京工业职业技术大学黄杰、沈阳职业技术学院段晓旭任副主编，南京交通职业技术学院李东君、沙洲职业工学院张福荣、南京工业职业技术大学张霖霖参与了部分内容的编写。具体编写分工如下：刘宏军编写职业入门和模块一；黄杰编写模块二和模块三；张福荣编写模块四；段晓旭编写模块五；李东君编写模块六；张霖霖编写模块七。中国石油西气东输管道公司明学勤为本教材的编写提供了技术支持。刘宏军负责全书的统稿和定稿。

在编写本教材的过程中，我们参考、引用和改编了国内外出版物中的相关资料以及网络资源，在此对这些资料的作者表示诚挚的谢意！请相关著作权人看到本教材后与出版社联系，出版社将按照相关法律的规定支付稿酬。

尽管我们在教材特色的建设方面做出了许多努力，但由于编者水平有限，教材中仍可能存在一些疏漏和不妥之处，恳请各教学单位和读者在使用本教材时多提宝贵意见，以便下次修订时改进。

编　者

所有意见和建议请发往：dutpgz@163.com
欢迎访问职教数字化服务平台：https://www.dutp.cn/sve/
联系电话：0411-84707424　84708979

目 录

职业入门 ………………………………………………………………………………… 1
   入门一 对本课程的初步认识 ………………………………………………………… 1
   入门二 模具数控加工职业入门 ……………………………………………………… 3
   思考与练习 …………………………………………………………………………… 6

模块一 数控加工工艺与装备选择 …………………………………………………… 7
   单元一 制订模具数控加工工艺 ……………………………………………………… 7
   单元二 定位轴数控加工工艺规程设计 …………………………………………… 14
   单元三 模具数控刀具的认识与选择 ……………………………………………… 19
   单元四 数控机床的选择 …………………………………………………………… 25
   单元五 数控加工工艺编程参数的确定 …………………………………………… 31
   单元六 数控加工工艺设计与装备选择 …………………………………………… 35
   思考与练习 …………………………………………………………………………… 41

模块二 模具数控车削编程基础 ……………………………………………………… 44
   单元一 认识数控车削加工工艺 …………………………………………………… 44
   单元二 数控车削常用的基本编程指令 …………………………………………… 51
   单元三 常用的准备功能指令及其应用 …………………………………………… 59
   单元四 螺纹加工指令及其应用 …………………………………………………… 75
   单元五 复合循环指令及其应用 …………………………………………………… 81
   单元六 子程序、宏程序编程 ……………………………………………………… 89
   思考与练习 …………………………………………………………………………… 95

模块三 模具数控车削编程应用 ……………………………………………………… 100
   单元一 数控车削复合循环编程 …………………………………………………… 100
   单元二 冲模连接杆数控车削工艺编程 …………………………………………… 102
   单元三 模具定位套数控车削工艺编程 …………………………………………… 105
   单元四 正弦曲面数控车削工艺编程 ……………………………………………… 109
   单元五 数控车床基本操作 ………………………………………………………… 113
   思考与练习 …………………………………………………………………………… 123

模块四 模具数控铣削编程基础 ……………………………………………………… 124
   单元一 认识数控铣床 ……………………………………………………………… 124
   单元二 铣削工艺编程的预备知识 ………………………………………………… 129
   单元三 常用数控铣削加工基本编程指令 ………………………………………… 135

单元四　刀具补偿指令及其应用……………………………………………141
　　单元五　固定循环指令及其应用……………………………………………149
　　单元六　加工中心基本编程应用……………………………………………157
　　单元七　图形变换指令及其应用……………………………………………160
　　思考与练习………………………………………………………………………165
模块五　模具数控铣削编程应用……………………………………………………169
　　单元一　数控铣床加工工艺与程序设计……………………………………169
　　单元二　加工中心加工工艺与程序设计……………………………………172
　　单元三　宏程序加工工艺与程序设计………………………………………174
　　单元四　数控铣床基本操作…………………………………………………179
　　单元五　加工中心加工实训…………………………………………………187
模块六　模具数控线切割编程………………………………………………………191
　　单元一　数控线切割工艺及编程……………………………………………191
　　单元二　模具数控线切割工艺编程应用……………………………………201
　　思考与练习………………………………………………………………………210
模块七　模具现代制造技术…………………………………………………………211
　　单元一　模具数控高速加工技术……………………………………………211
　　单元二　模具快速成型技术与超精密加工技术……………………………217
　　单元三　模具特种加工技术…………………………………………………223
　　单元四　模具CAD/CAM技术………………………………………………229
　　思考与练习………………………………………………………………………234
参考文献………………………………………………………………………………236

职业入门

模具是制造业发展的基础工艺装备，模具工业是国民经济各行业发展的重要基础，是一个国家工业发展的基石。用模具生产的最终产品，其价值一般是模具自身价值的几十倍至上百倍。在各行各业中，特别是在汽车、电子、电器、仪表、家电等产品中，大多数的零部件都依赖模具成型，模具设计生产的技术水平决定了最终产品的质量和效益，显示了企业的新产品开发能力和市场竞争能力。我国要由一个制造业大国向制造业强国发展，模具工业的发展将起到重要的作用。模具工业的振兴和发展已经受到了广泛的重视和关注，国家已把模具置于机械工业改造、生产和基本建设的重要位置。

模具主要分为冲压模具和塑料模具两大类。随着塑料工业的发展，塑料模具的应用规模已经超过了冲压模具。

入门（一） 对本课程的初步认识

一、模具制造技术概述

1. 模具制造技术

模具制造技术是指模具零件加工及模具装配过程中所运用的各种方法和手段。模具制造技术包括模具零件制造技术和模具装配与调试技术。模具零件制造精度直接影响模具的制造精度。当前，模具零件制造最广泛应用的技术是模具数字化制造技术。

2. 模具数字化制造技术

模具数字化制造技术是指模具零件在制造过程中运用计算机数字控制技术及其装备进行自动化加工制造的技术。

模具数字化制造技术主要包括数控机床切削加工技术（采用机械能加工）和数字化特种加工技术（采用非机械能加工）。数控机床切削加工技术简称为数控加工技术，包括数控车削、数控铣削、加工中心加工技术等；数字化特种加工技术按其所使用的非机械能类型分为电加工技术、电化学加工技术、激光加工技术、声波加工技术、液流切割技术、快速成型及3D打印技术等。

当前模具数字化制造的关键技术是数控机床高速切削技术、快速模具制造及快速成型技术、模具CAD/CAM/CAE开发与应用技术、数字化测量技术等。

3. 模具制造技术的发展方向

模具制造技术正在向高度的专业化、标准化、商品化方向发展。模具成型品的精密化、微细化和超大型化对模具设计与制造提出了更高的要求。精密模具成型品的尺寸公差仅有几微米,微细的塑料制品仅有几十毫克,而超大型的注塑机可以成型上百千克的塑料制品。模具新材料、模具加工新技术和新工艺的开发一直是模具工业科研和生产的主要任务,国内外模具工业在改进模具设计与制造方面都投入了大量的资金和技术力量,取得了一些成果。

(1)研制和应用新型材料

这些新型的模具材料不仅具有良好的使用性能,还具有良好的加工性能。比如新型淬火回火钢、时效的马氏体钢、析出硬化钢等,经过实践应用证明都具有良好的技术经济效果。模具材料的选用直接影响模具的制造成本、使用寿命及成型品的质量,是模具设计与制造的一个重要环节。

(2)开发和应用先进制造工艺

开发和应用先进的工艺技术及工艺装备来设计和制造模具,可以提高模具制造精度和生产率。目前,仿形加工、电加工、数控加工、快速成型、三坐标测量、微机控制加工等先进的加工技术已得到广泛的应用,高速切削、智能制造等现代技术正在不断开发和推广。

(3)开发和应用CAD/CAM/CAE技术

为适应复杂形状模具零件的高精度和高效率数控加工,开发和应用CAD/CAM/CAE系统可以实现数控编程和数控加工技术向面向车间的集成化、智能化、自动化方向发展。目前,国内外众多的商品化CAD、CAM、CAE软件应用在模具制造业和其他行业,但通用性商品化的CAD/CAM/CAE集成系统尚不完善。在一些CAD/CAM系统中,CAM与CAD是相对独立的,在CAM操作中都需要引入零件CAD建模的几何信息,通过人机交互方式对加工对象的约束条件、加工刀具、切削用量等加工工艺信息进行确定,自动生成刀具轨迹,然后通过仿真加工或模拟刀具运动轨迹确认加工结果和刀具路径是否正确。最后,通过与加工机床相对应的后置处理文件,将刀具的加工轨迹转换成加工代码(G代码),传输到数控加工机床中来完成零件的加工。

二、数控加工技术在模具制造中应用

1. 数控机床

数控机床是采用数控指令程序控制机床各运动部件运动,自动化加工零件成形的数字化机械制造装备。

数控机床的硬件主要包括机床本体、数控系统装置、伺服驱动装置及传感控制装置等。

数控机床的软件是控制程序,数控机床在自动化加工中的所有加工运动和动作都是由程序控制的。

2. 数控加工技术

数控加工技术是应用数控机床进行零件加工达到加工精度要求所运用的各种方法和手段。

数控加工技术的核心是数控机床技术,它涉及机械设计与制造技术、计算机控制技术、传感器技术、信息处理技术、光机电液一体化技术,是自动化、柔性化、敏捷化、数字化为一体的综合技术应用。

3. 数控加工技术的特点

(1) 高精度控制

数控机床的几何精度和数控机床的加工精度是采用闭环补偿控制技术进行控制的。数控机床本体的制造精度和主轴系统的几何精度都远远高于普通机床。高精密控制的数控机床精加工精度已经进入亚微米($0.1~\mu m$)级，正在向纳米级的超精度加工发展。高精度控制是数控加工技术发展的主要目标。

(2) 高速切削

高速切削是提高加工效率最有效的途径。高速切削有利于克服机床的振动并能加速排屑，减小被加工件的热变形和机床主轴的切削力，提高工件的加工精度和表面质量。高速切削后一般不需要精加工。实现高速切削除要求机床具有好的刚性和高速的主轴系统外，还要求数控系统具有高速运算、快速插补、超高速通信的工作能力。高速切削主要体现的指标是主轴转速和进给速度，数控机床的高速切削具有特殊的加工工艺，高速切削加工技术是数控机床发展的主要方向。

(3) 柔性化

柔性是指数控机床适应加工对象的变化能力，即同一机床和数控系统可以加工不同形状、不同结构的零件。为最大限度地实现数控加工的柔性化，实现多种加工用途，数控系统应该是一个开放式的系统，同时具有专用和通用功能，可以存储用户的技术经验，通过重组和编辑形成专家系统。目前，单一数控系统的柔性化应用比较广泛，柔性化生产单元和系统正在进行推广和应用。开放式的多结构、多品种单元柔性化和系统柔性化技术开发是数控系统及数控加工技术的发展方向。

(4) CNC-P 一体化

CNC-P 一体化即将 CNC 系统与加工过程作为一个整体，通过机、电、光、声等综合控制，实现加工、测量一体化，加工、实时监测修正一体化，机床主体、数控系统设计一体化。

(5) 加工网络化

加工网络化指应用 FMS(柔性制造系统)和 CIMS(计算机集成制造系统)建立多种通信协议，借助 Internet 平台配备网络接口，实现远程监视与控制加工、远程技术检测与技术诊断。建立网络化加工系统可以形成"全球制造"，技术资源全球共享。

(6) 加工智能化

CNC 系统是高智能的计算机控制系统，使整个或局部加工过程具有自适应、自诊断和自调整的能力；自动化编程形成智能加工数据库，控制加工过程；专家系统及多媒体人机接口使用户操作简单、方便，降低对操作者的要求。

入门二 模具数控加工职业入门

一、模具数控加工职业描述

1. 职业名称

模具数控加工职业包括数控车床操作工、数控铣床操作工、加工中心操作工。依据国家职业标准,数控机床操作工分为一级、二级、三级、四级、五级共五个等级,对应技术职务名称分别为高级技师、技师、高级工、中级工、初级工。

2. 职业定义

数控机床操作工职业是从事编制数控加工程序并操作数控机床进行零件切削加工工作的人员。

3. 职业特征

数控机床是高效率、高精度、柔性化自动加工机床,由于其技术含量高,所以要求数控机床操作人员有较强的计算能力和形体空间知觉、色觉及思维能力,并要求视觉及听力良好,手指、手臂运动灵活、动作协调,能够按照工艺规程操作数控机床进行工件加工。

4. 职业拓展

除数控车床、数控铣床及加工中心操作工外,还有从事由数控机床加工衍生的数控机床维修、数控加工工艺编制、程序编制等工作的人员。

二、职业技能要求

1. 工艺准备技能

具有机械图样的识读和绘制、加工工艺文件的识读及编制知识的应用能力;具有零件定位和装夹、刀具和量具选择的能力。

2. 编程技能

具有手工编程、计算机辅助编程、数控加工仿真的能力。

3. 工件加工技能

具有轮廓加工、螺纹加工、孔加工、配合件加工及零件精度检测能力。

4. 机床管理技能

具有数控机床的日常维护、常见故障诊断、机床精度检验的能力。

三、数控机床的安全操作规程

1. 安全操作的基本要求

(1)操作机床要穿工作服、安全鞋,并戴上安全帽及防护镜,不允许戴手套操作数控机床,也不允许扎领带。

(2)开机前应检查数控机床各部件机构是否完好,各按钮是否能自动复位。开机前,操作者应按机床使用说明书的规定给相关部位加油,并检查油标、油量。

(3)不要在数控机床周围放置障碍物,工作空间应足够大。

(4)换保险丝之前应关掉机床电源,千万不要用手去接触电动机、变压器、控制板等有高压电源的场合。

(5)一般不允许两人同时操作机床。但某项工作如需要两个人或多人共同完成时,应注意动作应协调一致。

(6)开机操作前应熟悉数控机床的操作说明书及开机、关机顺序,一定要按照机床说明书的规定操作。

(7)切削加工前一定要关好防护门,程序正常运行中严禁开启防护门。

(8)每次接通电源后,必须先完成各轴的返回参考点操作,然后再进入其他运行方式,以确保各轴坐标的准确性。

(9)数控机床在正常运行时,不允许打开电气柜的门。

(10)加工程序必须经过严格检查,方可操作运行。

(11)手动对刀时,应注意选择合适的进给速度;手动换刀时,刀架距工件要有足够的转位距离,以免发生碰撞。

(12)加工过程中如出现异常危机情况,可按下"急停"按钮,以确保人身和设备的安全。

(13)不得任意拆卸和移动机床上的保险和安全防护装置。

(14)工作时更换刀具和工件、调整工件或离开机床时必须停机。

2. 工作前的准备工作

(1)机床开始工作前要预热,要认真检查润滑系统工作是否正常。如机床长时间未开动,则可先采用手动方式向各部分供油润滑。

(2)使用的刀具应与机床允许的规格相符,有严重破损的刀具要及时更换。

(3)调整刀具所用的工具不要遗忘在机床内。

(4)刀具安装好后应进行一、二次试切削。

(5)检查卡盘夹紧工作的状态。

(6)了解和掌握数控机床控制和操作面板及其操作要领,将程序准确地输入系统,并模拟检查、试切,做好加工前的各项准备工作。

(7)正确地选用数控车削刀具,安装零件和刀具要保证准确、牢固。

(8)了解零件图的技术要求,检查毛坯的尺寸、形状有无缺陷,选择合理的零件安装方法。

3. 工作过程中的安全事项

(1)学生必须在操作步骤完全清楚时进行操作,遇到问题立即向教师询问,禁止在不了解规程的情况下进行尝试性操作,操作中如机床出现异常,则必须立即向指导教师汇报。

(2)在进行手动回原点操作时,应注意机床各轴的位置要距离原点-100 mm以上,机床回原点的顺序为首先让刀具远离工件,如数控车床先+X轴,再+Z轴,数控铣床先+Z轴,再+X轴和+Y轴。

(3)禁止用手接触刀尖和铁屑,铁屑必须要用铁钩子或毛刷来清理。

(4)禁止用手或其他任何方式接触正在旋转的主轴、工件或其他运动部位。

(5)使用手轮或快速移动方式移动各轴时,一定要看清机床X、Z轴各方向的"+""-"号标示后再移动。移动时先慢转手轮并观察机床移动方向,无误后方可加快移动速度。

(6)机床运转中,操作者不得离开岗位,发现机床有异常现象应立即停机。

(7)加工过程中不允许打开机床防护门。

(8)严格遵守岗位责任制,机床要由专人使用,他人使用须经本人同意。

(9)机床在工作中发生故障或不正常现象时应立即停机并保护现场,同时立即报告现场负责人。

(10)严禁在卡盘上、顶尖间敲打、矫直和修正工件,必须确认工件和刀具夹紧后方可进行下一步工作。

4. 完成后的注意事项

(1) 将尾座和拖板移至床尾位置,依次关掉机床操作面板上的电源和总电源。

(2) 检查润滑油、冷却液的状态,及时添加或更换。

(3) 清理切屑、擦拭机床,使机床与环境保持清洁状态。

(4) 机床附件和量具、刀具应妥善保管,保持完整与良好。

思考与练习

1. 什么是数字化加工技术?
2. 什么是数控机床及数控加工技术?
3. 数控加工技术有什么特点?
4. 数控加工职业特征有哪些?
5. 数控加工主要职业技能要求有哪些?

模块一 数控加工工艺与装备选择

单元(一) 制订模具数控加工工艺

技能目标 >>>

依据数控加工工艺规程拟订原则,能够选择合适的模具数控加工方法。

核心知识 >>>

数控加工工艺的构成和制订原则。

数控加工工艺是采用数控机床加工零件时所运用的方法和技术手段的总和。

一、模具数控加工工艺特点

1. 加工原理特点

数控机床是采用数字控制技术,以数字量作为指令信息,通过计算机控制机床的运动及其整个加工过程的机械加工设备。在数控机床的各种操作,如主轴启动与停止、主轴变速、工件夹松、刀具进退、冷却液自动关停等中,工件的尺寸都是用程序指令表示的,通过控制介质(如磁盘)将数字信息输送到控制装置中,经计算机处理和运算,转化为电信号来控制机床的伺服系统及其他驱动元件,使机床自动加工出所要求的工件。

2. 适用性特点

虽然数控机床具有普通机床的所有加工功能,但并非所有的零件都适合数控加工。关于一个或一批零件是否适合数控加工,可以按其工艺适应程度来确定。

(1)最适合数控加工类

①形状复杂、加工精度要求高、用通用机床无法加工的零件,或虽然可以加工,但加工效率低或难以保证加工质量的零件。

②用函数可以描述的复杂曲线和曲面。

③进给难控制、尺寸难测量的加工面。

④定位精度较高,需一次装夹合并完成铣、镗、钻、铰、攻螺纹等多工序的零件。

此类零件都应采用数控加工,可不必过多地考虑加工效率和加工经济性,只注重考虑加工的可能性即可。

(2)较适合数控加工类

①在通用机床上加工易受人为因素干扰,且零件材料价值高,一旦加工质量失控将造成较大经济损失的零件。

②在通用机床上加工必须设计和制造复杂专用工艺装备的零件。

③在通用机床上加工和调整时间长的零件。

④在通用机床上加工生产率低或劳动强度高的零件。

此类零件既要考虑可加工性,又要注重加工的效率和经济性。一般将数控加工作为优先选择方案。

3. 工艺规程拟订特点

数控机床加工与普通机床加工在许多方面都遵循相同的工艺原则。由于数控机床加工自动化程度高,操作、控制方式不同,设备使用、维护费用较高,因此数控加工工艺具有如下特点:

(1)工艺严密性

尽管数控加工的自动化程度高,但自适应能力差,不能对加工中出现的所有问题进行自适应调整,所以对数控加工工艺过程必须考虑周全,注重加工过程中的每一个环节和细节,结合加工对象、刀具等条件,科学、合理地设计工艺文件。在加工造型、数据处理、计算和编程时,要力求准确无误,避免一个微小的设计差错造成重大的机床事故和质量事故。

数控加工工艺设计必须在程序编制工作开始前完成。工艺方案设计的好坏不仅影响机床效率的发挥,还直接影响被加工零件的加工质量。工艺设计考虑不周是产生数控加工差错的主要原因。

(2)工艺具体性

用传统的普通机床进行零件加工时,许多工艺问题(如工序、工步的顺序安排,刀具的选择,切削用量等)无须在设计工艺规程时给予过多的考虑,主要由操作人员根据经验和加工习惯决定。但在数控加工中,编制的工艺规程是编制加工程序的依据,必须认真、全面考虑数控加工的整个过程、加工内容和加工方法、刀具进给的走刀轨迹等工艺问题,进行坐标计算,选择合理的工艺参数。也就是说,过去由工艺人员设计的零件加工工艺文件,在数控加工中必须具体地体现在数控加工程序中。

二、数控加工工艺规程

1. 机械加工工艺规程

机械加工工艺规程是机械产品在生产制造过程中管理、生产、检验等相关人员所遵循的技术规定，是保障产品制造达到设计要求的技术文件，包括零件制造工艺规程及机械装配工艺规程。

2. 数控加工工艺规程

零件制造过程中使用数控机床工序加工，所制定的机械加工工艺规程可以称为数控加工工艺规程。

数控加工的工艺规程包含的工艺文件有零件机械加工工艺（工序）过程卡、数控加工工序卡、刀具表、加工程序单、非数控加工工序卡。

（1）机械加工工艺过程卡

机械加工工艺过程卡是体现零件制造过程和制造方法的表，反映零件从毛坯变成成品或半成品制造过程中的工序步骤（加工工艺路线）、工序所需工艺装备（机床、刀具、夹具、量具），是零件生产组织管理最基本的工艺文件。

（2）数控加工工序卡

数控加工工序卡是零件在某一数控机床上进行加工的指导性工艺文件。数控加工工序卡要体现工件在本工序加工内容和加工精度要求，标识机床型号、夹具类型，规定加工的过程、实施步骤（工步）、切削用量及各步骤使用刀具的信息等。根据需要工序卡可以给出工序简图，以规定该工件在机床上定位夹紧的方法，工序简图要标注工序尺寸。

（3）刀具表

如果一个数控加工工序使用多把刀具，为便于记忆各刀具的信息（代号、补偿地址及补偿值等），将这些信息填写在刀具表中就一目了然了。

（4）加工程序单

加工程序单中是数控加工工序实施必需并经过检验为正确的数控加工程序文件。

（5）非数控加工工序卡

零件制造过程中除了有数控加工工序，一般还有一些非数控加工的工序，如普通机床加工工序、热处理工序等，为这些工序设计的工序卡称为非数控加工工序卡。

三、数控加工的基本条件

1. 工艺装备

数控机床、夹具及相应的适合数控机床安装的数控刀具、必要量具是数控加工系统的基本工艺装备，是数控加工的硬件条件。

2. 加工程序

加工程序是控制机床自动完成加工任务的指令集合。数控机床的自动加工必须由加工程序控制，简单的加工程序可采用手工编制，复杂的加工程序要应用CAD/CAM技术生成。

四、数控加工工艺过程

数控加工工艺过程是指生产者将零件图上的设计图样，经过工艺编程和数控机床加工转化为合格成品或半成品的生产过程。

工艺编程强调"工艺在先,编程在后",编程是以事先拟订合理的工艺为基础,没有合理的工艺就无法编制正确的加工程序。

零件数控加工的工艺过程和步骤是:

①图纸分析。明确数控加工的内容及加工精度要求,选择合理的数控加工方法。

②工艺规程拟订。确定零件机械加工构成及数控加工方案,填写机械加工工艺过程卡和数控加工工序卡。

③编制数控加工程序。

④程序控制数控机床进行加工。

下面通过一个例子说明数控加工过程中各步骤的工作内容。

如图 1-1 所示,轴的材料为 40Cr 钢,生产纲领为小批量生产。

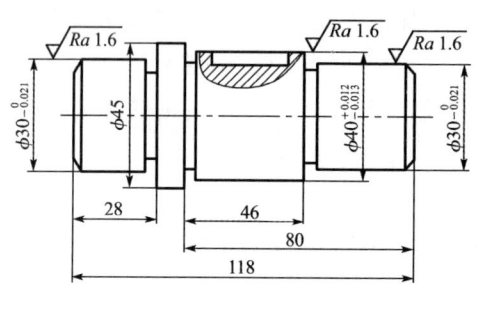

图 1-1 轴

1. 零件图分析

零件图分析是分析零件加工面的形状及加工精度要求,结合生产纲领确定毛坯类型,确定该零件各表面的加工方法。

对于图 1-1 所示零件,毛坯类型选择棒料毛坯(圆钢),至少需要车削、铣削、热处理和磨削四种加工方法才能完成。

(1)毛坯类型的确定方法

用来制作轴的毛坯类型主要是棒料毛坯、锻造毛坯及铸造毛坯。选择毛坯类型的一般原则:

①棒料毛坯适合单件小批量生产轴类、套类及盘类零件,零件的最大和最小直径相差不大。

②锻造毛坯适合有一定中批量生产的轴类、套类及盘类或其他类零件。这种零件的机械性能及制造精度一般要求较高,或最大和最小直径之差较大,为减少金属切削的工作量而选择锻造毛坯。

③铸造毛坯适合结构复杂或尺寸、质量较大的轴,如曲轴、矿山机械主轴(直径在 300 mm 以上,质量在 300 kg 以上),以及大多数的箱体类、支架类零件。铸造毛坯的材料一般是铸

钢和铸铁。

棒料毛坯可以直接到钢材市场购买,锻造和铸造毛坯需要到生产企业订购。

(2)零件表面的机械加工方法

零件表面包括回转面、平面、曲面等。零件表面及常见结构的机械加工方法如下:

①回转面　轴、套、盘类零件上的回转面采用车床粗、精加工,精度高、批量较大的采用外圆磨削精加工;箱体、支架类零件上直径较大、加工精度要求高的孔,采用镗床进行粗、精镗削加工。

②平面　除了轴、套、盘类零件外,其他类零件上的平面采用铣床、刨床和磨床加工。铣床加工效率远远高于刨床加工,但刨床适合平面度及直线度要求高的导轨平面加工,精密刨削的平面可以获得很高的平面度和平行度。对于已经淬火的平面要采用平面磨床磨削获得高的加工精度。

③曲面　模具的成形面往往是曲面,有凸的也有凹的,这些曲面除了常见的二次曲面还有渐开线曲面、高斯曲面等,这些曲面加工最有效的金属切削方法是数控铣削加工,也可以采用特种加工方法,如电火花成型加工、激光加工等。

④圆柱和圆锥孔　直径小于 20 mm 的孔常采用立式钻床加工,典型工艺过程是钻—扩—铰,其加工精度可以达到 6 级或 7 级。大型零件上较大的孔可以采用摇臂钻加工,加工孔的直径一般为 40~80 mm。对于直径较大且对孔间距有较高精度要求的轴承安装孔采用镗床加工。

⑤螺纹孔　视孔径大小而定,M5~M20 的螺纹常采用钻孔后攻螺纹的方法加工。M25 以上的螺纹可钻、膛孔后进行车削加工。

⑥外螺纹　M5~M20 的螺纹用手工板牙加工,M20 以上的螺纹用数控车削加工。

(3)重要表面的加工方法

重要表面指零件上加工精度高(7 级及以上)的表面,机械零件加工工艺设计的主要内容之一就是研究重要表面的加工方法和加工过程。一个重要表面一般需要经过多种方法(多个工序)加工才能达到加工精度要求。如图 1-1 所示,轴上带有公差的三个圆柱面都是该零件的重要表面,加工精度要求较高,又需要淬火。这三个表面成形必须经过车削方法加工,55HRC 硬度需要经表面淬火,淬火后还必须经过外圆磨削才能达到图纸上标注的加工精度要求。可见这些重要表面至少需要三种加工方法,而且必须将外圆磨削作为最终精加工方法。

(4)重要表面的工艺设计内容

①加工工艺路线拟订　根据重要表面的形状、加工精度以及热处理要求,确定所需的加工工序方法,确定最后工序的加工方法,拟订合理的工序加工路线。工序加工路线排列原则:粗加工在先,精加工在后;预备热处理(退火、调质)安排在粗加工之前,最终热处理(淬火)安排在粗加工之后;淬火后要磨削。

②工序尺寸计算与确定　为保证最后工序切削加工精度,前道切削加工工序必须为最

后精加工工序留有均匀、合适的精加工余量并达到适当的加工精度。为保证这样要求需要计算确定前道工序的工序尺寸,确定方法:前道工序公称尺寸＝后道工序公称尺寸＋后道工序要切除的加工余量。前道工序尺寸的公差等级选取低于后道工序公差精度等级(低1~3级),前道工序尺寸标注的公差按确定的加工精度等级及工序公称尺寸查标准公差表确定,标注的偏差按公差入体原则标注。

③表面毛坯余量的确定 一个表面经过所有工序切削加工切除的总厚度为表面毛坯余量。毛坯余量等于各工序切除的加工余量之和(工序余量之和)。

2. 工艺规程拟订

(1)确定加工工艺路线

如图 1-1 所示零件的加工工艺路线有两种方案选择:

方案一:锻造毛坯—调质—粗车外回转面—铣键槽—精车外回转面—表面淬火—外圆磨削。

方案二:棒料毛坯—调质—数控粗、精车外回转面—铣键槽—表面淬火—外圆磨削。

方案一需要 6 道工序,采用 2 道工序普通车床加工,适合批量生产;方案二需要 5 道工序,采用数控车床完成粗、精加工,适合小批量生产。由于本例的生产纲领是小批量生产,所以图 1-1 所示轴采用方案二更合理。

(2)填写机械加工工艺过程卡

将所确定的机械加工各工序内容、加工设备规格等填写在机械加工工艺过程卡中。一般来说,机械加工工艺过程卡是零件加工工艺过程拟订中最基本的工艺文件,是必须填写的。它反映该零件制造最基本的信息,反映零件的材料、加工的工序过程及各工序所需的硬件装备。

图 1-1 所示零件的机械加工工艺过程卡见表 1-1。

表 1-1　　　　　　　　　　机械加工工艺过程卡

零件名称		轴	零件材料	40Cr 钢
工序号	工序内容		加工设备规格	备　注
01	调质		高频炉	
02	数控粗、精车外回转面		CK6140	
03	铣键槽		X630	
04	表面淬火		高频炉	
05	外圆磨削		M6240	
设 计	(签名)	年　月　日	(单位名称)	
校 核				
批 准				

> **注意**
>
> 金属热处理的目的是改善工件材料的机械性能。热处理分为预备热处理和最终热处理。
>
> (1)预备热处理目的消除毛坯锻造、铸造等内应力或改善毛坯的切削性能。预备热处理一般安排在金属切削加工工序之前,预备热处理的方法有退火、正火、调质等。
>
> (2)最终热处理目的是提高工件整体或表面硬度,采用的热处理方法是淬火及表面淬火。最终热处理安排在刀具切削工序之后、磨削工序之前,一般淬火后要进行磨削消除淬火产生的变形。

(3)拟订数控加工工序卡

数控加工工序是指工件在一台数控机床上所完成的加工内容。数控加工工艺卡是指导工人实施数控工序的技术文件,由工序卡及其他必要的辅助文件(刀具卡、数控机床调整卡)构成。工步是工序的基本组成单元,根据数控编程的需要,数控加工工序的工步可以定义为改变一次刀具或改变一次安装为一个工步。

数控加工工序卡设计内容:

①根据分配的工序余量和工序加工精度,计算工序尺寸。

②确定工件安装次数及安装的定位基准和夹紧方案,选择刀具并编号,选择夹具及辅具,对刀建立工件坐标。

③确定切削用量、走刀轨迹等参数,确定各工步加工步骤和加工内容。

将上述设计的内容填写在工序卡对应位置中就完成工序卡的设计。表1-2为图1-1所示零件的数控车削加工工序卡。

表 1-2　　　　　　　　　　　数控车削加工工序卡

工序号	零件名称	零件图代号	零件材料	机床规格
02	轴	××	40Cr钢	CK6140

工序图	(工序图)			

工步	加工内容	刀具名称及代号	主轴转速/($r \cdot min^{-1}$)	进给速度/($mm \cdot min$)	背吃刀量/mm	控制方式
01	安装					手动
02	对刀					手动
03	粗车外圆	T02	800	200	2~3	程序 O0101
04	精车外圆	T03	1 600	100	0.1	程序 O0101
05	切断	T04	400	60	2~4	程序 O0101

设计	(签名)	年 月 日	(单位名称)
审核			
批准			

一般来说,单件小批量生产及加工形状不是很复杂,加工精度容易保证的加工,数控加工工艺清晰明了,其各工序卡可以省略填写。只有在批量大或加工精度难以控制加工工序才设计工序文件用来指导工人按规程操作,以保证工件的加工精度。

3. 编制加工程序

数控加工工艺卡拟订之后,就可以根据所选用数控机床的坐标系编写加工程序,行程加工程序单。数控加工程序是数控加工所必需的技术文件。

编制数控加工程序的主要过程如下:

①在零件图上建立与机床坐标系相对应编程坐标系,并进行必要的编程基点坐标计算。
②确定换刀点和起刀点,确定必要的刀具补偿等。
③根据数控工序卡的工步过程编制控制自动化加工的程序。

> **提 示**
>
> 对于加工精度要求高的表面要分粗加工、半精加工、精加工三个加工阶段。
>
> (1) 粗加工的目的是高效地切除加工表面上的大部分材料,使毛坯在形状和尺寸上接近成品零件。
>
> (2) 半精加工的目的是切除粗加工产生的变形,并为精加工留有均匀的加工余量。半精加工阶段也是其他次要表面的最终加工的阶段,如钻孔、攻螺纹、铣键槽等。数控车及数控铣加工,半精加工的尺寸精度为 IT8~IT10,表面粗糙度为 Ra 3.2~12.5 μm。
>
> (3) 精加工的目的是使重要表面达到或接近零件图规定的加工精度(IT8 或更高)要求。
>
> 数控精加工的精度可达 IT6 或 IT7,表面粗糙度达 Ra 0.4~1.6 μm。
>
> 由于数控机床精度高,不适合大背吃刀量的粗加工,数控加工的最大背吃刀量不超过 3 mm。所以,对于毛坯余量大的零件,批量较大的最好先选择刚性好、精度低的大功率普通机床进行大背吃刀量的粗加工,留足一定的半精加工、精加工余量后再转到数控加工工序进行加工。

4. 数控机床加工

编制的程序要输入机床数控系统中,经检验和模拟仿真确定加工轨迹正确后,就可以采用单步控制程序进行首件试验性加工,当首件加工合格后就可以进行下个工件的程序自动控制加工。

单元(二) 定位轴数控加工工艺规程设计

技能目标

会设计数控加工工序卡。

工作任务

如图 1-2 所示，制订该零件的数控加工工艺规程。

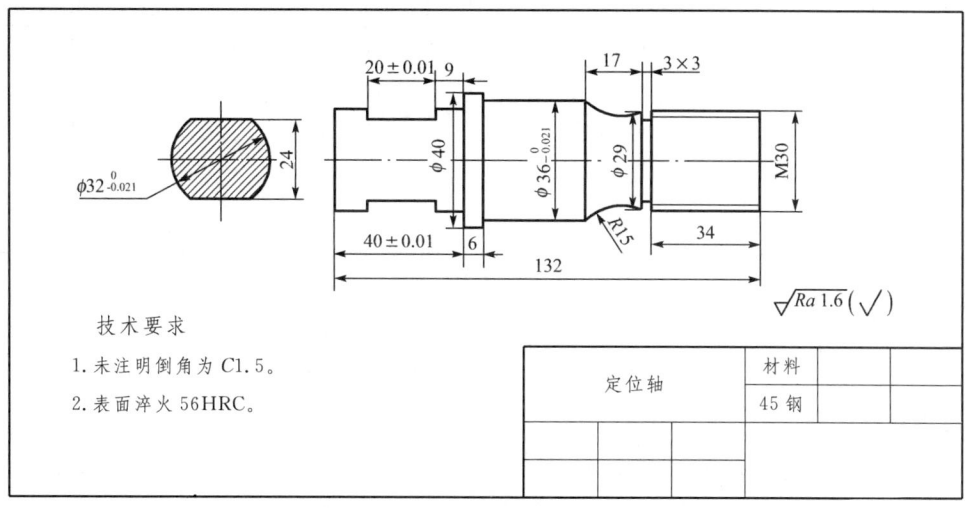

图 1-2 定位轴零件图

一、拟订机械加工工艺过程卡

1. 图纸分析

该零件为实心轴类零件，表面主要由外圆柱面、外螺纹面及外圆环面构成，左端圆柱上有对称平面槽。表面粗糙度全部为 $Ra\ 1.6\ \mu m$，无几何公差。其中 $\phi 32$ mm 和 $\phi 36$ mm 圆柱面公差等级为 IT7。另外要求表面淬火达 56HRC。

2. 毛坯选择

材料为 45 钢，属单件小批量生产，零件各段圆柱最大半径差为 5 mm，加工余量小，所以可选择棒料毛坯。由于圆钢毛坯的尺寸精度较高，一般在 IT12 级以上，所以，根据定位轴加工精度和尺寸大小，按两次安装考虑可选毛坯尺寸为 $\phi 45$ mm×136 mm。

3. 加工方法的确定

（1）选择加工机床

从零件结构分析可知，该零件的整个表面都需要加工。除左端对称槽在数控车床上不便加工外，其他表面（端面和回转面）都可以在数控车床上加工，对称槽可以在数控铣床上加工。因为 $\phi 32$ mm 和 $\phi 36$ mm 两段圆柱需要表面淬火，为保证零件的尺寸及表面精度，淬火后要磨削，所以还需要外圆磨床。该零件的切削工序有车削、铣削和磨削，另外还需要进行表面淬火。

（2）确定加工顺序

按照先粗后精、先基准后一般的原则，加工顺序是先在数控车床上进行粗加工及半精加工（两个带偏差的圆柱面留精加工磨削余量），切退刀槽，加工螺纹，然后在铣床上铣对称槽，再淬火，最后磨 $\phi 32$ mm 和 $\phi 36$ mm 两段圆柱。所以本任务加工工艺路线为粗、半精车→铣对称槽→表面淬火→磨 $\phi 32$ mm 和 $\phi 36$ mm 两段圆柱。表 1-3 为定位轴机械加工工艺过程卡。

表 1-3　　　　　　　　　　定位轴机械加工工艺过程卡

零件名称	定位轴	零件代号		零件材料	45 钢
工序号		工序内容	加工设备	设备规格	夹具
1		粗、半精车	数控车床		通用夹具
2		铣对称槽	数控铣床		通用夹具
3		表面淬火			
4		磨 φ32 mm 和 φ36 mm 两段圆柱	外圆磨床		通用夹具
拟订	（签名）	（日期）			
校核			（单位名称）		
批准					

二、设计数控车工序卡

根据表 1-3 中工序 1 的加工内容及加工精度要求，确定数控车工序卡的内容。

1. 刀具选择

根据零件要加工的表面（外圆柱面、外圆环面、外螺纹面、退刀槽、切断等），确定数控车需要外圆车刀、切断刀、切槽刀及螺纹车刀，填写刀具卡，见表 1-4。

表 1-4　　　　　　　　　　定位轴数控车加工刀具卡

零件名称		定位轴		零件材料	45 钢
刀具名称		加工内容	刀具材料	刀具号	刀补号
90°左外圆车刀		粗、半精加工所有外圆柱面、外圆环面、端面	YT15	T01	D01
3 mm 切槽刀		切 3 mm×3 mm 螺纹退刀槽	YT15	T02	D02
外螺纹车刀		车外螺纹面	YT15	T03	
拟订	（签名）	（日期）			
校核			（单位名称）		
批准					

2. 确定装夹顺序

根据毛坯长度，考虑无几何公差要求，采用两次装夹。具体过程如下：

（1）夹一端，伸出长为 100 mm。平端面，粗车、半精车 φ40 mm、φ36 mm 外圆柱面（留磨削余量）、外圆环面及螺纹大径，车螺纹退刀槽，车螺纹。

（2）调头夹另一端。平端面，满足 132 mm 全长尺寸，粗车、半精车 φ32 mm 外圆柱面（留磨削余量）。

3. 工序尺寸的确定

数控车工序加工除了 φ32 mm 和 φ36 mm 两个圆柱需要后续磨削工序加工，要留有磨削加工余量，确定车削工序尺寸外，其他表面车削加工后的工序尺寸就是零件图上的尺寸。

确定 φ32 mm 和 φ36 mm 圆柱面数控车工序尺寸：如图 1-2 所示，φ32 mm 和 φ36 mm 圆柱面的上极限偏差和下极限偏差相同，公差为 0.21 mm。查标准公差表，其公差等级为 IT7 级，即磨削后要达到的加工尺寸精度为 IT7，表面粗糙度为 Ra 1.6 μm。查阅机械加工工艺手册或根据经验，可以确定直径在 30～40 mm 尺寸段，在外圆磨床上磨削达到 IT7 及 Ra 1.6 μm，需要的留有磨削加工的单边余量为 0.1 mm，为保证磨削余量的均匀，数控车工序加工的工序精度不低于 IT9。

根据磨削所需余量要求,$\phi 32$ mm 圆柱数控车削加工的工序尺寸的公称尺寸 $A=32+(0.1\times 2)=32.2$ mm,$\phi 36$ mm 圆柱的工序尺寸的公称尺寸 $B=36+(0.1\times 2)=36.2$ mm。当确定数控车加工的工序精度为 IT9,查标准公差表,根据 32.2 mm 和 36.2 mm 公称尺寸,两个圆柱面加加工精度为 IT9 的其公差值都为 0.043 mm。按着入体原则(基准轴偏差标注)确定它们的上极限偏差为 0,下极限偏差为 -0.043 mm。最终确定的工序尺寸为 $\phi 32_{-0.043}^{0}$ mm 和 $\phi 36_{-0.043}^{0}$ mm。

4. 切削用量的确定

在数控车加工中,除了粗加工的最大背吃刀量一般小于 3 mm 外,其他切削用量选择的原则与普通机床加工的选择原则相同。本例确定的切削用量见表 1-5。

(1)切削用量三要素

切削测量三要素包括切削速度、进给速度(进给量)、背吃刀量。

(2)切削用量选择原则

①粗加工选择大背吃刀量、大进给速度、小切削速度。数控粗加工背吃刀量一般取 1~3 mm,进给速度大于 200 mm/min,切削速度由机床刚度、刀具材料和被加工材料统筹合理确定,一般小于 100 m/min。

②精加工选择背吃刀量要小(一般为 0.1~0.2 mm),进给速度要小,切削速度要大。精加工背吃刀量、进给速度及切削速度具体大小由加工精度决定,加工精度高,背吃刀量和进给速度取小值,切削速度取大值。

(3)切削三要素确定的顺序:无论是粗加工还是精加工都是先确定背吃刀量,然后确定进给速度,最后确定切削速度。

5. 工序卡设计(见表 1-5)

表 1-5　　　　　　　　　定位轴数控车工序卡

零件名称	定位轴	加工序号	1	零件代号	
机床型号	CK6140	夹　具	自定心三爪卡盘	零件材料	45 钢

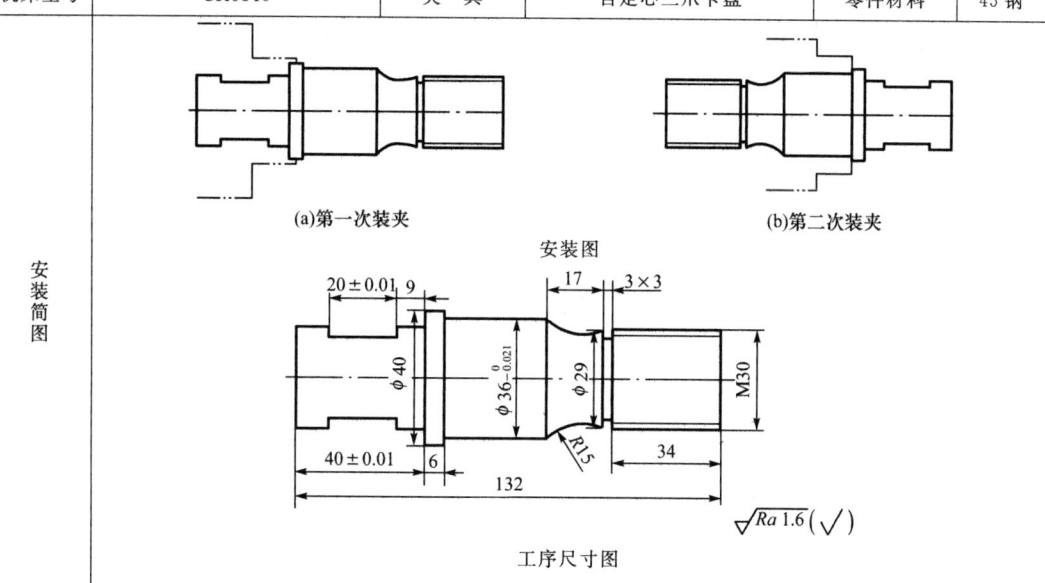

续表

工步号	工步内容	刀具号	主轴转速/(r·min^{-1})	进给速度/(mm·min^{-1})	背吃刀量/mm	加工控制
1	第一次装夹					手动
2	平端面	T01	1 000	120	1~2	
3	粗车循环加工回转面	T01	1 200	150	3	程序号 %0011
4	精车循环加工回转面	T01	1 800	100	0.2	
5	车螺纹退刀槽	T02	600	80		
6	车螺纹循环	T03	1 000	3.5(螺距)		
7	调头,第二次装夹					手动
8	平端面,确定总长 132 mm	T01	1 000	120	1~2	
9	粗车 ϕ32 mm 外圆柱面	T01	1 200	150	3	程序号 %0012
10	半精车 ϕ32 mm 外圆柱面	T01	1 800	100	0.2	
拟订	(签名)	(日期)				
校核			(单位名称)			
批准						

三、设计加工程序

1. 确定编程坐标系

两次装夹,两次对刀,故设两个编程坐标系原点。本着编程坐标原点与零件设计基准重合的原则,两次装夹后的编程坐标系原点都定义在工件轴线与对外伸出端端面的交点处,如图 1-3、图 1-4 所示。

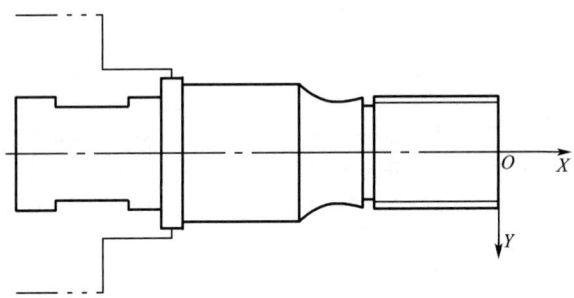

图 1-3 第一次装夹的编程坐标系

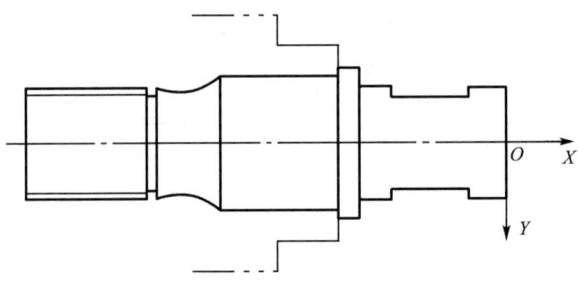

图 1-4 第二次装夹的编程坐标系

2. 加工程序单

略。

单元三 模具数控刀具的认识与选择

技能目标 >>>

能够根据加工内容选择数控刀具。

核心知识 >>>

刀具的材料、性能；刀具的类型、结构、使用。

一、模具数控刀具基本知识

1. 对模具数控刀具的要求

刀具的选择与被加工材料、加工工序内容、机床的加工能力、切削用量等有关，总的选择原则是适用、安全、经济。

适用是要求所选择的刀具能实现切削加工的目的和加工精度；安全是指刀具要具有足够的刚度、强度和硬度，保证刀具必要的使用寿命；经济是指以最低的刀具成本达到加工目的。

2. 模具数控刀具的主要技术指标

刀具的主要技术指标是指刀具的制造精度和刀具寿命，它们的高低与刀具的价格成正比。加工同一结构，选择耐用度和精度高的刀具必然会增加刀具成本，但也可以提高加工的质量和效率，从而使加工总成本降低，加工效益更高。

3. 模具数控刀具的基本构造

模具数控刀具从构造上可以分为整体式、镶嵌式两种类型。

4. 模具数控刀具的制造材料

制造模具数控刀具的材料有高速钢、硬质合金、陶瓷、立方氮化硼、金刚石等。常用模具数控刀具材料的主要机械性能见表1-6。

表1-6　　　　　　　常用模具数控刀具材料的主要机械性能

刀具材料的类型	硬　度	抗弯强度/GPa	耐热度/℃
天然金刚石	10 000HV	0.30～0.50	800
人造聚晶金刚石	7 000HV～9 000HV	0.20～0.45	800
立方氮化硼	6 000HV～8 000HV	0.30	1 400
工业陶瓷	5 000HV～7 000HV	0.25	1 400
涂层硬质合金	2 000HV～3 000HV	1.00～2.00	1 300
钨钴钛类硬质合金	90HRA	1.00～1.20	950
钨钴类硬质合金	90HRA	1.00～1.60	950
高速钢	65HRC～70HRC	3.20	600

5. 模具数控刀具类型的标识

不同的加工材料应选择不同的刀具类型。刀具类型的标识代号及适合加工的材料见表1-7。

表 1-7　　　　　　　　　刀具类型的标识及适合加工的材料

刀具类型的标识	P	M	K	N	S	H
适合加工的材料	钢	不锈钢	铸铁	有色金属	耐热优质合金	淬硬材料

二、数控车刀的选择

数控车刀按进给方向分为右手刀、左手刀和尖刀，分别用代号 R、L 和 N 标识，如图 1-5 所示；按加工内容分为外圆车刀、内孔（圆）车刀、切槽切断刀、螺纹车刀等。

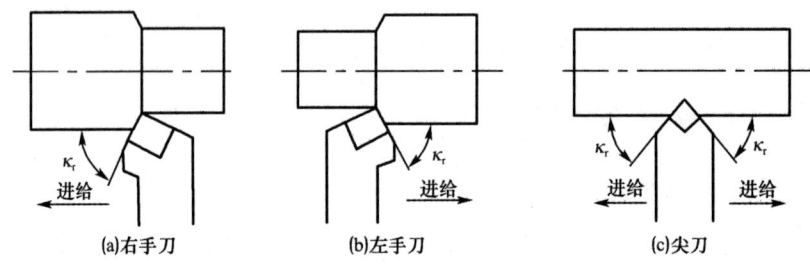

图 1-5　数控车刀按进给方向的分类

1. 外圆车刀

外圆车刀主要用来车削外回转面。外圆车刀除了分左、右手刀及尖刀外，刀具或刀片还存在主偏角、副偏角、前角、后角、刃倾角的变化以及断屑槽的不同形状，而这些参数是由被加工材料以及粗、精加工和加工表面形状决定的。如图 1-6 所示为主偏角方向、大小不同的外圆车刀及刀片。目前数控外圆车刀普遍应用的是焊接式硬质合金刀具和镶嵌式刀片可转位刀具，其中镶嵌式刀片可转位车刀由于制造精度高，刀具角度几乎不必修磨，只要提出加工内容及切削条件要求，在市场上购买相应的刀片安装到刀杆上，就可以在机床上使用，所以其应用范围越来越广。镶嵌式外圆车刀的标准刀杆为正四棱柱，在多功能数控车和数控车镗加工中心上使用圆柱刀杆。如图 1-7 所示为用镶嵌式外圆车刀加工外回转面。

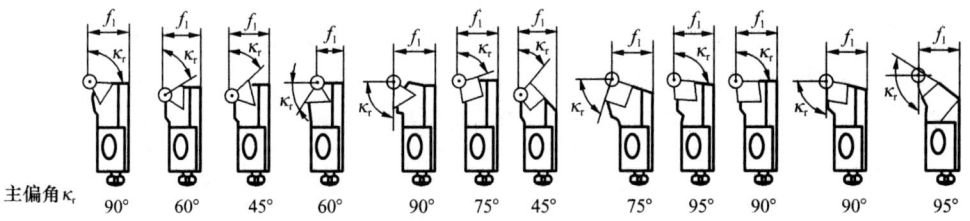

图 1-6　主偏角方向、大小不同的各种外圆车刀及刀片

2. 内孔（圆）车刀

在数控车床上车扩孔又称为镗孔，如图 1-8 所示为内孔车刀镗孔的工作状态。目前镶嵌式内孔车刀的刀杆一般为标准的圆柱，在普通方刀架上安装需用转换套。图 1-9 所示为镶嵌式内孔车刀刀杆。

模块一 数控加工工艺与装备选择 21

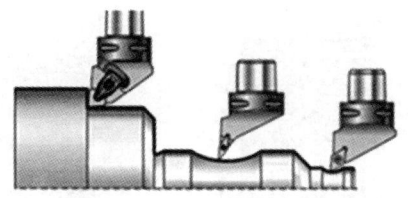

图 1-7 用镶嵌式外圆车刀加工外回转面

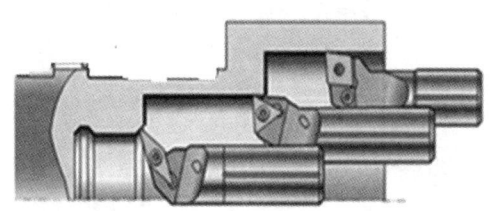

图 1-8 内孔车刀镗孔的工作状态

图 1-9 镶嵌式内孔车刀刀杆

3. 切槽切断刀

切槽切断刀用来车削回转沟槽和切断工件。图 1-10 所示为外切槽切断刀加工示例，图 1-11 所示为内切槽切断刀加工示例。

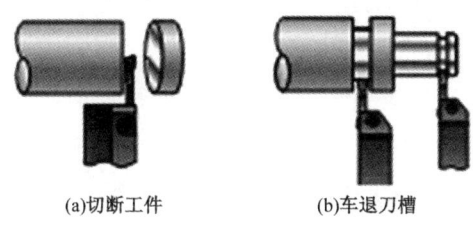

(a)切断工件　　(b)车退刀槽

图 1-10 外切槽切断刀加工示例

图 1-11 内切槽切断刀加工示例

4. 螺纹车刀

图 1-12 所示为外螺纹车刀加工示例。从图中可以看出，图 1-12(a)和图 1-12(b)分别采用右手刀和左手刀车右旋外螺纹，主轴的旋转方向相反；图 1-12(c)和图 1-12(d)分别采用右手刀和左手刀车左旋外螺纹，主轴的旋转方向相反。

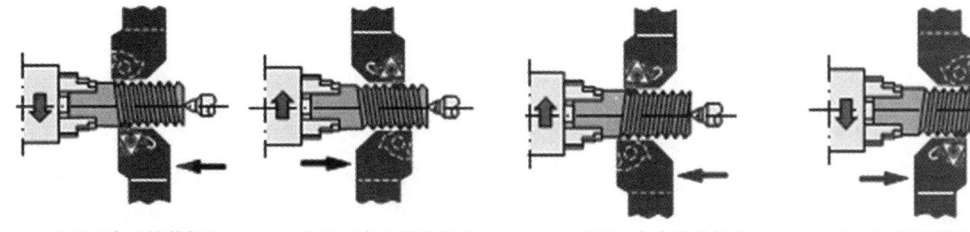

(a)右手刀车右旋外螺纹　(b)左手刀车右旋外螺纹　(c)右手刀车左旋外螺纹　(d)左手刀车左旋外螺纹

图 1-12 外螺纹车刀加工示例

图 1-13 所示为内螺纹车刀加工示例。从图中可以看出，图 1-13(a)和图 1-13(b)分别采用右手刀和左手刀车右旋内螺纹，主轴的旋转方向相反；图 1-13(c)和图 1-13(d)分别采用右手刀和左手刀车左旋内螺纹，主轴的旋转方向相反。

图 1-14 所示为镶嵌式螺纹车刀和刀片。

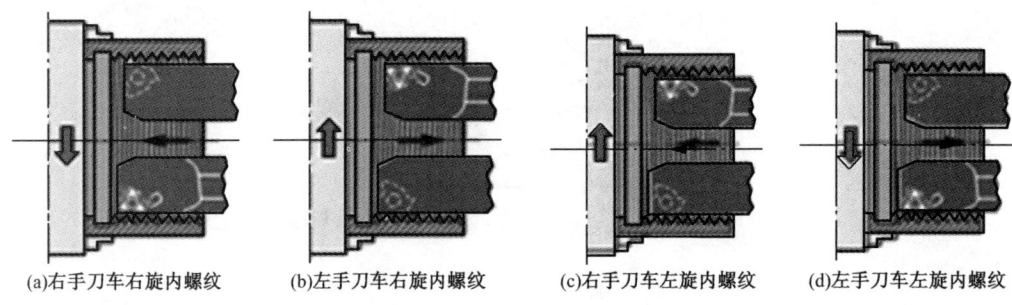

(a)右手刀车右旋内螺纹　　(b)左手刀车右旋内螺纹　　(c)右手刀车左旋内螺纹　　(d)左手刀车左旋内螺纹

图 1-13　内螺纹车刀加工示例

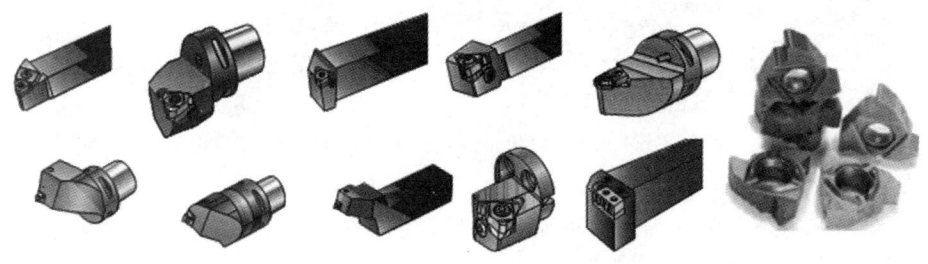

图 1-14　镶嵌式螺纹车刀和刀片

三、数控铣刀的选择

1. 平面轮廓加工铣刀

平面轮廓加工铣刀简称面铣刀,主要用于在铣床上加工平面、台阶、平面槽等。面铣刀常用来进行面铣、肩铣、边缘铣和槽铣,如图 1-15 所示。面铣刀的切削刃分布在刀头的端面和圆柱面上,端刃和周刃可以同时切削,也可以单独切削,端刃用来加工底平面,周刃用来加工侧立面。

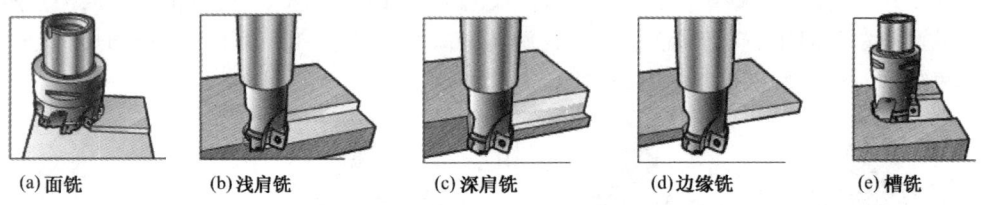

(a)面铣　　(b)浅肩铣　　(c)深肩铣　　(d)边缘铣　　(e)槽铣

图 1-15　面铣刀的应用

直径较大的面铣刀采用镶嵌式结构,刀片的主、副切削刃分布在铣刀的圆周和端面上,如图 1-16(a)所示。其中直径大于 40 mm 的镶嵌式面铣刀至少安装 4 个刀片,由于刀头形状像盘子,又称为盘铣刀,如图 1-16(b)所示。刀片为可转位刀片,如图 1-16(c)所示,刀片采用硬质合金制造,刀片通过夹紧元件固定在刀体上,当一个切削刃磨钝后,可将刀片转位或更换新的刀片。小尺寸面铣刀可制成整体式,整体用硬质合金制造,称为整体式立铣刀,如图 1-17 所示。它的齿数分为 2 刃、3 刃和 4 刃,其中 2 刃、4 刃的称为键槽铣刀,其主切削刃是端刃,所以不用预钻工艺孔而直接轴向进给到槽深,再沿键槽方向铣出键槽全长。采用硬质合金制造的面铣刀允许的铣削速度较高,加工效率高,加工质量也比高速钢面铣刀好,故应用广泛。

(a) 各种镶嵌式面铣刀　　(b) 盘铣刀　　(c) 可转位铣刀片

图 1-16　镶嵌式面铣刀　　　　　　　　　图 1-17　整体式立铣刀

2. 曲面加工铣刀

曲面加工铣刀（模具铣刀）是在立式铣床上加工模具小型型腔和空间曲面的立式铣刀。按切削部位形状分为如图 1-18(a)所示圆柱球头立铣刀（主要用于空间曲面的精加工）、如图 1-18(b) 所示圆锥球头立铣刀（主要用于微细凹面的精细加工）；按刀柄形状分直柄立铣刀、锥柄立铣刀。球头曲面加工铣刀的结构特点是切削部分的圆周和球头带有连续的切削刃，可以进行轴向和径向的进给加工。小型曲面加工铣刀（直径在 $\phi 20$ mm 以下）多采用整体结构，直径较大的则采用镶嵌式结构，如图 1-18(c)所示。

 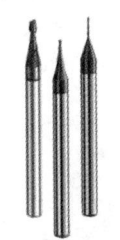 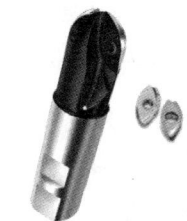

(a) 圆柱球头立铣刀　　(b) 圆锥球头立铣刀　　(c) 镶嵌式曲面加工铣刀

图 1-18　曲面加工铣刀

3. 孔加工刀具

(1) 铣（镗）孔刀具

在数控铣床上加工孔的工艺中，常用的是镗孔。镗刀有单刃和多刃之分。图 1-19 所示为镗刀的应用示例。

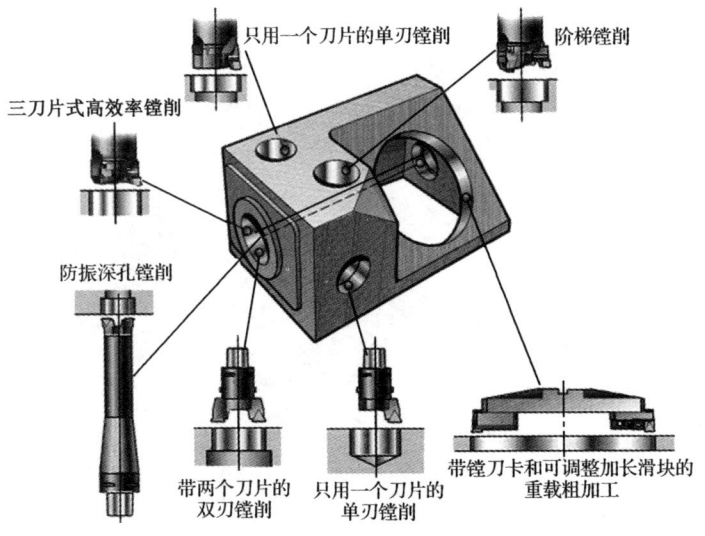

图 1-19　镗刀的应用示例

(2) 孔成形刀具

孔成形刀具用于在数控钻床和数控铣床上采用钻—扩—铰方法加工直径较小的孔。为便于排屑和冷却，避免刀具折断，钻削加工的孔的深度应不大于孔直径的5倍。对于孔的深度和直径比大于5的细长孔，可以选择深孔钻加工。

钻削小孔刀具一般采用由高速钢或硬质合金制造的整体式麻花钻，如图1-20所示。铰孔所用的铰刀除整体式外，还有如图1-21所示的镶嵌式。

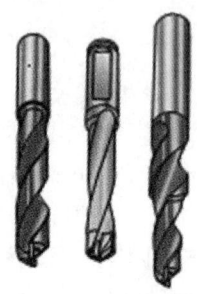
图1-20 整体式麻花钻

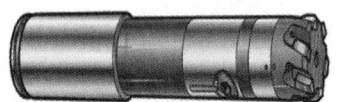
图1-21 镶嵌式铰刀

图1-22所示为数控铣床用的扩孔刀具，图1-23所示为数控铣床用的镗孔刀具。数控铣床上镗(铣)孔分为螺旋插补和圆弧插补(图1-24)两种形式。

图1-22 扩孔刀具

图1-23 镗孔刀具

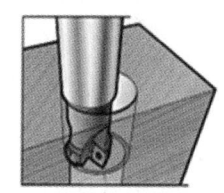
图1-24 圆弧插补镗孔工艺

(3) 大孔加工刀具

大孔加工是指在数控铣床上加工直径大于200 mm的孔。大孔铣刀的主轴刀柄采用刀卡及可调整滑板，滑板上安装铣刀的刀柄，通过调整滑板到主轴中心的距离确定铣孔的半径，如图1-25所示。图1-26所示为可调式大孔镗刀。

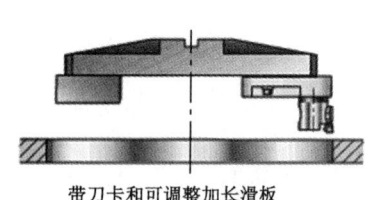
带刀卡和可调整加长滑板
(安装在中心刀柄上)的精镗头

图1-25 可调式大孔镗刀加工

图1-26 可调式大孔镗刀

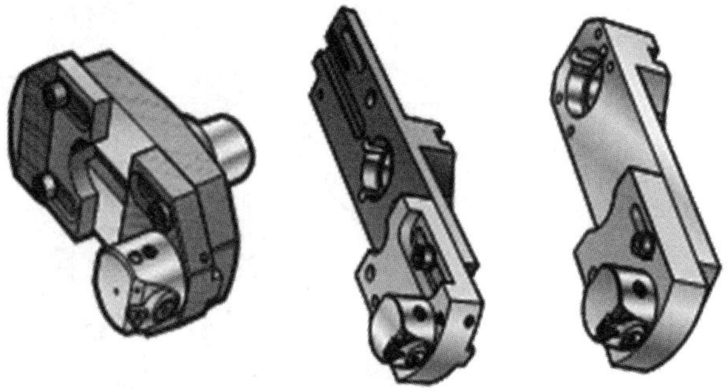

单元（四） 数控机床的选择

技能目标 >>>

能够正确选择数控机床和数控系统。

核心知识 >>>

机床坐标系、多轴联动加工、控制系统的类型。

一、数控机床原理认识

1. 数控机床的工作原理

数控机床是模具零件加工的主要设备。普通机床增加数控系统及数控装置就是数控机床。数控机床的工作原理是通过数字指令（程序）控制机床自动化完成切削加工的。在数控机床上加工零件时，首先将被加工零件的图样及其工艺信息进行数字化处理，即按数控机床数控系统规定的代码和程序格式编制加工程序，然后将程序通过 MDI（手动）或 DNC（直接数字通信控制）方式输入机床的数控装置，经编译、运算等处理后，发出相应的指令，通过机床的伺服驱动机构驱动各机床各运动部件按程序设定的轨迹运动，加工出合格的零件。数控机床的工作过程如图 1-27 所示。

图 1-27 数控机床的工作过程

2. 数控机床坐标系

为保证工件在数控机床上正确定位，并准确描述机床运动部件的运动范围和瞬时位置，必须建立机床几何坐标系。数控机床坐标轴的指定方法已标准化，我国执行的标准 JB/T 3051《数控机床 坐标和运动方向的命名》与国际标准 ISO841 是等效的，均采用笛卡儿直角坐标系定义数控机床的坐标系：规定有 X、Y、Z 三个平移坐标轴和 A、B、C 三个旋转坐标轴，如图 1-28 所示，X、Y、Z 平移坐标轴的正方向用右手定则确定，A、B、C 三个旋转坐标轴的正方向用右手螺旋法则确定。

右手定则：中指指向 Z 轴正方向，拇指指向 X 轴正方向，则食指所指方向为 Y 轴正方向。

右手螺旋法则：拇指指向该平移轴的正方向，其余四指旋转的方向为绕该平移轴旋转的正方向。也可以根据工程界规定按正、负方向旋转角确定：从平移轴正方向坐标向原点方向观察，逆时针旋转为正角方向，顺时针旋转为负角方向。

数控机床 X、Y、Z 平移坐标轴的确定方法：

（1）确定 Z 轴

定义机床上提供主切削力的主轴轴线方向为 Z 轴。当机床没有回转主轴时，可指定垂直于工作台台面的轴为 Z 轴。如数控车床安装工件的轴是 Z 轴，数控铣床安装刀具的轴是

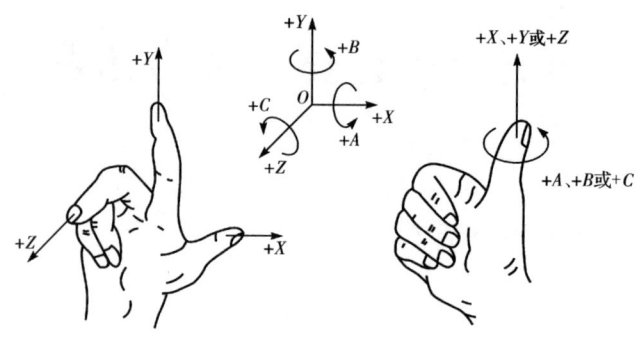

图 1-28　右手笛卡儿直角坐标系

Z 轴。

（2）确定 X 轴

X 轴一般平行于工件的装夹面或平行于切削方向。

（3）确定 Y 轴

依据 Z、X 轴方向，按右手定则确定 Y 轴方向。各类数控机床的坐标系如图 1-29 所示。

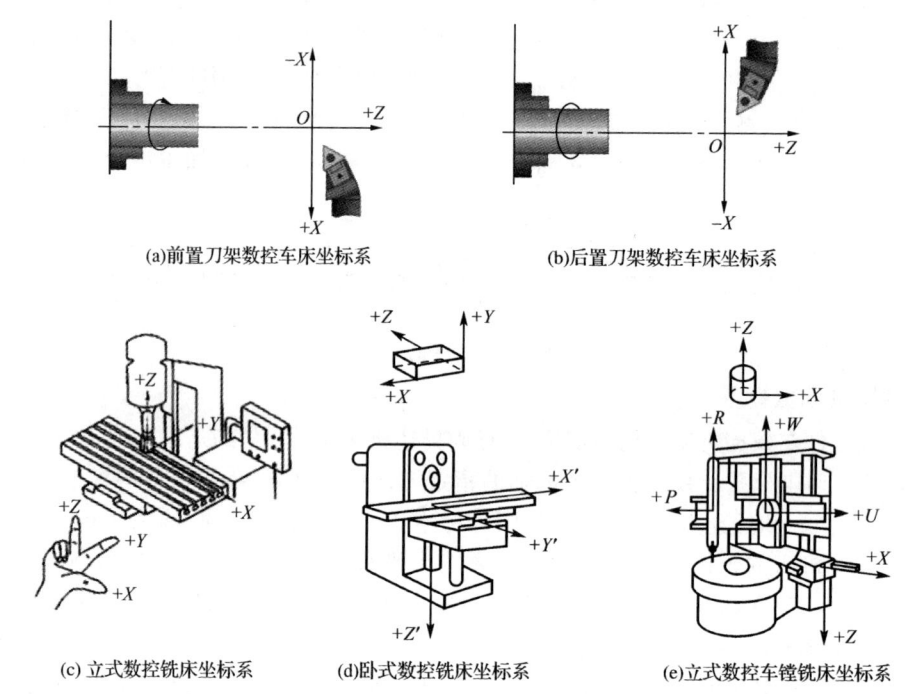

(a) 前置刀架数控车床坐标系　　(b) 后置刀架数控车床坐标系

(c) 立式数控铣床坐标系　(d) 卧式数控铣床坐标系　(e) 立式数控车镗铣床坐标系

图 1-29　各类数控机床的坐标系

（4）确定平移坐标轴的正方向

无论是什么数控机床，都规定刀具相对于工件在某坐标轴方向的加工或运动时，总是假定"工件是静止的，刀具是运动的"。规定刀具远离工件的坐标轴方向为该坐标轴的正方向，即刀具接近工件的方向为坐标轴的负方向。如车床，刀具向尾座方向移动是 Z 轴的正方向，立式铣床刀具垂直向上的运动是 Z 轴的正方向。

(5)确定旋转轴的正方向

判断绕平移轴旋转的坐标正方向,可以从该平移坐标轴的正方向出发向负方向观察,逆时针旋转为正,顺时针旋转为负。也可按着右手螺旋法则来判定,拇指指向该平移轴的正方向,四指旋转方向为正角旋转方向。

对于如图1-29(e)所示的多主轴数控机床,X、Y、Z轴称为主坐标系或第一坐标系,除了第一坐标系以外平行于主坐标轴的其他坐标系则称为附加坐标系,可命名为U、V、W轴,称为第二坐标系,再增加的第三坐标系可用P、Q、R轴表示。同样,A、B、C轴以外的旋转轴可命名为D或E轴等。

二、数控机床的主要技术性能指标

1. 精度指标

(1)分辨率与脉冲当量

对测量系统来说,分辨率是可以测量的最小增量;对控制系统来说,分辨率是可以控制的最小位移量。数控装置每发出一个脉冲信号,反映到机床移动部件上的一个位移量。脉冲当量数值的大小决定了数控机床的加工精度和表面质量,脉冲当量越小,机床加工精度和表面质量越高。当精密数控机床的脉冲当量小于$0.1~\mu m$时,分辨率可达到$0.001~\mu m$。

(2)定位精度与重复定位精度

定位精度是指机床移动部件移动到实际位置与理想位置的定位误差。定位误差包括伺服系统、检测系统、进给系统的误差以及机床移动部件的几何误差等。定位误差直接影响零件加工的定位精度。

重复定位精度是指在同一机床上,应用同一程序加工一批零件,所得到的连续定位误差结果的一致程度。重复定位精度影响一批零件加工精度的一致性,是非常重要的技术指标。重复定位精度受数控机床伺服系统的稳定性、传动副间隙及机床刚性等因素的影响。

(3)分度精度

分度精度是指分度工作台分度时,实际回转的角度值与理论要求回转的角度值的误差。

2. 加工性能指标

(1)机床主轴的最大转速和加速度

这两项指标是影响加工效率、表面加工质量和刀具使用寿命的主要因素。

(2)最大位移速度和进给速度

最大位移速度是进给轴在非加工状态下的最大移动速度,最大进给速度是进给轴在加工状态下的最大移动速度。它们也是影响零件加工质量、生产率、刀具使用寿命的主要因素,受数控系统运算速度、机床动态特性及工艺系统刚度等因素的制约。

3. 可控轴数和联动轴数

可控轴数指数控系统可以控制的机床坐标轴数目。数控机床可控制的轴数与数控系统装置的运算能力、数字处理能力及内存容量有关。最高级的数控装置可以控制24轴。

联动轴数指机床的数控装置控制坐标轴达到空间某一点的坐标数目。常用的数控机床有两轴联动到五轴联动。

两轴半联动是指可控轴为三轴而联动轴为两轴的数控机床。

4. 运动性能指标

(1) 主轴转速

数控机床的主轴转速直接影响机床的加工效率和加工精度,要求具有较大的最大转速和较宽的调速范围。目前数控机床的主轴转速可以达到 5 000～10 000 r/min,高速数控机床的主轴转速可以达到 100 000 r/min。

(2) 进给速度

进给速度也直接影响零件的加工质量、生产率和刀具使用寿命。

(3) 坐标行程

数控机床移动部件在各坐标轴方向的行程大小构成机床的空间加工范围,决定了加工零件的大小。坐标行程是体现机床加工能力的指标参数。

(4) 摆角范围

具有摆角坐标的数控机床,摆角的大小直接影响零件加工的空间范围。摆角的大小受机床刚度制约,若摆角太大,则机床设计困难。

(5) 刀库容量和换刀时间

加工中心的刀库容量和换刀时间直接影响加工中心的生产率。刀库容量指刀库能存放刀具的数目,换刀时间指使用完的刀具自动从机床上被卸下送回刀库到从刀库中取出另一把刀具安装在机床上所需要的时间。目前中小型加工中心刀库容量为 12～60 把,大型加工中心可以达到 100 把及以上;多数加工中心的换刀时间为 10～20 s,而一些高效先进的加工中心的换刀时间只需几秒。

三、数控机床类型识别

1. 按轮廓加工控制的坐标轴数进行分类

(1) 两轴联动数控机床

该类机床可以同时控制两个轴,但机床可以多于两个轴。如机床有 X、Y、Z 三个坐标轴,两轴联动可以同时控制其中的两个轴。图 1-30 所示为加工直线型母线曲面轮廓,只需同时控制 X、Y 轴;图 1-31 所示为加工槽底面,只需控制 Z、X 轴或 Z、Y 轴。

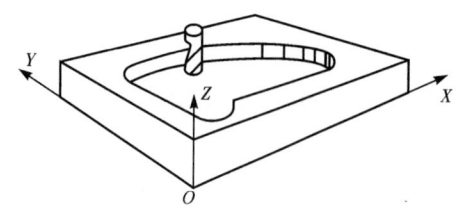

图 1-30 控制 X、Y 轴的两轴联动

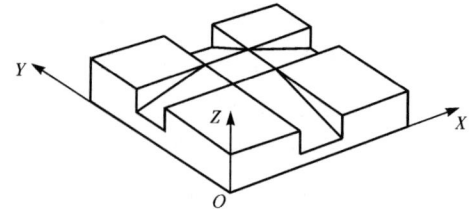

图 1-31 控制 Z、X 轴或 Z、Y 轴的两轴联动

(2) 两轴半联动数控机床

两轴半联动用于三轴及其以上的数控机床,控制装置只能同时控制两个坐标轴,第三个

坐标轴只能做等距周期移动,如 X、Y 轴联动,Z 轴做周期性间歇进给。如图 1-32 所示为用行切法在数控铣床上加工三维曲面,数控装置在 ZOX 坐标平面内控制 X、Z 两轴联动,加工垂直面内的轮廓表面,Y 轴做定期等距移动,即可加工出零件的空间曲面。

(3)三轴联动数控机床

图 1-32 用行切法加工三维曲面的两轴半联动

三轴联动即 X、Y、Z 三个直线坐标方向的联动,或除同时控制其中两个直线坐标方向的联动外,还同时控制围绕某一坐标轴旋转的旋转坐标轴。例如在数控铣床或加工中心上用球头铣刀加工图 1-33 所示的三维曲面。

(4)四轴联动数控机床

四轴联动即同时控制 X、Y、Z 三个直线坐标轴及某一旋转坐标轴的联动,用来加工叶轮或圆柱凸轮。如图 1-34 所示为同时控制 X、Y、Z 轴与工作台绕 Y 轴旋转(B 轴)的四轴联动。

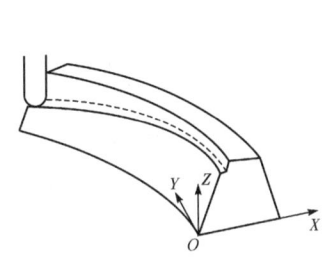

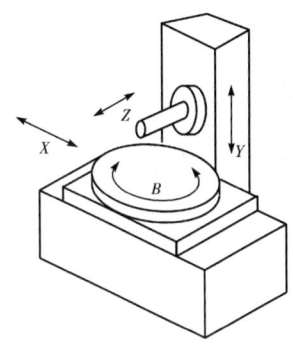

图 1-33 用球头铣刀加工三维曲面的三轴联动　　　图 1-34 四轴联动

(5)五轴联动数控机床

五轴联动即同时控制 X、Y、Z 三个直线坐标轴及两个旋转坐标轴(A、B、C 旋转坐标轴中的任意两个)的联动,这样刀具可以向空间的任意方向进给加工。如加工图 1-35 所示的两种空间曲面,控制刀具同时绕 X 轴和 Y 轴两个方向摆动,使刀具切削方向保持与加工曲面的切平面重合,提高加工表面的精度。五轴联动特别适合各种复杂空间曲面的加工。

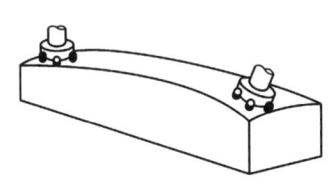 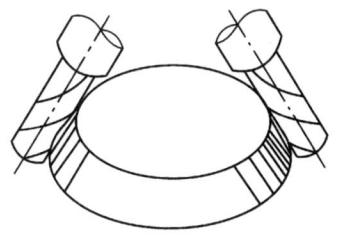

图 1-35 五轴联动的数控加工

2.按伺服控制方式分类

(1)开环控制数控机床

这类数控机床的伺服驱动系统是开环的,没有检测反馈装置,采用步进电动机驱动,是早期数控机床上采用的控制系统,现在已很少使用了。图 1-36 为开环控制系统框图。

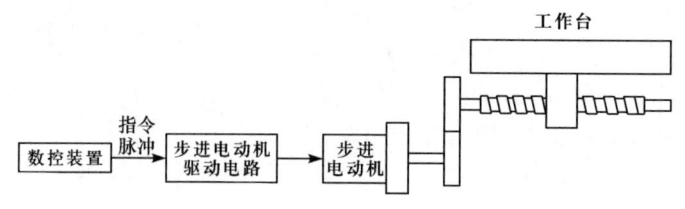

图 1-36　开环控制系统框图

(2)闭环控制数控机床

这类数控机床带有检测反馈装置,通过传感器直接对工作台的位移量进行检测,并将检测结果通过反馈装置反馈到输入端与输入信号进行比较,将误差值放大、变换处理,修正工作台向误差减小的方向移动,直到误差为零。闭环控制数控机床可以消除从电动机到机床工作台整个机械传动链中的传动误差,定位精度高,自动调节速度快。但整个控制环内的摩擦阻尼特性、刚性及装配间隙等非线性因素的影响,易造成各种参数不匹配,引起系统振荡和不稳定,而且设计、调节比较复杂,成本高,因此,闭环控制方式用于精度要求很高的数控机床,如精密数控镗铣床、精密数控磨床等,是现代数控机床的主流控制系统。图 1-37 为闭环控制系统框图。

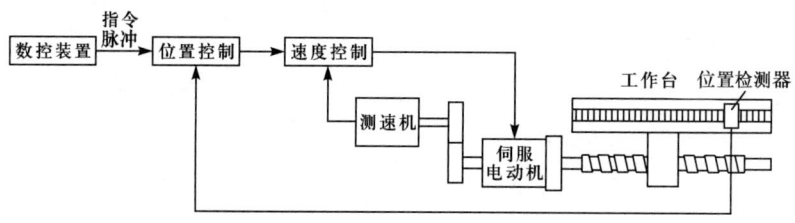

图 1-37　闭环控制系统框图

(3)半闭环控制数控机床

大多数数控机床采用半闭环伺服系统。这类数控机床是将传感器直接安装在伺服电动机的轴端或丝杠的端部,以测量电动机输出轴旋转位移角或丝杠旋转位移角。因为大部分机械传动装置未包括在闭环系统内,所以被称为半闭环控制系统。虽然不能检测补偿机械传动装置的传动误差,但有些可以通过软件定值补偿适当校正(如补偿丝杠传动的反向间隙)以提高传动精度,而且设计、调整比闭环系统简单、方便得多,故得到了广泛应用。图 1-38 为半闭环控制系统框图。

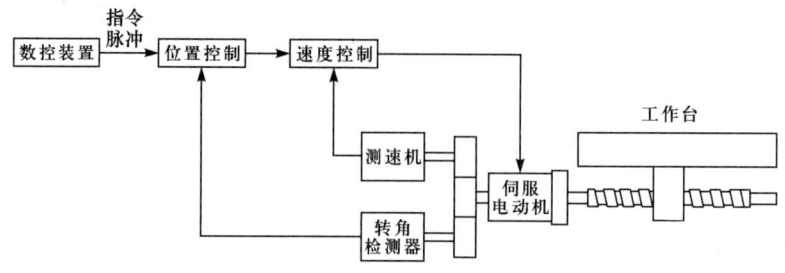

图 1-38　半闭环控制系统框图

3. 按加工工艺类型分类

(1) 普通数控机床

这类数控机床与传统的通用机床有相似的加工工艺特性,品种、类型繁多,如数控车、铣、镗、钻、磨床等。

(2) 数控加工中心

数控加工中心与普通数控机床相比,还带有自动换刀装置和刀具库,工件一次装夹后,加工中可以自动更换各种刀具,自动连续完成在普通数控机床上需要多个工序的加工过程,如镗铣加工中心、车削加工中心等。

(3) 金属成形数控机床

这类数控机床是通过挤、拉、压、冲等工艺方式使材料成形的,如数控冲床、数控弯管机、数控折弯机、数控旋压机等。

(4) 特种加工数控机床

这类数控机床有数控线切割机床、数控电火花加工机床、数控激光加工机床等。

另外,数控机床还可以按数控系统的功能水平及相应的主要技术指标分为高、中、低三档。这种分法是相对的,不同时期划分的标准不同。

单元(五) 数控加工工艺编程参数的确定

技能目标 >>>

能够根据加工条件选择合理的切削用量。

核心知识 >>>

通过具体案例,根据工艺设计过程确定切削用量、加工余量的方法。

切削用量包括切削速度 v_c、进给速度 v_f(进给量 f)、背吃刀量 a_p。合理选择切削用量对于保证加工精度、充分发挥机床功能及提高生产率起着重要作用。

选择的基本原则:粗加工以提高生产率为主,精加工以保证加工精度为主。

选择的顺序:背吃刀量—进给量—切削速度。

一、背吃刀量和行距的选择

1. 背吃刀量 a_p

背吃刀量是一次走刀中已加工表面与待加工表面间的距离,如图 1-39 所示。在加工系统刚度允许的条件下,增大背吃刀量是粗加工选择的原则。

在普通数控铣削加工中,粗加工的背吃刀量 $a_p \leq 6$ mm(钢、铸铁 $a_p \leq 3$ mm),一次走刀的表面粗糙度 Ra 值为 $12.5 \sim 25$ μm;半精加工的背吃刀量 a_p 取 $0.5 \sim 2$ mm,一次走刀的表面粗糙度可达 Ra $3.2 \sim 12.5$ μm;精加工的背吃刀量 a_p 取 $0.1 \sim 0.5$ mm,一次走刀的表面粗糙度可达 Ra $0.8 \sim 1.6$ μm。

(a)车削加工 (b)铣削加工

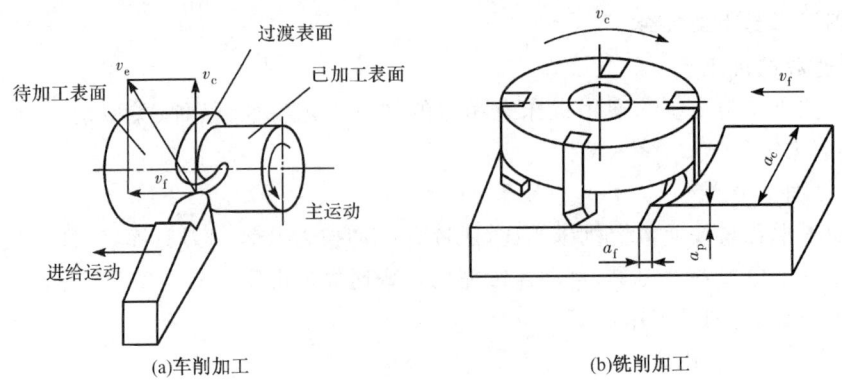

图 1-39 切削用量

加工中所需切削力的大小以及对机床刚性的要求主要由背吃刀量决定。

2. 行距 S

在数控铣削加工中采用行切或环切，两行或两环间的距离称为行距，如图 1-40 中的 S。粗加工中，增大行距 S 可以提高生产率。但行距 S 不能大于铣刀的直径。精加工时，必须选择合适的行距。

图 1-41(a)所示的球头刀一般只用于精加工曲面，其行距由要求达到的精加工精度(特别是表面粗糙度)决定。

带圆角 r 的平底刀的行距取(0.8～0.9)d，$d=2R-2r$，如图 1-41(b)所示。

平底立铣刀的行距一般取(0.6～0.9)$\times 2R$，如图 1-41(c)所示。

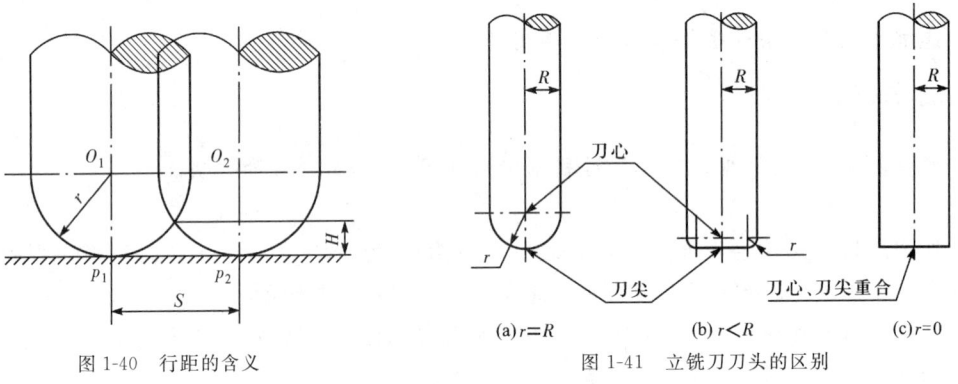

图 1-40 行距的含义

图 1-41 立铣刀刀头的区别

二、进给量和进给速度的选择

1. 进给量 f

进给量 f 是工件或刀具转一周或往复一次，在进给方向上的相对位移量，其单位是 mm/r 或 mm/双行程。

2. 进给速度 v_f

单位时间内的进给量为进给速度 v_f。对于铣刀、铰刀、拉刀等多齿刀具，还规定了每齿进给量 f_z，其单位是 mm/z 。进给速度 v_f、进给量 f 与每齿进给量 f_z 的关系为

$$v_f = nf = nzf_z$$

式中　z——刀齿数；

　　　n——刀具转速，r/min。

在数控铣削加工中，常选择每齿进给量 f_z 作为确定铣削进给量的基本参数。f_z 由工件材料的加工性能、加工的表面粗糙度要求、使用刀具的材料等因素决定。基本原则是：工件材料硬度越高，f_z 值越小；反之越大。

三、切削速度的选择

切削速度 v_c 是切削刃相对于工件主运动的速度。计算切削速度时，应选取刀刃上速度最高的点进行。主运动为旋转运动（数控车床为工件的旋转运动，数控铣床为刀具的旋转运动）时，切削速度按下式计算：

$$v_c = \pi dn / 1\,000$$

式中　d——工件或刀具的最大直径，mm；

　　　n——工件或刀具的转速，r/s 或 r/min。

工件材料和刀具材料是影响切削速度的主要因素，但最主要的因素是刀具材料。在普通机床上加工时，切削速度越高，产生的切削热越多，故要适时采用切削液冷却。

新型刀具材料的产生及数控机床系统刚性的不断提高，使高速切削的切削速度可以达到 500 m/min 以上，市场上硬质合金刀片一般允许的切削速度为 100～300 m/min。表 1-8 列出了不同刀具材料及其对应的最高切削速度的参考值。

表 1-8　　　　　　　　　　　　刀具材料与最高切削速度

刀具材料	高速钢	硬质合金工具钢	涂层	陶瓷	立方氮化硼	金刚石
最高切削速度/(m·min^{-1})	50	150	250	300	1 000	1 000

四、刀位点及走刀轨迹

1. 刀位点

刀位点是刀具主切削刃上用来编程的一点，也称为刀具跟踪点。如车刀的刀位点是刀尖，圆柱铣刀的刀位点是刀具轴线与刀具端刃所在端面的交点。

2. 走刀轨迹

走刀轨迹是指刀具上的刀位点从起刀点（加工起点）开始，完成一次切削加工，再返回该点或返回到新的起刀点所走过的路径。走刀轨迹也称为走刀路线。在走刀轨迹中，刀位点加工工件的轨迹又称为加工轨迹或切削轨迹。

走刀轨迹包括刀具切削加工的路径，也包括刀具快速接近工件、插补接触工件、安全退离工件等非切削空行程。走刀轨迹是刀具刀位点相对于工件运动的轨迹，它是加工编程的依据，直接影响加工质量和加工效率。在确定加工轨迹时应考虑如下几点：

(1) 在保证零件加工精度和表面质量的前提下，尽量提高加工效率。

(2) 合理建立编程坐标系，缩短编程时间，减少编程量。

(3) 缩短空刀运行时间，避免刀具与工件碰撞及在工件表面上停刀。

(4) 对于位置精度要求高的孔系加工，应避免机床的反向间隙影响孔间的位置精度。

如图 1-42(a)所示，4×φ30H7 孔系有较高的位置精度要求，采用图 1-42(b)所示的方案时，由于Ⅳ孔与Ⅰ孔、Ⅱ孔、Ⅲ孔的定位方向相反，X 轴方向的反向间隙会产生定位误差，故会直接、间接地影响Ⅳ孔与Ⅲ孔的位置精度。如果采用图 1-42(c)所示的方案，在工件外增加一个刀具折返点，保证各孔加工的定位方向一致，就可以避免反向间隙误差的影响。

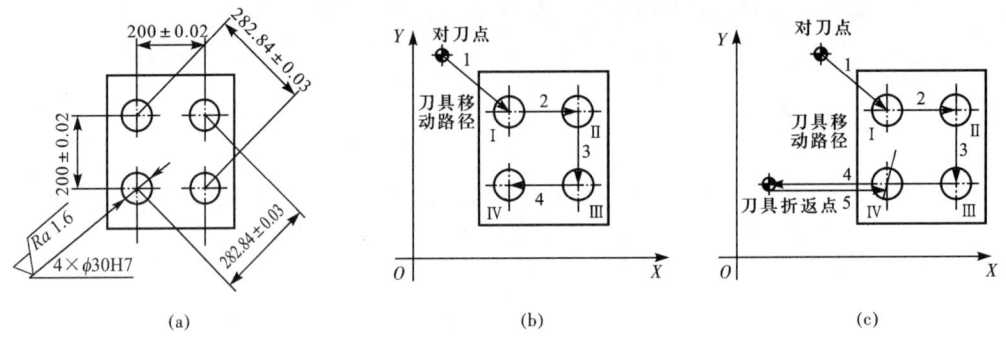

图 1-42 孔系加工与位置精度

（5）复杂曲面的加工要根据零件的精度要求和曲面特点、加工效率等因素确定走刀路线，比如是行切还是环切，是等距切削还是等高切削等。

3. 刀具的引入、切出

在数控车床上进行加工时，尤其是精车时，要考虑刀具的引入、切出路线，尽量使刀具沿轮廓的切线方向引入、切出，以免因切削力大小或方向突然变化而造成弹性变形，致使光滑连接轮廓上产生表面划伤、形状突变或滞留刀痕等。

4. 确定最短的空行程路线

确定最短的空行程路线，除了依靠大量的实践经验外，还应善于分析，必要时可辅以一些简单计算。

5. 确定最短的切削进给路线

切削进给路线短，可有效地提高生产率，减少刀具的磨损。在安排粗加工或半精加工的切削进给路线时，应同时兼顾被加工零件的刚性及加工工艺性等要求，不要顾此失彼。

图 1-43 所示为粗车时几种不同切削进给路线的安排。其中，图 1-43(a)所示为利用数控系统具有的封闭式复合循环功能来控制车刀沿着工件轮廓进行进给的路线，图 1-43(b)所示为三角形进给路线，图 1-43(c)所示为矩形进给路线。

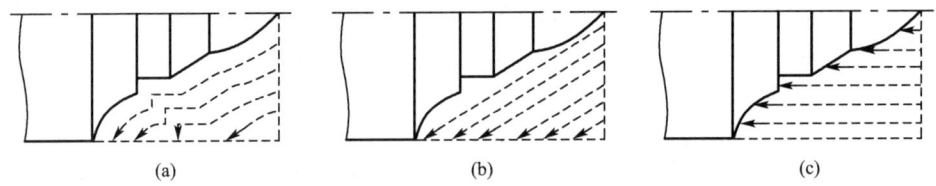

图 1-43 粗车时不同切削进给路线的安排

对以上三种切削进给路线进行分析和判断后，可知矩形进给路线的走刀长度总和最短，即在同等条件下，其切削所需时间(不含空行程)最短，刀具的磨损小。另外，矩形循环加工的程序段格式较简单，所以在制订粗车方案时，建议采用矩形进给路线。

五、精加工走刀轨迹

精加工走刀轨迹是在某数控机床加工工件轮廓时最后一次精加工走刀达到工序要求的刀位点的运动轨迹。精加工走刀轨迹是数控车编程的依据。

精加工一次走刀轨迹是从走刀起点开始,快速接近工件→插补加工工件→安全退刀离开工件→快速返回。如果快速返回到原起刀点,其轨迹是一个闭合的图形,如图 1-44 所示。

走刀轨迹上的特征点包括走刀起点(a 点)、快速接近工件点(b 点)、加工基点(c、d、e、f 点)、回退点(g 点)。

加工基点是零件上加工轮廓的特征点,必须在编程坐标系下根据工序图尺寸精准确定。走刀起点

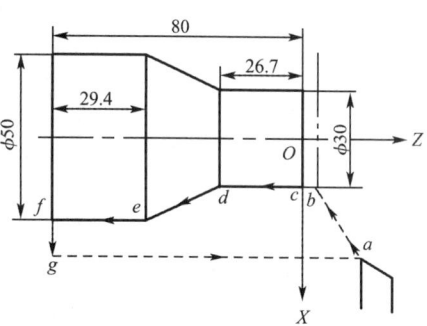

图 1-44　精加工走刀轨迹

是远离工件的点,一般也是换刀的位置。快速接近工件点是接近工件准备开始加工点,一般距离要加工工件第一个基点(c 点)5 mm 左右。回退点是完成切削加工后刀具退离工件的点,一般沿坐标径向回退 5 mm 左右。

图 1-44 给出车削工序加工完的最终形状和尺寸,所以车削工序的精加工走刀轨迹就是刀位点按着特征点走过的路线:$a→b→c→d→e→f→g→a$。加工基点经计算的坐标为 $c(X30, Z0)$,$d(X30, Z-26.7)$,$e(X50, Z-50.6)$,$f(X50, Z-80)$。定义起刀点、快速接近工件点、退离工件点的坐标分别为 $a(X60, Z50)$,$b(X30, Z2)$,$g(X60, Z-80)$。

建立精加工的走刀轨迹的步骤是:

(1) 根据所选用的数控机床建立相对应编程坐标系,如图 1-44 所示为在前置刀架的数控车床加工所建立的编程坐标系。

(2) 计算刀位点精加工轨迹的加工基点坐标,如图 1-44 中 c、e、d、f 点坐标。加工基点是工件上的点,其位置和坐标是唯一的。

(3) 确定刀位点辅助基点坐标,如图 1-44 中的 a、b、f 点坐标。

单元(六) 数控加工工艺设计与装备选择

技能目标 >>>

能够合理设计数控车加工工艺。

核心知识 >>>

数控车加工工艺卡。

工作任务一

如图 1-45 所示的零件，零件材料为 45 钢，试对其进行数控车加工工艺设计。

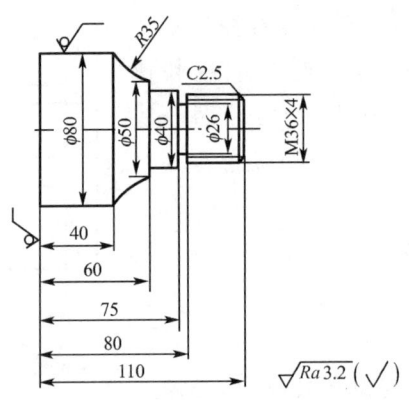

图 1-45 零件图

一、数控车加工工艺卡设计准备

1. 零件结构及技术要求分析

该零件为回转类零件，尺寸没有精度要求，表面粗糙度为 $Ra\ 3.2\ \mu m$，材料为 45 钢，加工性能较好。

2. 毛坯选择

选择 $\phi 80$ mm 棒料毛坯，长度为 115 mm。

3. 加工方法及过程分析

由于零件上的加工表面都为回转面，故只需在数控车床上加工，即可完成全部加工任务。为保证零件表面最终的粗糙度要求，各加工表面的最终工步采用半精加工实现。

加工过程本着先粗后精、先近后远的原则进行。先近后远就是刀具从左向右进行车削。

4. 机床、刀具、量具的选择

粗、精加工在同一数控机床上连续完成。

刀具选择主要根据加工表面的形状决定。本例选择一把外圆车刀用来粗、精加工各外圆面及左端面，选择一把切槽刀加工退刀槽，选择一把外螺纹车刀加工螺纹。

由于加工精度不高，直径和长度尺寸精度用游标卡尺测量，螺纹用 M36×4 环规测量。

5. 工件安装及加工顺序

由于左端面及 $\phi 80$ mm 外圆柱面不加工，故可利用其表面定位和夹紧，如图 1-46 所示。

加工顺序如下：

（1）粗加工：右端面—M36 螺纹外圆—$\phi 40$ mm 外圆—$R 35$ mm 圆弧面。

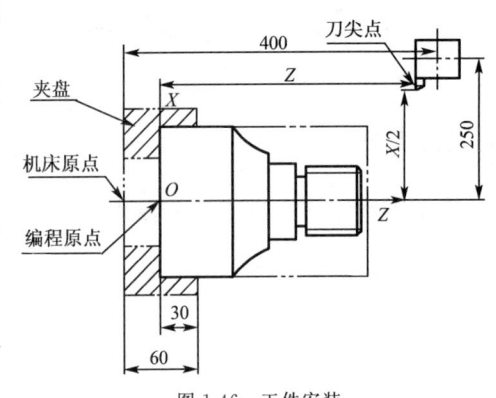

图 1-46 工件安装

(2)半精加工：右端面—M36 螺纹外圆—φ40 mm 外圆—R35 mm 圆弧面。

(3)切削 φ26 mm 退刀槽。

(4)车 M36×4 螺纹。

6.填写刀具数据表

刀具数据表见表 1-9。

表 1-9　　　　　　　　　　　刀具数据表

零件名称		工序名称	车	工序号	01	
加工内容	刀具编号	刀具名称	主轴转速/(r·min^{-1})	进给速度/(mm·r^{-1})		刀具补偿
粗车	T0101	90°外圆车刀	800	0.25		
精车	T0101	90°外圆车刀	1 200	0.15		
切槽	T0202	5 mm 切槽刀	400	0.08		T0202
车螺纹	T0403	60°外螺纹车刀	800	4(螺距)		T0303

7.编制数控车加工工艺卡

数控车加工工艺卡见表 1-10。

表 1-10　　　　　　　　　　　数控车加工工艺卡

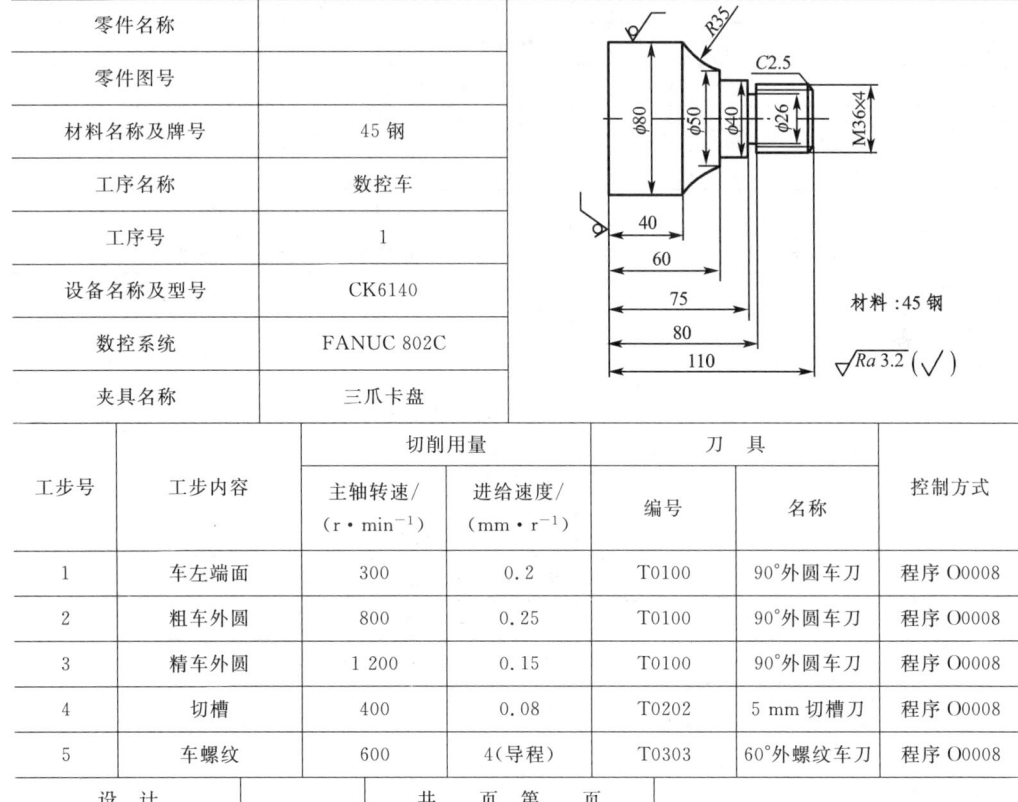

零件名称								
零件图号								
材料名称及牌号	45 钢							
工序名称	数控车							
工序号	1							
设备名称及型号	CK6140							
数控系统	FANUC 802C							
夹具名称	三爪卡盘							
工步号	工步内容	切削用量		刀具		控制方式		
		主轴转速/(r·min^{-1})	进给速度/(mm·r^{-1})	编号	名称			
1	车左端面	300	0.2	T0100	90°外圆车刀	程序 O0008		
2	粗车外圆	800	0.25	T0100	90°外圆车刀	程序 O0008		
3	精车外圆	1 200	0.15	T0100	90°外圆车刀	程序 O0008		
4	切槽	400	0.08	T0202	5 mm 切槽刀	程序 O0008		
5	车螺纹	600	4(导程)	T0303	60°外螺纹车刀	程序 O0008		
设　计			共　页　第　页					

二、加工程序编制

加工程序的编制是根据走刀路线确定的,不同的走刀路线,其加工程序也不同。编制加工程序的原则是在保证加工精度的前提下,提高加工效率并减少编程的工作量。其中应用循环加工指令有利于提高编程和加工效率。下面介绍加工程序编制的过程。

1. 设定工件坐标系(编程)原点

编程原点应尽量与零件尺寸设计基准重合。如图 1-45 所示,该零件左端面是轴向设计尺寸基准,轴线为径向设计尺寸基准。由图 1-46 可见,该零件加工程序编制的编程原点 O 与零件轴向设计尺寸基准和径向设计尺寸基准重合。

2. 确定精走刀路线

外圆粗、精加工采用外圆加工复合循环 G71、G70 指令,精加工走刀路线为起刀点—快速接近工件右端—进给走刀加工右端面—加工 M36 螺纹大径—加工 $\phi40$ mm 外圆—加工 $R35$ mm 圆弧面—退刀—快速返回。

3. 确定基点坐标

根据零件图可以方便地确定各加工基点的坐标。起刀点设为 $(X85,Z110)$。

4. 编制程序

前面所有工作都是为编制加工程序而准备的,在此基础上,就可以编写加工程序了。采用 FANUC 系统加工的程序见表 1-11。

表 1-11　　　　　　　　　　FANUC 系统加工程序

程　序	程序段解释
O0008;	程序号
N10 G50 X200 Z300;	设定工件坐标系
N20 M03 S800 T0100;	设定主轴转速为 800 r/min,正转,选择外圆车刀
N30 G00 X150 Z200;	快速移动到 $(X150,Z200)$ 点
N40 X85 Z110 M08;	快速移动到 $(X85,Z110)$ 点并打开冷却液
N50 G01 X−0.6 F0.2;	以 0.2 mm/r 的进给速度恒线速度车右端面
N60 G00 X82 Z110;	快速退刀到 $(X82,Z110)$ 点
N70 G71 U3 Q2; N80 G71 P100 Q150 U0.3 W0.2 F0.25;	粗车循环加工,留精加工余量径向 0.3 mm,轴向 0.2 mm
N100 G00 X31;	快速移动到 $(X31,Z110)$ 点
N110 G01 X36 W−0.25;	倒角 $C2.5$ mm
N120 Z75;	粗车 $\phi36$ mm 外圆
N130 X40 Z60;	粗车 $\phi40$ mm 外圆
N140 X50;	粗车 $\phi50$ mm 外圆
N150 G02 X80 Z40 R35;	粗车 $R35$ mm 圆弧
N160 G70 P100 Q150 S1200 F0.15;	精车加工主轴转速为 1 200 r/min,进给速度为 0.15 mm/r
N170 G00 X200 Z300 M09;	快速返回,关闭冷却液
N180 M00;	程序停,外圆加工结束
N190 T0202 M03 S400;	选切槽刀,主轴转速为 400 r/min
N200 G00 X42 Z75 M08;	左刀尖快速定位 $(X42,Z75)$ 点,准备切槽
N210 G01 X29 F0.08;	切槽
N220 X42 M09;	切槽完成,退离工件

续表

程 序	程序段解释
N230 G00 X200 Z300 T0200；	快速返回
N240 M00 T0303；	选螺纹车刀
N250 G00	主轴选低速挡
N260 G00 X40 Z128 M08；	快速定位,准备加工螺纹
N270 G76 X30.804 Z83 P2.598 Q1200 F4 A60；	螺纹加工循环,30.804 mm为螺纹小径尺寸,83为螺纹终点Z坐标,牙深为2.598 mm,一刀切削深度为1 200 μm,导程为4 mm,牙型角为60°
N280 G00 X200 Z300 M09 T0300；	撤销刀具补偿,快速返回,关冷却液
N290 M30；	程序结束

工作任务二

加工图1-47所示的零件,选择所需要的数控机床和刀具。零件材料为45钢,调质处理。

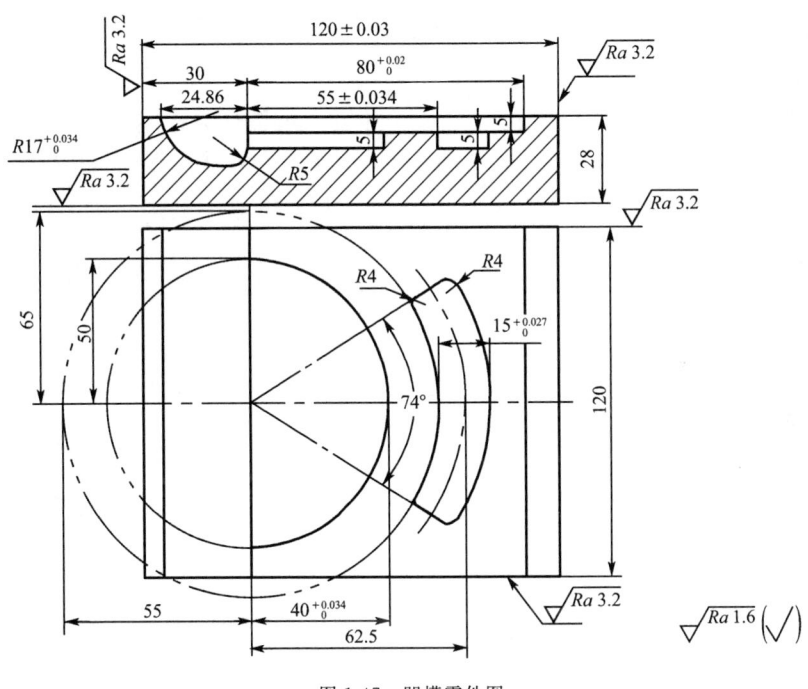

图1-47 凹模零件图

一、工艺准备

1. 图纸分析

零件采用45钢,调质处理。45钢为中碳钢,加工性能好,经调质后虽然硬度有所增强,但若采用优质硬质合金刀具切削加工,则加工性能仍较好。图纸上只有尺寸精度最高为IT7和表面粗糙度 $Ra\ 1.6\ \mu m$,无几何公差要求。

2. 毛坯选择

零件外轮廓形状为120 mm×120 mm×28 mm六面体,六个面都需要加工。本着毛坯形状与零件形状尽量一致的原则,本零件的毛坯形状也为六面体,但要根据六个面的加工精度留足加工余量。考虑毛坯外形简单、模具零件为单件生产,可直接购买经锯床切割下料的优质 45 钢板,毛坯外形尺寸为 124 mm×124 mm×30 mm(锯床下料以保证毛坯四个立面的平行和垂直关系)。下料后经调质处理。

3. 加工方法及工艺路线

加工方法:从零件加工内容知,全部加工内容可以通过数控铣床或加工中心加工完成。为提高加工效率及缩短换刀时间,选择加工中心加工。

工艺路线:调质-数控铣。

4. 加工中心铣削加工过程

从零件加工内容可知,全部加工可以通过数控铣床或加工中心完成。

(1)首先经多次装夹加工六面体,采用 ϕ80 mm 镶嵌式多齿盘式面铣刀经粗、精加工实现,以提高加工效率为主。

(2)由于零件上面深 5 mm 的大凹槽是前后通槽,故采用 ϕ20 mm 立铣刀进行粗、精加工。

(3)椭圆槽可以采用 ϕ12 mm 键槽立铣刀粗加工,再使用 ϕ8 mm 立铣刀精加工完成(考虑铣刀半径不能大于椭圆槽内的最小曲率半径)。

(4)零件左侧宽 24.86 mm,底面由 R17 mm 和 R5 mm 圆柱面构成的通槽先采用 ϕ12 mm 立铣刀粗加工,再采用 ϕ10 mm 球铣刀精加工完成(精加工球铣刀的半径应不大于 5 mm)。

(5)半椭圆槽应选择 ϕ20 mm 立铣刀经粗、精加工完成。

二、选择工艺装备

1. 机床选择

由于加工内容主要是平面轮廓和曲面轮廓,适合立式铣床铣削加工,所以选择一般通用立式数控铣床或加工中心都能满足加工精度要求。

2. 刀具选择

根据前面加工内容的分析,将本零件在数控铣床上完成全部加工所需刀具的类型填入表 1-12 中。

表 1-12　　　　　　　　加工中心刀具明细

加工机床		立式加工中心	机床型号	VMC1060	
序号	刀具名称	加工内容	刀具规格/mm	刀具代号	半径补偿地址	长度补差地址
1	面铣刀	六面体外表面	ϕ80	T01	D01	H01
2	立铣刀	前后通深 5 mm 的大凹槽、半椭圆槽	ϕ20	T02	D02	H02
3	球铣刀	精加工 R17 mm 和 R5 mm 曲面槽	ϕ10	T03	D03	H03
4	键槽铣刀	粗加工椭圆环槽、R17 mm 和 R5 mm 曲面槽	ϕ12	T04	D04	H04
5	立铣刀	精加工椭圆环槽	ϕ8	T05	D05	H05

三、编制数控铣加工工艺卡

数控铣加工工艺卡见表1-13。

表1-13　　　　　　　　　　　数控铣加工工艺卡

零件名称	凹模
零件图号	
材料名称及牌号	45钢
工序名称	数控铣
工序号	2
设备名称及型号	XK600
夹具名称	平口钳

工步号	工步内容	切削用量			刀具		控制方式
^	^	主轴转速/(r·min⁻¹)	进给速度/(mm·min⁻¹)	加工余量/mm	编号	名称	^
1	多次安装加工六面体 120×120×28	1 600	200	0.5	T01	φ80 mm 面铣刀	手动
2	粗、精铣面深5 mm的大凹槽、半椭圆槽	2 500	100	0.3	T02	φ20 mm 立铣刀	程序
3	粗加工椭圆环槽、R17 mm 和 R5 mm 曲面槽				T04	φ12 mm 键槽铣刀	程序
4	精加工 R17 mm 和 R5 mm 曲面槽	3 000	100	0.2	T03	φ10 mm 球铣刀	程序
5	精加工椭圆环槽	3 000	100	0.2	T05	φ8 mm 立铣刀	程序

4. 加工程序

略。

思考与练习

一、选择题

1. 加工精度是指零件加工后实际几何参数与(　　)的几何参数的符合程度。
   A. 已加工零件　　B. 待加工零件　　C. 理想零件　　D. 使用零件
2. 数控加工工艺的安排特点之一是(　　)。
   A. 工序分散　　B. 先车后铣　　C. 工序集中　　D. 尽量使用一把刀具
3. 工艺规程是(　　)。
   A. 选择工艺装备的依据　　　　　B. 指导生产过程的技术文件

C. 保证加工精度和加工质量的措施　　D. A、B、C 全对
4. 数控机床加工的各种运动都可以由（　　）控制。
   A. 手动　　　　　B. 加工形式　　　　C. 电流　　　　D. 程序
5. 数控加工前工艺设计必须先行,而且工艺设计的内容要严谨、具体,因为工艺设计是（　　）的依据。
   A. 保证生产率　　B. 生产纲领计算　　C. 安全生产　　D. 加工程序编制
6. 数控加工中的定位基准是（　　）。
   A. 零件上的一个重要尺寸　　　　B. 工艺基准
   C. 加工精度最高的表面　　　　　D. 设计基准
7. 基准重合原则是指（　　）重合。
   A. 定位基准和工艺基准　　　　　B. 工艺基准和设计基准
   C. 测量基准和定位基准　　　　　D. 定位基准和设计基准
8. 工件定位所限制的自由度不允许（　　）。
   A. 完全定位　　　B. 过定位　　　　　C. 欠定位　　　D. 不完全定位
9. 尺寸链中间接得到的尺寸是（　　）。
   A. 组成环　　　　B. 减环　　　　　　C. 增环　　　　D. 封闭环
10. 加工 5 个材料为 40Cr 钢、直径 ϕ45 mm、尺寸精度 IT6、表面粗糙度 Ra 1.6 μm、表面淬火达 60HRC 的光轴,正确的机械加工路线是（　　）。
    A. 粗车—半精车—精车—淬火　　　B. 粗车—半精车—精车—外圆磨—淬火
    C. 粗车—半精车—精车—淬火—外圆磨　D. 粗车—半精车—粗磨—精磨—淬火
11. （　　）主要用来加工件的圆柱或圆锥外表面。
    A. 外圆车刀　　　B. 三面车刀　　　　C. 尖齿车刀　　D. 平面车刀
12. 数控车床的（　　）通过镗刀座安装在转塔刀架的转塔刀盘上。
    A. 外圆车刀　　　B. 螺纹车刀　　　　C. 内孔车刀　　D. 切断刀
13. 数控加工对刀具的要求比普通加工更高,尤其是在刀具的刚性和（　　）方面。
    A. 工艺性　　　　B. 强度　　　　　　C. 韧性　　　　D. 耐用度
14. 在车床上钻深孔,由于钻头刚性不足,钻削后（　　）。
    A. 孔径变大,孔中心线弯曲　　　　B. 孔径不变,孔中心线弯曲
    C. 孔径变大,孔中心线不弯曲　　　D. 孔径不变,孔中心线不变
15. 数控车床加工外圆锥面需要控制的联动坐标是（　　）坐标。
    A. X、A　　　B. X、Z　　　　C. Z、A　　　D. X、C
16. 数控机床的精度指标包括测量精度、（　　）、角位移精度、重复定位稳定性、加工精度和轮廓跟随精度等。
    A. 表面精度　　　B. 尺寸精度　　　　C. 定位精度　　D. 安装精度
17. 精车细长轴时,车刀的前角宜取（　　）。
    A. 2°～5°　　　　B. 10°～15°　　　　C. -5°～-10°　D. 0°
18. 数控机床有不同的运动形式,需要考虑工件与刀具的相对运动关系及坐标方向,编写程序时采用（　　）的原则。
    A. 刀具固定不动、工件移动　　　　B. 工件与刀具同时运动
    C. 分析机床运动关系后再根据实际情况而定　D. 工件固定不动、刀具移动
19. 粗车 HT150 应选用（　　）类标识的刀具。
    A. P　　　　　　B. N　　　　　　　C. K　　　　　D. M
20. 镗深孔的关键技术是刀具的刚性、冷却和（　　）问题。
    A. 振动　　　　　B. 质量　　　　　　C. 排屑　　　　D. 刀具

二、判断题(对的打"√",错的打"×")

1. 确定机床坐标系时,一般先确定 X 轴,然后确定 Y 轴,再根据右手法则确定 Z 轴。（　）
2. 加工左旋螺纹,车床主轴必须反转。（　）
3. 编制程序时一般以机床坐标系作为编程依据。（　）
4. 切削用量(切削速度、背吃刀量、进给量)中,对刀具寿命影响最大的是背吃刀量。（　）
5. 数控机床的检测装置安装在丝杠上比安装在工作台上对加工运动的检测精度高,所以半闭环控制系统比闭环控制系统的控制精度高。（　）
6. 两轴联动数控机床只能加工平面轮廓零件,曲面轮廓零件必须在三轴联动数控机床上加工。（　）
7. 如果数控铣床上安装刀库及刀库控制系统,则可称之为铣削加工中心。（　）
8. 数控机床的运动既可手动控制,又可用程序控制。（　）
9. 无论什么金属材料,都可以使用 P 类硬质合金刀具加工。（　）
10. 由于数控机床加工精度高,故模具零件的制造都应采用数控机床加工。（　）

三、加工题

完成图 1-48 所示零件的加工内容,选择所需要的数控机床和刀具。

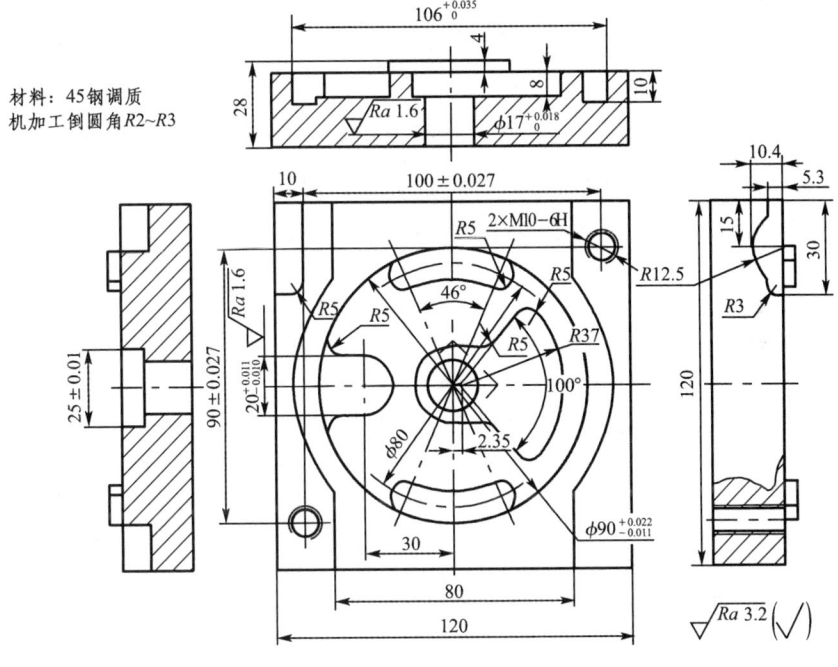

图 1-48　加工题图

四、简答题

1. 数控机床加工工艺设计的内容有哪些?
2. 说明加工余量确定的原则和方法。
3. 数控机床坐标系是怎样定义的?
4. 如何建立数控加工中的精加工轨迹?

模块二 模具数控车削编程基础

单元（一） 认识数控车削加工工艺

技能目标 >>>

会选择工艺参数和工艺装备。

核心知识 >>>

数控车床的加工特点；工艺过程及工艺装备的选择原则；加工参数的选择原则。

一、数控车床的加工特点

数控车削是数控加工中用得较多的方法之一，在数控车床中，工件的旋转运动是主运动，车刀做进给运动。其主要加工对象是回转体类零件，如轴类零件、套筒类零件及盘类零件。基本的车削加工内容有车外圆、车端面、切断和车槽、钻中心孔、钻孔、车中心孔、铰孔、镗孔、车螺纹、车锥面、车成形面、滚花和攻螺纹等。数控车床加工具有以下特点：

1. 加工精度高

数控车床刚性好，制造和对刀精度高，能方便和精确地进行人工补偿和自动补偿，所以能加工尺寸精度要求较高的零件。由于数控车床工序集中、装夹次数少，因此对提高位置精度特别有效。

数控车床具有恒线速度切削功能，加工出的零件表面粗糙度小而且均匀。如车削带有锥度的零件，由于普通车床转速恒定，在直径大的部位切削速度大，表面粗糙度小；反之，在直径小的部位表面粗糙度大，造成零件表面质量不均匀。使用数控车床的恒线速度切削功能就能很好地解决这一问题。对于表面粗糙度有不同要求的零件，数控车床也能实现其加工，表面粗糙度要求大的部位采用比较大的进给速度，表面粗糙度要求小的部位则采用比较小的进给速度。

2. 可以加工轮廓形状比较复杂的表面

数控车床能车削由各种平面曲线为母线构成的回转曲面，如椭圆曲面、抛物线曲面等，还包括不能用数学标准函数描述的各种列表曲线构成的回转曲面。

3. 可以加工特殊螺纹表面

普通车床能车削的螺纹相当有限,只能车削等导程的直、锥面公、英制螺纹,而且一台普通车床只能限定加工若干种导程。数控车床不仅能车削任何等导程的直、锥面公、英制螺纹,还能车削增导程、减导程以及要求等导程与变导程之间平滑过渡的螺纹。

4. 淬硬工件

在大型模具加工中,有不少尺寸大而形状复杂的零件,这些零件经热处理后的变形量较大,磨削加工有困难,此时可以用陶瓷车刀在数控车床上进行以车代磨的精密车削加工。

二、零件的定位及安装

1. 数控车床常用的夹具形式

在数控加工中,为了发挥数控车床高速度、高精度、高效率等特点,数控车床常使用通用三爪自定心卡盘、四爪卡盘等夹具。工件在这些卡盘上安装的定位及夹紧机构有手动驱动、液压控制驱动、气压控制驱动或电动驱动几种类型。

2. 数控车床常用的定位方法

车床工件主要以外圆柱面、内孔作为径向定位基准,以轴上肩立面或端面作为轴向定位基准。按定位元件不同,定位方法可分为以下几种:

(1) 圆柱芯轴定位

加工套类零件时,常用圆柱芯轴在工件的孔上定位,孔与芯轴常用 H7/h6 或 H7/g6 配合。

(2) 小锥度芯轴定位

将圆柱芯轴改成锥度很小(锥度为 1∶5 000~1∶1 000)的锥体,就成了小锥度芯轴。工件在小锥度芯轴上定位,能消除径向间隙,提高芯轴的定心精度。定位时,工件楔紧在芯轴上,靠芯轴与工件间的摩擦力带动工件,不需要再夹紧,且定心精度高。其缺点是工件在轴向不能定位。这种方法用于定位孔精度较高的工件的精加工。

(3) 圆锥芯轴定位

当内孔为锥孔时,可用与工件内孔同锥度的芯轴定位。为了便于卸下工件,可以在芯轴上配一个旋出工件的螺母,旋转该螺母即可顶出工件。

(4) 螺纹芯轴定位

当工件内孔是螺纹孔时,可用螺纹芯轴定位。

除上述芯轴定位之外,还有花键芯轴定位、张力芯轴定位等。常用的芯轴如图 2-1 所示。

三、数控车削加工工艺设计过程

合格的数控编程人员同时也应该是合格的数控工艺分析人员。工艺的制订关系到数控程序的编制、数控加工的效率和零件加工的精度。零件定位时,根据结构形状不同,通常选择外圆或端面装夹,并力求使设计基准、工艺基准和编程基准统一。

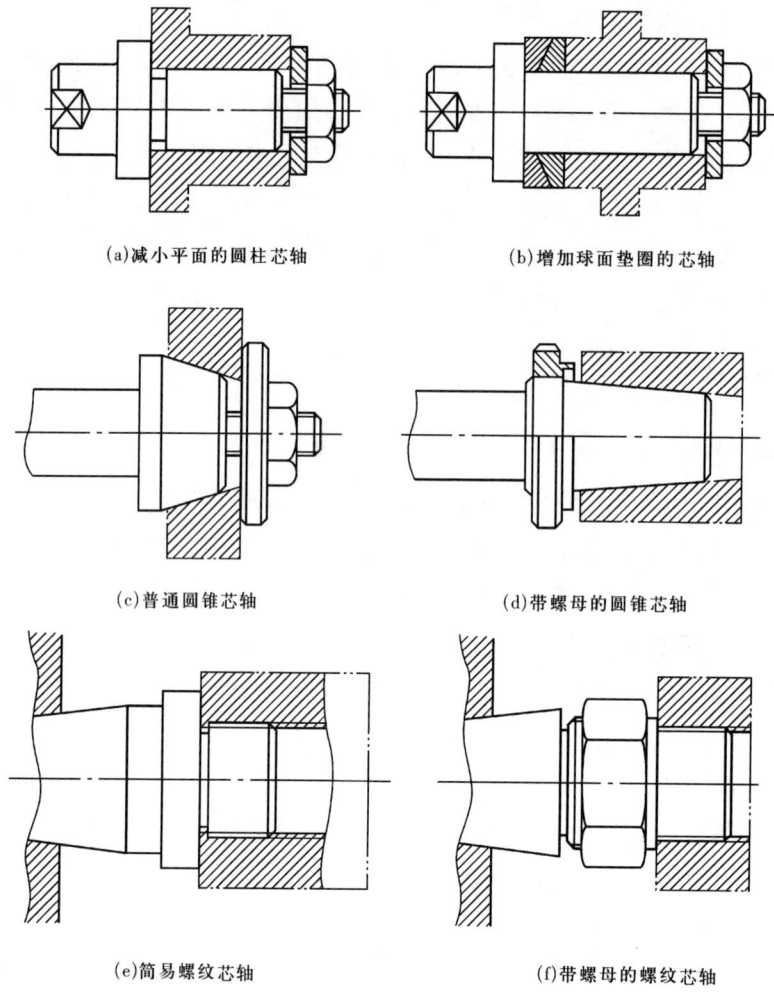

图 2-1 常用的芯轴

数控车削加工工艺过程:分析零件图纸,确定加工工艺过程(工序路线),确定工件在机床上的工序安装方式,确定表面加工顺序和走刀路线以及选择夹具、刀具和切削用量等,最后填写机械加工过程卡和数控车削工序卡。

1. 零件图纸工艺分析

分析零件图纸是工艺制订中的首要工作,一般有以下几方面内容:

(1) 零件的结构工艺性分析

零件的结构工艺性是指零件的结构对加工方法的适应性,也就是说零件的结构是否便于高效率地加工成形。如图 2-2(a)所示的零件,三个槽的尺寸不同,若用三把刀分别加工不同的槽,则增加了换刀时间;若用 3 mm 宽的切槽刀来加工,则加工另外两处槽要多次进、退刀,增加了程序段的长度。对于这样的结构,若没有特殊要求或为了不影响零件的使用功能,则应及时向设计人员建议改为如图 2-2(b)所示的结构,使三个槽尺寸统一,这样只需要一把刀就能完成加工,既减少了刀具数量,少占了刀架刀位,又节省了换刀时间。

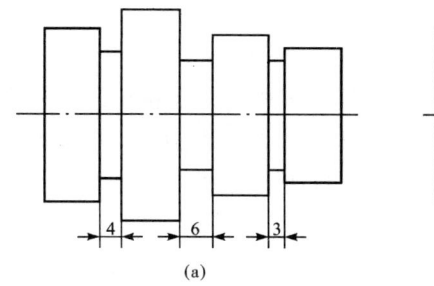 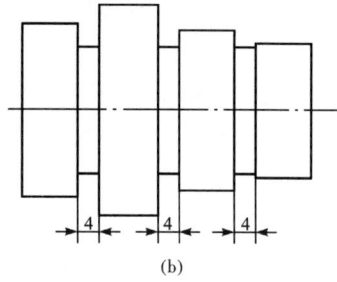

图 2-2 结构工艺性对比

(2)零件轮廓信息定义的完备性分析

不管是手工编程还是自动编程,都要对零件轮廓几何要素进行明确的定义。由于零件设计人员在设计过程中考虑不周,参数常常不全或不清楚,在零件图纸上可能会出现加工轮廓几何条件被遗漏的情况,有时还会出现一些相互矛盾的尺寸或过多的尺寸(所谓的封闭尺寸链),以及圆弧与直线、圆弧与圆弧是相切还是相交或相离定义不明确等问题。

如图 2-3 所示为一手柄,该零件看起来几何尺寸比较完整,但仔细分析就会发现其中的问题。首先是手柄左端的圆柱部分,根据所给的尺寸无法确定其直径值;其次是两圆弧 $R25$ mm 及 $R75$ mm 间的切点无法计算。为此,必须增加一些尺寸,才能使几何条件足够充分。对于如何增加尺寸,编程人员必须与设计人员商量,共同解决。

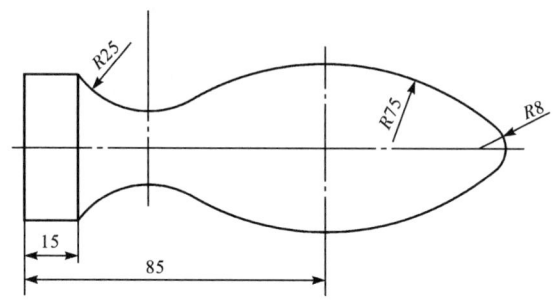

图 2-3 零件轮廓几何要素分析

(3)精度及技术要求分析

零件工艺性分析的一个重要内容就是对零件的精度及技术要求进行分析,只有在分析零件加工精度和表面粗糙度的基础上,才能对加工方法、装夹方式、刀具及切削用量进行正确而合理的选择。

精度及技术要求分析的主要内容如下:

①分析加工精度及各项技术要求是否齐全、合理。

②分析本工序的数控车削加工精度能否达到图纸要求,若达不到,需采取的后续工序有哪些,并合理确定本工序应给后续工序留出的加工余量。

③分析位置精度要求,有位置精度要求的表面应该在一次装夹时完成加工。

④对表面粗糙度要求较高的表面,应采用恒线速度切削加工。

2. 加工工序顺序的确定

零件的加工工序通常包括切削加工工序、热处理工序和辅助工序,合理安排好这三者的顺序并解决好工序间的衔接问题,可以提高零件的加工质量和生产率,降低加工成本。确定数控车床上的车削加工顺序一般遵循下列原则：

(1) 先粗后精

按照粗车—半精车—精车的顺序进行，逐步提高零件的加工精度。粗车将在较短的时间内将工件表面上的大部分加工余量切掉，这样既提高了金属切除率，又满足了精车余量均匀性要求。若粗车后所留余量的均匀性满足不了精加工的要求，则要安排半精车，以使精加工的余量小而均匀，又可消除粗加工变形。精车时，为保证零件的加工精度，刀具应沿着零件的轮廓一次走刀完成。

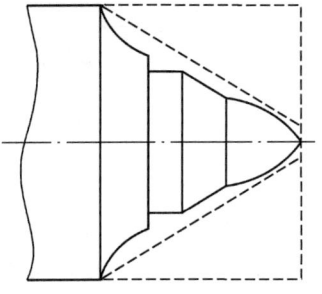

如图 2-4 所示，首先进行粗加工，即将虚线包围部分切除，然后进行半精加工和精加工。

(2) 先近后远

这里所说的远与近，是针对加工部位相对于换刀点的距离大小而言的。通常在粗加工时，离换刀点近的部位先加工，离换

图 2-4　先粗后精加工

刀点远的部位后加工，以便缩短刀具移动距离和空行程时间，并且有利于保持坯件或半成品件的刚性，改善其切削条件。

例如，当加工图 2-5 所示的零件时，因余量较大，故粗车时可先车端面，再按 $\phi40$ mm—$\phi35$ mm—$\phi29$ mm—$\phi23$ mm 的顺序加工；精车时，如果按 $\phi40$ mm—$\phi35$ mm—$\phi29$ mm—$\phi23$ mm 的顺序加工，不仅会增加刀具返回换刀点所需的空行程时间，还可能使台阶的外直角处产生毛刺，故应该按 $\phi23$ mm—$\phi29$ mm—$\phi35$ mm—$\phi40$ mm 的顺序加工。如果余量不大，则可以直接按直径由小到大的顺序一次加工完成，符合先近后远的原则，即离刀具近的部位先加工，离刀具远的部位后加工。

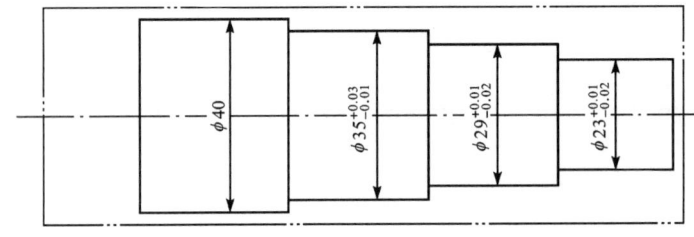

图 2-5　先近后远加工

(3) 内外交叉

对既有内表面(内型、内腔)又有外表面的零件，在安排加工顺序时，应先粗加工内、外表面，然后精加工内、外表面。

加工内、外表面时，通常先加工内型和内腔，然后加工外表面。其原因是控制内表面的尺寸和形状较困难，刀具刚性相应较差，刀尖(刃)的耐用度易受切削热的影响而降低，以及在加工中清除切屑较困难等。

(4) 刀具集中

刀具集中即用一把刀加工完相应各部位，再换另一把刀加工相应的其他部位，以缩短空行程和换刀时间。

(5)基面先行

用作精基准的表面应优先加工出来,其原因是作为定位基准的表面越精确,装夹误差越小。例如加工轴类零件时,总是先加工中心孔,再以中心孔为精基准加工外圆表面和端面。

3. 刀具的选择

刀具的选择是数控加工工艺中最重要的内容之一,它不仅影响数控机床的加工效率,还直接影响数控加工的质量。与普通机床加工相比,数控机床加工过程中对刀具的要求更高,不仅要求精度高,强度高,刚度好,耐用度高,还要求尺寸稳定,安装与调整方便。

车刀是应用最广的一种车削刀具,也是学习、分析各类刀具的基础。车刀可在车床上加工外圆、内孔、端面、螺纹等。车刀按结构可分为整体式车刀和机夹可转位车刀。其中镶嵌式机夹可转位车刀是应用最广泛的车刀。

整体式车刀主要是高速钢材质的车刀及采用硬质合金刀片焊接在45钢刀杆上的焊接式车刀,这类刀具的几何角度需要由使用者自己刃磨。

机夹可转位车刀由刀片和刀杆等构成,如图 2-6 所示。其中,刀杆采用 40Cr 钢制成;刀片一般用不同的刀具材料制成,刀片形状为正三角形或菱形,厚度为 2～5 mm,用机械夹持的方法将刀片固定在刀杆上。此类刀具有如下特点:

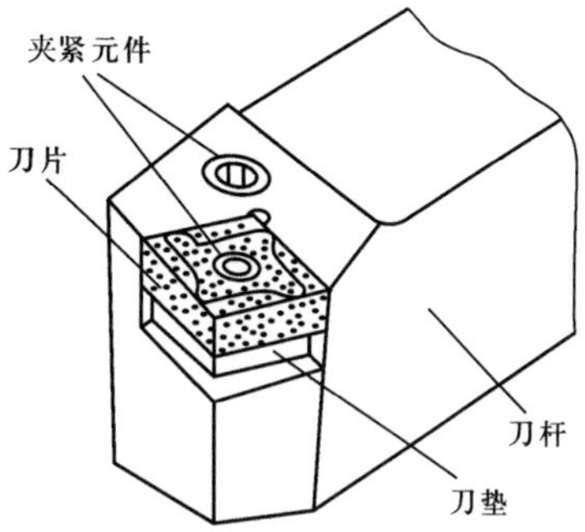

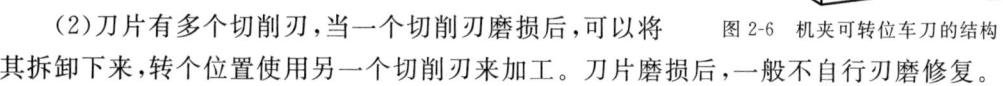

图 2-6　机夹可转位车刀的结构

(1)根据加工工件材料不同,可以选用不同类型的刀片。刀片的几何角度在厂家生产时已经刃磨好,可供使用者根据加工工件材料及加工精度合理选用。

(2)刀片有多个切削刃,当一个切削刃磨损后,可以将其拆卸下来,转个位置使用另一个切削刃来加工。刀片磨损后,一般不自行刃磨修复。

(3)刀杆可重复使用,既节省了钢材,又提高了刀片的利用率。刀片由制造厂家回收再制,提高了经济效益,降低了刀具成本。

4. 切削用量的选择

普通机械加工的金属切削用量包括切削速度、进给速度和背吃刀量,也称为切削用量三要素。在数控加工中,切削用量要素与普通加工是相似的,包括背吃刀量 a_p(吃刀深度)、切削速度 v_c(可选用主轴转速 n 或恒线速度 v)、进给速度 v_f 或进给量 f。

(1)切削用量的选用原则

粗车时,首先考虑选择尽可能大的背吃刀量 a_p,其次选择较大的进给量 f,最后确定一个合理的切削速度 v_c,一般 v_c 较小。增大背吃刀量可使走刀次数减少,提高切削效率;增大进给量有利于断屑。

数控机床属于精密机床,故粗加工的背吃刀量一般不大于 3 mm,以免过大的背吃刀量所产生的过大的切削力影响数控机床的精度。

精车时,主要考虑的是加工精度和表面粗糙度要求,加工余量应着重考虑如何保证加工质量,并在此基础上提高生产率。因此,精车时应选用较小的背吃刀量(但不能太小)和进给量,并选用性能高的刀具材料和合理的几何参数,以尽可能增大切削速度。

(2)切削用量的选用参考值

①主轴转速 n 或切削速度 v_c。 主轴转速 n 的选择应根据零件上被加工部位的直径、被加工零件和刀具的材料及加工性质等条件所允许的切削速度 v_c 来确定。切削速度一般可查表或由计算得到,在很多情况下,还要根据编程人员的经验来选取。需要注意的是,车削螺纹时,车床的主轴转速受到螺纹的螺距或导程大小、驱动电动机的升降频率特性及螺纹插补运算速度等多种因素的影响,故为不同的数控系统推荐不同的主轴转速选择范围。采用交流变频调速的数控车床低速运转时,输出力矩较小,因而切削速度不能太小。

在选用数控车床的切削速度时,可参考表2-1。

表2-1 切削速度选用参考值

零件材料	刀具材料	a_p/mm			
		0.13～0.38	0.38～2.40	2.40～4.70	4.70～9.50
		f/(mm·r^{-1})			
		0.05～0.13	0.13～0.38	0.38～0.76	0.76～1.30
		v_c/(m·min^{-1})			
低碳钢	高速钢	—	70～90	45～60	20～40
	硬质合金	215～365	165～215	120～165	90～120
中碳钢	高速钢	—	45～60	30～40	15～20
	硬质合金	130～165	100～130	75～100	55～75
灰铸铁	高速钢	—	35～45	25～35	20～25
	硬质合金	135～185	105～135	75～105	60～75
黄铜青铜	高速钢	—	85～105	70～85	45～70
	硬质合金	215～245	185～215	150～185	120～150
铝合金	高速钢	105～150	70～105	45～70	30～45
	硬质合金	215～300	135～215	90～135	60～90

除了参考表2-1中的数据外,还应考虑以下因素:

工件材料强度、硬度较高时,应选用较小的切削速度;加工奥氏体不锈钢、钛合金和高温合金等难加工材料时,只能选取较小的切削速度。

刀具材料的切削性能越好,切削速度应选得越大。如硬质合金钢的切削速度比高速钢刀具的切削速度大好几倍,涂层刀具的切削速度比未涂层刀具的切削速度要大,陶瓷、金刚石和CBN刀具可采用更大的切削速度。

精加工时,选用的切削速度应尽量避开积屑瘤和鳞刺产生的区域;断续切削时,为了减小冲击和热应力,应适当减小切削速度。在易发生振动的情况下,切削速度应避开自激振动的临界速度;若加工大型、细长、薄壁或带外皮的工件,则应适当减小切削速度。

②背吃刀量 切削加工一般分为粗加工、半精加工和精加工。粗加工(表面粗糙度为 Ra 12.5～50 μm)时,在机床功率和刀具允许的情况下,一次走刀应尽可能切除全部余量。在中等功率机床上,背吃刀量可达8～10 mm(通用性数控车床受刚性和功率限制,最大背吃刀量取3 mm,多余的毛坯通过多次粗加工走刀切除);半精加工(表面粗糙度为 Ra 3.2～6.3 μm)时,背吃刀量取0.5～2 mm,通过一次走刀完成;精加工(表面粗糙度为 Ra 0.8～1.6 μm)时,

背吃刀量取 0.05～0.4 mm，通过一次走刀完成。

③进给量 f 或进给速度 v_f　粗加工时，工件表面质量要求不高，但切削力很大，合理进给量的大小主要受机床进给机构的强度、刀具的强度与刚性、工件装夹的刚度等因素的限制。精加工时，合理进给量的大小则主要受工件加工精度和表面粗糙度的限制。实际生产中多采用查表法确定进给量，可查阅相关手册。

单元（二） 数控车削常用的基本编程指令

技能目标 >>>

能运用基本编程指令编写数控车削加工程序。

核心知识 >>>

常用 G、M、F、T、S 指令的格式及应用特点。

一、编程基础

1. 编程手段

数控编程有两种方法，即手工编程和自动编程，采用哪种编程方法应视零件加工的难易程度而定。

（1）手工编程

手工编程就是从分析零件图样、确定加工工艺过程、计算数值、编写零件加工程序单、输入程序到数控系统至程序校验都由人工完成。对于加工形状简单、计算量小、程序不多的零件（如点位加工或由直线与圆弧组成的轮廓加工），采用手工编程较容易，而且经济、快捷。对于形状复杂的零件，特别是具有非圆曲线、曲面的零件，用手工编程有一定的困难，有时甚至无法编出程序，此时必须采用自动编程。

（2）自动编程

自动编程借助计算机辅助软件，先对所加工的零件运用 CAD 技术建立零件加工模型，根据所加工的内容在计算机辅助制造系统中确定毛坯类型，选择数控机床及加工刀具，输入合理的切削加工参数，再经过计算机模拟仿真加工，检验走刀轨迹正确后就可以自动转化成数控加工程序代码，经过适当处理后生成数控加工程序，最后通过计算机与机床的通信软件传输给机床，控制机床的自动加工。

目前，CAD/CAM 一体化集成形式的软件已成为数控加工自动编程系统的主流。这些软件可以采用人机交互方式进行零件几何建模，对数控机床与刀具参数进行定义和选择，确定刀具相对于零件的运动方式和切削加工参数，自动生成刀具轨迹和程序代码，最后经过后置处理，按照所使用车床规定的文件格式生成加工程序，通过串行通信的方式将加工程序传送到数控车床的数控单元。

2. 手工编程的步骤

(1) 分析零件图纸，确定加工工艺

编程人员首先要根据加工零件的图纸及技术文件，对零件的材料、几何形状、尺寸精度、表面粗糙度、热处理要求等进行分析，从而确定零件加工工艺过程及设备、工装、加工余量、切削用量等。

(2) 计算数值

根据零件图中的加工尺寸和确定的工艺路线建立编程坐标系，计算出零件精加工运动轨迹的基点坐标。加工形状简单的零件轮廓，可以直接计算出基点坐标。复杂的轮廓可能需要借助计算机辅助制图，即在 CAD 环境下，将编程坐标系与绘图坐标系统一，按 1∶1 的比例绘制零件轮廓，再借助 CAD 软件中的特征点查询功能查询各基点的坐标。

(3) 编写零件加工程序单

根据加工路线、工艺参数、刀具号、辅助动作以及数值计算的结果等，按所使用车床的数控系统规定的功能指令及程序段格式编写零件加工程序单。此外，还应附上必需的加工工艺卡、刀具卡及必要的说明等。

(4) 将程序输入数控系统

将编制好的程序通过一定的方法输入机床数控系统。通常的输入方法有下面几种：

① 手动数据输入　按所编程序单的内容，通过操作机床的键盘进行逐段输入，同时利用 CRT 显示内容进行检查。

② 利用控制介质输入　控制介质多为穿孔纸带、磁带、磁盘等，可分别用光电纸带阅读机、磁带收录机、磁盘软驱等装置将程序输入数控系统。

③ 通过车床通信接口输入　将计算机编制好的程序，通过与车床控制通信接口连接直接输入车床的控制系统。

(5) 程序校验

输入的程序必须进行校验，校验的方法有下面几种：

① 启动数控车床，按照输入的程序进行空运转，即在车床上用笔代替刀具（主轴转）、用坐标纸代替工件进行空运转画图，检查车床运动轨迹的正确性。

② 在具有 CRT 屏幕图形显示功能的数控车床上进行工件图形的模拟加工，检查加工轨迹的正确性。

③ 用易加工材料，如塑料、木材、石蜡等，代替零件材料进行试切削。

注意　当发现问题时，应分析原因，调整刀具或装夹方式，或者进行尺寸补偿。首件试切确认无误之后，方可进行正式切削加工。

3. 程序的结构与格式

(1) 程序的组成

由于数控车床类型和系统的不同，加工程序的指令、格式有一定的差别，因此，编程人员必须严格按照车床说明书的规定格式进行编程。数控机床加工的完整程序一般由程序号、程序开始、程序主体和程序结束四部分组成。

例如：

```
O0100                      程序号
N10 G50 X100 Z100;         程序开始
N20 G00 X100 Z100;       ⎫
N30 M03 S500;            ⎪
N40 T0101;               ⎬ 程序主体
…                        ⎪
N100 G00 X100 Z100;      ⎭
N110 M30;                  程序结束
```

①程序号　程序号是程序的开始部分，如 O0100。程序号的第一个字母为程序号地址码。FANUC 系列数控系统中，程序号地址用英文字母"O"表示；SIEMENS 系列数控系统中，程序号地址用符号"％"表示。

②程序开始　初始化数控系统调用本程序事先在数控系统中建立的工件坐标系代码，如 G50。

③程序主体　程序主体用来控制机床的工作状态和刀具加工的运动轨迹，是程序的主要内容。

④程序结束　当切削加工完成后，控制刀具安全地退到指定位置，控制车床主轴的工作状态，确定程序结束的方式等。

(2)程序段

程序段开头是程序段号，后面可以根据需要填写准备功能指令、运动坐标指令、工艺性指令及辅助功能指令等。

完整程序段的格式如下：

```
N__    G__    X__ Y__ Z__    F__ S__ T__    M__
程序段号 准备功能指令  运动坐标指令    工艺性指令    辅助功能指令
```

程序段号：以字母 N 和正整数表示，按由小到大顺序排列。

准备功能指令：由 G 和两位数字组成，控制机床的运动部件的加工运动方式和状态。

运动坐标指令：由尺寸坐标等信息控制刀具刀位点的运动位置。

工艺性指令：F 指令为进给速度指令；S 指令为主轴转速指令；T 指令为调用刀具指令。

辅助功能指令：由 M 和两位数字组成，控制机床辅助功能的工作形式和状态。

例如：

N30 G01 X100 Y－50 Z50 F200 S1200 T0100 M03;

并非所有的程序段都要写成完整的形式，比如下面几例：

①程序段长度可变。例如：

N10 G17 T01;

N20 G00 Z100;

…

N60 G02 G41 G46 X10 Y15 Z5 F120;

上述 N10、N20 程序段仅由 3 个字构成，而 N60 程序段由 8 个字组成，即这种格式输出的各个程序段长度是可变的。

②不同组的代码在同一程序段内可同时使用。例如，上述 N60 程序段中的 G02、G41、G46 代码，由于其不在同一组，故可在同一程序段内同时使用。

③不需要的或与上一段程序功能相同的字可省略不写。例如：

O0001	O0002
N1 G00 Z100;	N1 G00 Z100;
N2 T0101;	N2 T0101;
N3 M03 S1000;	N3 M03 S1000;
N4 G00 X50 Z2;	N4 G00 X50 Z2;
N5 G01 Z－10 F0.2;	N5 G01 Z－10 F0.2;
N6 G01 X100;	N6 X100;
N7 G01 X100 Z－40;	N7 Z－40;
N8 G01 X0 Z－40;	N8 X0;

程序号为 O0001 和 O0002 的两个程序是等效的。O0001 中的 N5 程序段已经给出了 G01 指令，而后面各段也均执行 G01 指令，故在 N6～N8 程序段中可省略"G01"，如程序 O0002。

同样，N2 程序段中的"T0101"、N3 程序段中的"S1000"以及 N5 程序段中的"F0.2"，在下面的程序段中都是指 1 号刀具、主轴转速 1 000 r/min 及进给量 0.2 mm/r，都不需要改变，故可省略重复指定。

4. 程序字的功能类别

工件加工程序是由程序段构成的，每个程序段是由若干个程序字组成的。每个程序字是数控系统的具体指令，它由表示地址的英文字母（表示该程序字的功能）、特殊文字和数字集合而成。

(1) 程序字的结构

程序字通常是由地址和跟在其后的若干数字组成（尺寸字后的数字可以缀以符号"＋"或"－"），例如 G17、T0101、X318.503、Y－170.891。

(2) 程序字的分类

根据各种数控装置的特性，程序字基本上可以分为尺寸字和非尺寸字两种。例如，上述 G17、T0101 是非尺寸字，X318.503、Y－170.891 是尺寸字。非尺寸字的地址见表 2-2，尺寸字的地址见表 2-3。

表 2-2　　　　　　　　　　非尺寸字的地址

功　能	地　址	含　义
程序段顺序号	N	程序段顺序指令字
准备功能	G	准备功能指令字
进给功能	F	进给速度功能指令字
主轴转速功能	S	主轴转速功能指令字
刀具功能	T	指定刀具功能指令字
辅助功能	M	辅助功能指令字

表 2-3　　　　　　　　　　　　　　　尺寸字的地址

功　能	地　址	含　义
尺寸字的地址	X、Y、Z	绝对坐标值指令字
	U、V、W	相对坐标值指令字
	A、B、C	回转坐标值指令字
	I、J、K	描述圆弧半径、圆弧起点指向圆弧中心的向量坐标值指令字

二、数控车床的指令

不同数控系统的指令有一些区别，但是对于常用的各种功能，ISO 及国家标准都进行了统一的规范，所以只要掌握一种通用系统的标准指令功能及其用法，其他系统也就一通百通了。本书以 FANUC 0i 系统为例，介绍其常用指令的用法。

1. 准备功能指令（G 指令）

准备功能指令是控制机床的运动部件的加工运动方式和状态的指令。FANUC 0i 系统 G 指令见表 2-4。

表 2-4　　　　　　　　　　　　FANUC 0i 系统 G 指令

G 指令 A	B	C	组	功　能	G 指令 A	B	C	组	功　能
G00	G00	G00	01	快速移动*	**G70**	G70	G72	00	精加工循环
G01	G01	G01		直线插补	**G71**	G71	G73		外径/内径粗车复合循环
G02	G02	G02		顺时针圆弧插补	**G72**	G72	G74		端面粗车复合循环
G03	G03	G03		逆时针圆弧插补	**G73**	G73	G75		轮廓粗车复合循环
G04	G04	G04	00	暂停	G74	G74	G76		排屑钻端面孔（沟槽加工）
G10	G10	G10		可编程数据输入	G75	G75	G77		外径/内径钻孔循环
G11	G11	G11		可编程数据输入方式取消	G76	G76	G78		多头螺纹复合循环
G20	G20	G70	06	英制输入	G80	G80	G80	10	取消固定钻孔加工循环
G21	G21	G71		公制输入*	G83	G83	G83		钻孔循环
G27	G27	G27	00	返回参考点检查	G84	G84	G84		攻螺纹循环
G28	G28	G28		返回参考点位置	G85	G85	G85		正面镗循环
G32	G33	G33	01	螺纹切削	G87	G87	G87		侧钻循环
G34	G34	G34		变螺距螺纹切削	G88	G88	G88		侧攻螺纹循环
G36	G36	G36	00	自动刀具补偿 X	G89	G89	G89		侧镗循环
G37	G37	G37		自动刀具补偿 Z	G90	G77	G20	01	外径/内径自动车削循环
G40	G40	G40	07	取消刀尖半径补偿*	**G92**	G78	G21		螺纹自动车削循环
G41	G41	G41		刀尖半径左补偿	G94	G79	G24		端面自动车削循环
G42	G42	G42		刀尖半径右补偿	**G96**	G96	G96	02	加工恒线速度控制
G50	G92	G92	00	坐标系、主轴最大速度设定	**G97**	G97	G97		取消加工恒线速度控制
G52	G52	G52		局部坐标系设定	**G98**	G94	G94	05	每分进给量（mm/min）
G53	G53	G53		机床坐标系设定	G99	G95	G95		每转进给量*（mm/r）
G54~G59			14	选择工件坐标系 1~6	—	G90	G90	03	绝对值编程
G65	G65	G65	00	调用宏程序	—	G91	G91		增量值编程

注：加粗的指令是数控车削常用的指令。

对表 2-4 中的指令说明如下：

(1) 指令分为 A、B、C 三种类型，其中 A 类指令常用于数控车床，B、C 两类指令常用于数控铣床或加工中心。

(2)指令分为若干组别,其中00组为非模态指令,其他组为模态指令。所谓模态指令,是指这些G代码不但在当前的程序段中起作用,而且在以后的程序段中一直起作用,直到本组的其他指令出现而取代它为止。非模态指令则是指某指令只能在所出现的本程序段内有效,对其他程序段不起作用。

(3)同一组的指令能互相取代,后出现的指令可取代前面的指令。因此,同一组的指令如果出现在同一程序段中,则最后出现的那一个才是有效指令。一般来讲,同一组的指令出现在同一程序段中是没有必要的。例如"G01 G00 X120 F100;"中,G01无效,G00有效,表示刀具将快速沿 X 轴方向定位到 X 坐标为120的位置;如果写成"G00 G01 X120 F100;",则G00、G01均有效,表示刀具以100 mm/min的进给速度沿 X 轴方向直线插补到 X 坐标为120的位置。

(4)表中带"*"号的功能是指数控机床开机上电或按了"RESET"键后,即处于该功能状态。这些预设的功能状态是由系统内部的参数设定的。

2. 辅助功能指令(M指令)

M指令主要用于命令数控机床的一些辅助设备实现相应的动作。数控车床常用的M指令如下:

(1)M00(程序停止)

当数控加工中数控系统遇到M00指令时,机床的所有运动,包括切削液等全部停止。只有在手动按压一次机床操作面板上的自动加工按钮时,数控系统才会继续执行M00的下一指令。M00一般用于程序调试、首件试切削时需要检查工件加工质量及精度等情况下使主轴暂停的场合,也可用于经济型数控车床转换主轴转速时的暂停。

(2)M01(条件程序停止)

M01指令和M00指令类似,所不同的是,M01指令使程序停止执行是有条件的,它必须和数控机床操作面板上的选择性停止键("OPTSTOP"键)一起使用。若按下该键,指示灯亮,则执行到M01时,功能与M00相同;若不按下该键,指示灯灭,则执行到M01时,程序也不会停止,而是继续往下执行。

(3)M02(程序结束)

M02指令自动将主轴停止、切削液关闭,程序指针(可以认为是光标)停留在程序的末尾,不会自动回到程序头。

(4)M03(主轴正转)

由尾座向主轴看时,主轴沿逆时针方向旋转。

(5)M04(主轴反转)

由尾座向主轴看时,主轴沿顺时针方向旋转。

(6)M05(主轴停止)

M05指令一般用于以下情况:

①程序结束前(常可省略,因为M02和M30指令都包含M05指令)。

②数控车床主轴换挡时,若数控车床主轴有高速挡和低速挡,则在换挡前必须使用M05指令,使主轴停止,以免损坏换挡机构。

③主轴正、反转之间的转换也必须使用M05指令,使主轴停止后再用转向指令进行转

向,以免伺服电动机受损。

(7)M08(冷却液开)

M08指令必须配合执行操作面板上的"CLNTAUTO"键,使它的指示灯处于"ON"(灯亮)状态,否则无效。

(8)M09(冷却液关)

M09指令常可省略,因为M02、M30指令都具有关闭切削液的功能。

(9)M30(程序结束并返回程序头)

M30与M02指令的区别是:M30指令使程序结束后,程序指针自动回到程序的开头,以方便下一程序的执行。它的其他方面的功能与M02指令相同。

(10)M98(调用子程序)

程序运行至M98指令时,将跳转到该指令所指定的子程序中执行。

指令格式:M98 P＿＿ L＿＿;

其中,P为指定子程序的程序号;L为调用子程序的次数,如果只有一次,则可省略。

(11)M99(子程序结束返回/重复执行)

M99指令用于子程序结束,也就是子程序的最后一个程序段。当子程序运行至M99指令时,系统计算子程序的执行次数。如果没有达到主程序编程指定的次数,则程序指针回到子程序的开头继续执行子程序;如果达到主程序编程指定的次数,则返回主程序中M98指令的下一程序段继续执行。

M99指令也可用于主程序的最后一个程序段,此时程序执行指针会跳转到主程序的第一个程序段继续执行,不会停止,也就是说程序会一直执行下去,除非按下"RESET"键,程序才会中断执行。

> **注意**
>
> 使用M指令时,一个程序段中只允许出现一个M指令,若出现两个,则后出现的那一个有效,前面的M指令被忽略。例如,"G97 S2000 M03 M08;"程序段在执行时,冷却液会打开,但主轴不会正转。

3. 工艺性指令(F、S、T指令)

(1)进给功能指令(F指令)

指令格式:F＿＿;

F后面的数值即进给速度,其单位有两种:一种是单位时间内刀具进给移动的距离(mm/min),由G98指令指定,如"G98 F100;";另一种是工件每旋转一圈,刀具进给移动的距离(mm/r),由G99指令指定,如"G99 F0.2;"。如果某一程序没有指定G98或G99中的任何指令,则系统会默认一个,具体默认的是哪一个指令,由数控系统的参数决定。常用指令为G98。

(2)主轴转速指令(S指令)

S功能也称主轴转速功能,它主要用于指定主轴转速。

指令格式:S＿＿;

S后面的数值即主轴转速,单位为r/min。例如"M03 S1200;",表示程序命令机床,使其主轴以 1 200 r/min 的转速正向转动。

在具有恒线速度功能的机床上,S 功能指令还有如下作用:

①最大转速限制

指令格式:G50 S＿；

S 后面的数值表示最大限制转速,单位为 r/min。例如"G50 S3000;",表示最大限制转速为 3 000 r/min。G50 指令限制的最大转速一般不大于机床主轴的额定转速。该指令能防止因主轴转速、离心力太大而产生危险及影响机床寿命。

②恒线速度控制

指令格式:G96 S＿；

S 后面的数值表示恒定线速度,单位为 m/min。例如"G96 S150;",表示将刀位点线速度控制为 150 m/min。对图 2-7 所示的零件,为保持 A、B、C 各位置的线速度恒定为 150 m/min,各点在加工时的自动控制主轴转速应分别为

$n_A = 1\,000 \times 150 \div (\pi \times 40) = 1\,194$ r/min

$n_B = 1\,000 \times 150 \div (\pi \times 50) = 955$ r/min

$n_C = 1\,000 \times 150 \div (\pi \times 70) = 682$ r/min

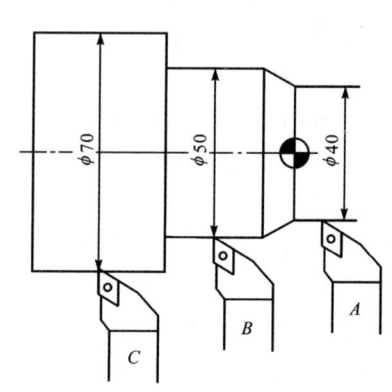

图 2-7　恒线速度时的转速计算

③恒线速度控制取消

指令格式:G97 S＿；

S 后面的数值表示恒线速度控制取消后的主轴转速,若未指定,则将保留 G96 的最终值。例如"G97 S3000;",表示恒线速度控制取消后的主轴转速为 3 000 r/min。

(3)刀具功能指令(T 指令)

指令格式:T××××；

T 后面接四位数字,前两位数字为刀具号,后两位数字为补偿号。如果前两位数字为 00,则表示不换刀；若后两位数字为 00,则表示取消刀具补偿。

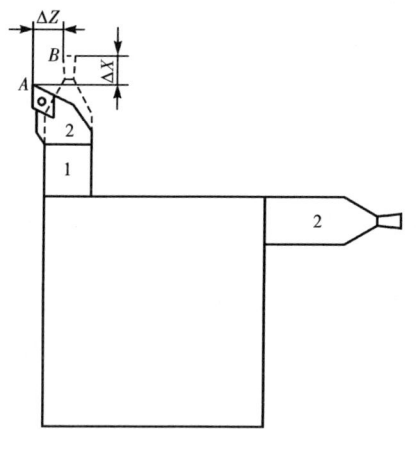

图 2-8　刀具补偿

例如,T0414 表示换成 4 号刀,采用 14 号补偿；T0005 表示不换刀,采用 5 号补偿；T0100 表示换成 1 号刀,取消刀具补偿。

一般来讲,用多少号刀,其补偿值就放在多少号补偿中,如 T0101、T0202。如果一把刀需要多个补偿值,则需要多个补偿地址号,如 T0101、T0102、T0108 等。

什么是刀具补偿呢？如图 2-8 所示,以最简单的四方刀架为例进行讲述。

设该刀架上装有两把刀,1 号刀的刀位点在 A 点,当把 2 号刀换到 1 号刀的位置时,其刀位点处于 B 点,一般来讲,A、B 两点的位置是不重合的。换刀后,刀架并没有移动(如果没有补偿),也就是说,此时数控系统显示的坐标没有发生变化,实际上并不需要它发生变化。这时,需要将 B 点移到与 A 点重合的位置,同时保持系统坐标不变。

如何做到这一点呢？数控系统是通过补偿来实现的。事先将 A、B 两点间的坐标差 ΔX、ΔZ 测量出来，并输入数控系统中保存起来，在把 2 号刀换到 1 号刀的位置上之后，数控系统发出指令，使刀架移动 ΔX、ΔZ 的距离，使 B 点与 A 点重合，同时保持系统坐标不变，这种补偿称为刀具位置补偿。车床数控系统中，除了刀具位置补偿外，还有刀具半径补偿。这些补偿值由机床操作人员测量出来后输入数控系统中按补偿地址号储存起来，数控程序在换刀时调用相应的补偿号即可。

单元三 常用的准备功能指令及其应用

技能目标

会应用准备功能指令。

核心知识

G00、G01、G02/G03、G04、G90/G91、G50/G54 指令格式，精加工走刀轨迹编程。

一、使用坐标系指令

通过某种方法将图纸上设定的编程坐标系转化为机床坐标系下的一个局部坐标系，这个局部坐标系就称为加工该工件的工件坐标系。可见，工件坐标系和编程坐标系实质是同一个坐标系，编程时在图纸上称为编程坐标系，加工时在工件上称为工件坐标系。建立工件坐标系的常用方法是对刀法。

1. 设定工件坐标系指令 G50

指令格式：G50 X__ Z__；

其中，X__、Z__ 是刀位点在换刀点相对于工件坐标系下的坐标，换刀点是工件可以安全换刀的位置，X 指定的常为直径值。如图 2-9 所示，假设试切对刀建立 G50 工件坐标系时设定的换刀点 B 相对于工件原点的 X 轴方向尺寸和 Z 轴方向尺寸分别为 30 和 50，则此时编程设定工件坐标系的指令为"G50 X30 Z50；"。

执行上述程序段后，数控系统将试切对刀 MDI 输入系统建立的 G50 X30 Z50 坐标系作为当前的工件坐标系，并将其存储在寄存器中且显示在显示器上，这样就相当于在编程坐标系下编制的程序指令通过 G50 坐标系在数控系统中自动转化为机床坐标系下的指令。

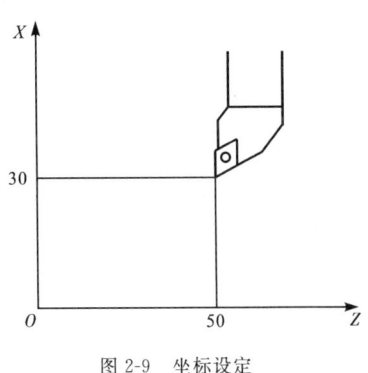

图 2-9 坐标设定

2. 调用工件坐标系指令 G54、G55、G56、G57、G58、G59

指令格式：G54/G55/G56/G57/G58/G59 X__ Z__；

其中,G54/G55/G56/G57/G58/G59指定的是通过对刀或其他方法在数控系统中已经建立的工件坐标系,任选其一。假设所建立的工件坐标系为G54,在编制加工程序开始调用工件坐标系时必须调用G54,两者是一一对应的关系。X__Z__指定的是根据工件加工位置给定的刀具刀位点在编程坐标系下的坐标值。

3. 应用机床坐标系编程的指令G53

指令格式:G53 X__ Z__;

执行G53指令,取消所有工件坐标系及局部坐标系,系统进入机床坐标系状态,输入的坐标值X__Z__为机床坐标系下的坐标值。

二、输入坐标类型指令

1. 绝对坐标编程指令G90

指令格式:G90(G00/G01/G02) X__ Z__;

2. 增量坐标编程指令G91

指令格式:G91(G00/G01/G02) X__ Z__;

或 G00/G01/G02 U__ Z__;

如图2-10所示,刀具从A点走到B点,编程指令如下:

绝对坐标编程:G00 X50 Z60;或 G90 G00 X50 Z60;

增量坐标编程:G00 U26 W42;或 G91 G00 U26 W42;

混合坐标编程:G00 X50 W42;或 G00 U26 Z60;

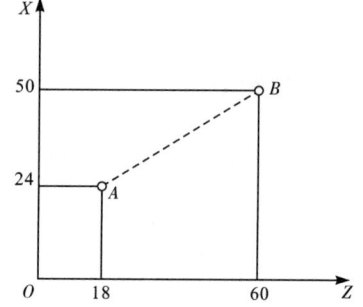

图2-10 绝对坐标编程和增量坐标编程

三、直线运动指令

1. 快速点定位指令G00

指令格式:G00 X(U)__ Z(W)__;

功能:指令刀具刀位点从当前位置快速移动到X(U)__Z(W)__指定的位置。

其中,X(U)__Z(W)__指定的是移动终点坐标,即目标点的坐标。X、Z指定的是绝对坐标,U、W指定的是增量坐标,以后不再说明。

例如,指令"G00 X100 Z−58;"的功能就是让刀具从当前点快速移动到绝对坐标($X100, Z-58$)点。

说明:

(1)G00命令刀具移动的速度由数控系统的参数给定,速度很快,其运动轨迹不能碰到工件,只能用于将刀具从离工件较远的位置快速移动到接近工件的位置或快速远离工件的运动。

(2)G00命令刀具快速移动的运动轨迹为一条折线,刀具在X、Z轴两个方向上以同样的速度同时移动,距离较短的那个轴先走完,然后再走剩下的一段。如图2-11所示,使用G00命令刀具从A点走到B点,真正的走刀轨迹为A—C—B折线,使用这一指令时一定要注意这一点,否则刀具和工件及夹具容易发生碰撞。

2. 直线插补指令 G01

指令格式:G01 X(U)__ Z(W)__ F__;

功能:指令刀具按F指定的速度从当前位置直线插补

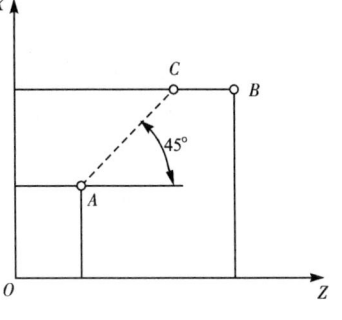

图 2-11 G00 刀具轨迹

(加工)到X(U)__ Z(W)__指定的目标位置。

例如,指令"G01 X50 Z100 F100;"的功能是让刀具以 100 mm/min 的进给速度从当前点直线加工到(X50,Z100)点。

说明:

(1)G01指令用于刀位点运动轨迹为直线的零件轮廓的加工。

(2)执行插补指令必须给定进给速度F__。

利用前面学过的指令,就可以进行一些简单形状零件的数控车编程了。

例 2-1

如图 2-12 所示零件,不要求分粗、精加工,给定的坯料尺寸为 $\phi62$ mm×80 mm,材料为45钢,要求采用两把刀完成切削外圆与切断工作,试编制其加工程序。

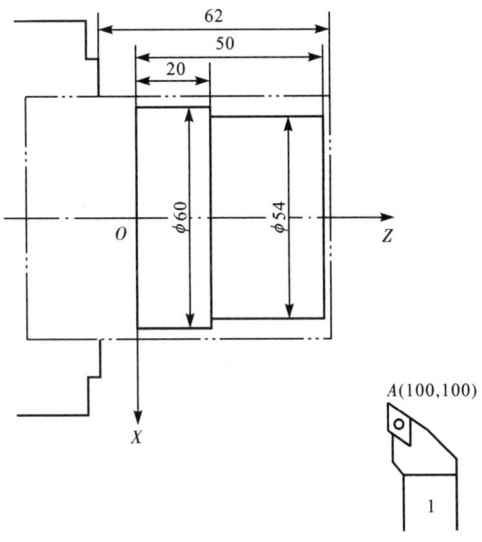

图 2-12 例 2-1 图

给定的工件形状比较简单,加工余量也不大,但编程过程与复杂零件几乎是一样的。

(1) 确定加工工艺

因零件形状不复杂,坯料长度也足够,故直接将工件装夹在卡盘上即可。这里假设工件伸出卡盘的长度为 62 mm。

数控车加工过程如下:

① 车端面,用 1 号刀。

② 车 $\phi60$ mm 外圆。为便于切断,车削长度取 55 mm,此时加工余量为 $62-60=2$ mm,单边只有 1 mm,因此一刀即可车削完成(背吃刀量为 1 mm)。

③ 车 $\phi54$ mm 外圆,余量为 $60-54=6$ mm,单边为 3 mm,在不考虑精度的情况下可一刀车削完成。以上两步外圆车削也用 1 号刀。

④ 切断,用 2 号刀。

切断刀有两个刀尖,选择右侧刀尖为刀位点。切断刀的刀宽一般为 3~6 mm,设本切断刀的刀宽为 4 mm。

(2) 编制加工程序

基准刀为 1 号刀,起始位置在 $A(100,100)$ 处,编程坐标系设置在图 2-13 所示的位置,即工件的左端面。程序如下:

```
O0000
N10  G50 X100 Z100;            (设定工件坐标系)
N20  M03 S650 T0101;           (启动主轴,选 1 号刀,1 号补偿)
N30  G00 X64 Z50;              (进刀至离外圆柱面 2 mm 处)
N40  G01 X0 F50;               (车削端面)
N50  G00 X60;                  (退刀)
N60  G01 Z-5 F100;             (车削 φ60 mm 外圆)
N70  G00 X62 Z52;              (退刀)
N80  G01 X54;                  (进刀至离端面 2 mm 处)
N90  G01 Z20;                  (车削 φ54 mm 外圆)
N100 G00 X100 Z100 M05;        (退刀,停主轴)
N110 T0202;                    (换 2 号刀)
N120 M03 S200;                 (启动主轴)
N130 G00 X62 Z0;               (进刀)
N140 G01 X0 F50;               (切断)
N150 G00 X100 Z100;            (退刀)
N160 T0200;                    (取消 2 号刀刀具补偿)
N170 M30;                      (程序结束并返回程序头)
```

从以上程序可以看出,零件加工中的每一刀的走刀轨迹都必须由四个步骤构成:G00 快速接近进刀,G01 插补接触工件,加工工件,G00 退离工件并返回。不管多复杂的加工轮廓,每次走刀的加工过程都是这样的,只不过复杂轮廓完成一次走刀加工需要编写的程序段更多一些。

G01 指令除了车削外圆之外,还可以进行切槽、倒角、加工锥度、车削内孔零件等,下面分别予以介绍。

(1) 切槽

如图 2-13 所示,该零件比例 2-1 中的零件多一道 3 mm 宽的槽,则只需在切断前,在程序段 N120 与 N130 之间安排如下程序,即可完成切槽加工。

N121 M03 S300 T0303;　　　(调用切槽刀 T0303)
N122 G00 X62 Z20;　　　(进刀,以切槽刀的左刀尖为刀位点对准切槽位置)
N124 G01 X50 F50;　　　(切槽)
N126 G04 P200;　　　(暂停)
N128 G00 X62;　　　(退刀)
N129 G00 X100 Z100 T0300　　　(返回换刀点,取消刀具补偿)

(2) 倒角

如图 2-14 所示车削一倒角,刀具沿 A 点—B 点—C 点进行加工,B 点距离端面 2 mm,C 点距离 ϕ34 mm 外圆 1 mm(单边),则坐标为 B(26,32)、C(36,27)。这段程序如下:

N130 G00 X26 Z32;　　　(A 点至 B 点)
N132 G01 X36 Z27;　　　(B 点至 C 点)
N134 G00 X50 Z50;　　　(C 点至 A 点)

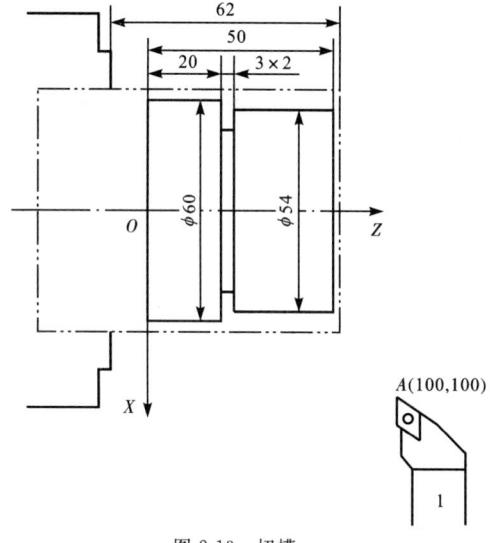
图 2-13 切槽

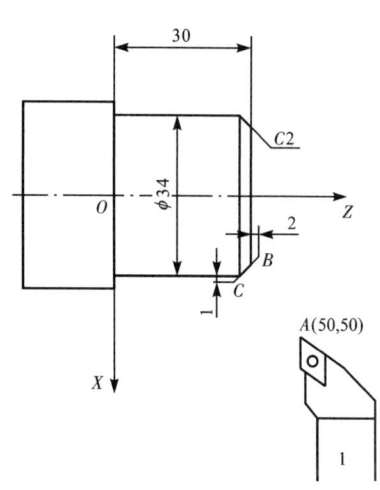
图 2-14 倒角

(3) 锥度车削

锥度车削需进行一定量的计算,过程并不复杂,只需用初等几何知识即可算出。如图 2-15 所示的锥度零件加工,其计算过程如下:

锥度端直径为 ϕ40 mm,小端直径为 ϕ20 mm,两者之差为 20 mm,单边为 10 mm。分两次车削完成,每次单边 5 mm。起始切削位置 B、E 点距离端面 2 mm,车削结束位置距离外圆柱面 1 mm。根据三角形关系,可算出 $DB=6.5$ mm,$BE=5.5$ mm,$DC=13$ mm,$CF=11$ mm。进一步计算出各点坐标为 B(29,22),C(42,9),D(42,22),E(18,22),F(42,−2)。程序如下:

N10 G00 X29 Z22;　　　(A 点至 B 点)
N20 G01 X42 Z9 F200;　　　(B 点至 C 点)

N30 G00 Z22；　　　　　　　（C 点至 D 点）
N40 X18；　　　　　　　　　（D 点至 E 点）
N50 G01 X42 Z－2；　　　　　（E 点至 F 点）
N60 G00 X50 Z50；　　　　　 （F 点至 A 点）

（4）内孔车削

如图 2-16 所示工件，给定材料外径 φ36 mm，内径 φ20 mm，编写车削内孔 φ24 mm 的程序。

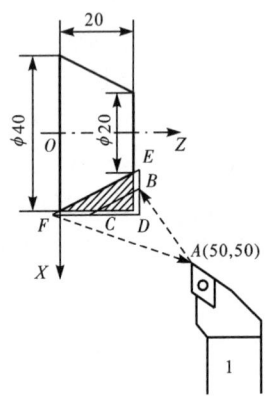
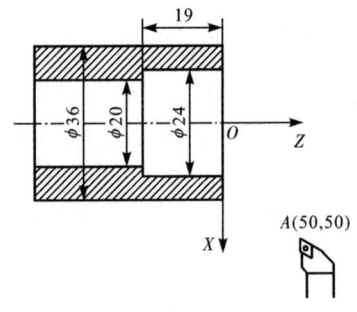

图 2-15　锥度车削　　　　　　　　图 2-16　内孔车削

选用镗孔刀进行车削，由于余量只有 4 mm，故一刀车削完成，零件编程坐标系如图 2-16 所示，程序如下：

N10 G00 X24 Z2；
N20 G01 Z－19；
N30 G00 X20 Z3；
N40 X50 Z50；

> **注意** 与车削外圆柱面不同的是，车削完内孔退刀时，由于刀具还处于孔的内部，不能直接退刀到加工的起始位置，因此必须先将刀具从孔的内部退出来，再退回到起始位置。

四、圆弧插补指令 G02、G03

G02 为顺时针圆弧插补指令，G03 为逆时针圆弧插补指令。

1. 指定圆心向量大小

指令格式：G02/G03 X(U)__ Z(W)__ I__ K__ F__；

功能：指令刀具按 F 指定的进给速度从当前点顺时针(G02)或逆时针(G03)加工圆弧到 X(U)__ Z(W)__ 点，圆弧大小由分向量 I__ K__ 确定。

例如，指令"G02 X100 Z80 I20 W－16 F100；"的功能是让刀具从当前点顺时针加工圆弧到(100,80)点，加工时沿圆弧切线方向的进给速度为 100 mm/min，圆弧起点指向圆心的向量在 X 轴投影的分向量为 20，在 Z 轴投影的分向量为－16。

这种格式需要输入圆弧起点指向圆心的向量在 X 轴的分向量 I 和在 Z 轴的分向量 W 的大小。该指令适合加工任何大小的圆弧,也可以加工一个整圆。

2. 指定半径大小

指令格式：G02/G03 X(U)＿ Z(W)＿ R ＿ F ＿；

功能：指令刀具按 F 指定的进给速度从当前点顺时针(G02)或逆时针(G03)加工圆弧到 X(U)＿ Z(W)＿点,R 指定圆弧的半径。

例如,指令"G03 X100 Z80 R26 F100；"的功能是让刀具从当前点以 100 mm/min 的进给速度加工半径为 26 mm 的圆弧,圆弧终点坐标为(100,80)。

说明：

(1)G02 顺时针方向和 G03 逆时针方向的确定：一般数控车床的圆弧都是 XOZ 坐标平面内的圆弧。判断是顺时针还是逆时针圆弧插补,应从按右手定则建立的机床坐标系的 Y 轴正方向向负方向观察(沿 Y 轴向坐标原点看),从加工起点到终点为顺时针方向的用 G02 指令,反之用 G03 指令。在不同刀座位置的数控车床上加工同一圆弧,采用的圆弧插补指令是不同的。如图 2-17(a)所示为前置刀座数控车床中的圆弧插补,如图 2-17(b)所示为后置刀座数控车床中的圆弧插补。

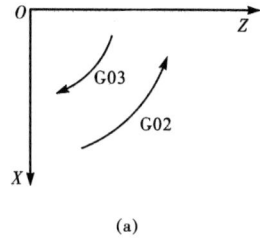 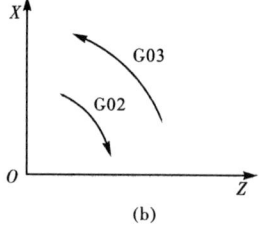

(a)　　　　　　　　　　　(b)

图 2-17　圆弧方向的判别

(2)指定圆心向量大小时,I、K 指定的是圆心与圆弧起点的对应坐标之差,如图 2-18 所示。

(3)指定半径大小来确定圆弧的编程方法比较简单。需要注意的是,R 指定的数值有正负之分,以区别圆心位置。如图 2-19 所示,当圆弧所对的圆心角 $\alpha \leqslant 180°$ 时,圆弧半径取正值,反之取负值。图 2-19 中,从 A 点到 B 点的圆弧有两段,半径相同,若需要表示的圆心位置在 O_1,则半径取正值；若需要表示的圆心位置在 O_2,则半径取负值。在数控车床中,多数取正值。

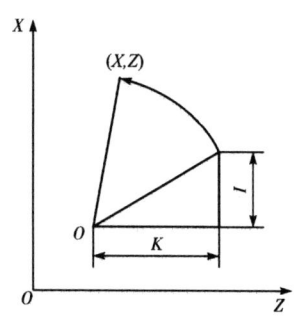 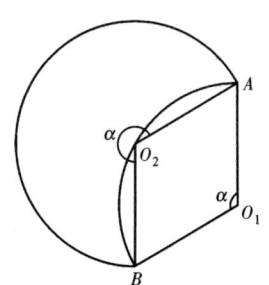

图 2-18　圆心位置的表示　　　　　图 2-19　用圆弧半径表示圆心位置

五、暂停指令 G04

指令格式：G04 X__(U__或 P__)；

其中，X(U 或 P)指定的是暂停时间。

说明：

(1)在数控车床上，暂停指令 G04 一般有两种作用：一是加工凹槽时，为避免在槽的底部留下切削痕迹，用该指令使切槽刀在槽底部停留一定的时间；二是当前一指令处于恒切削速度控制，而后一指令需转为恒转速控制且加工螺纹时，往往在中间加一段暂停指令，使主轴转速稳定后再加工螺纹。

(2)暂停指令有三种表示时间的方法，即在地址 X(U 或 P)的后面接表示暂停时间的值。这些地址有以下区别：

①U 地址只用于数控车床，其他两个地址既可用于数控车床，又可用于其他机床。

②暂停时间的单位可以是 s 或 ms。一般 P 后面只可接整数，单位是 ms；X 后面既可接整数，又可接小数，视具体的数控系统而定。当数值为整数时，其单位为 ms；如果数值为小数，则单位为 s。地址 U 和 X 一样，只不过它只用于数控车床。

例如，以下指令表示的暂停时间都是 2 s 或 2 000 ms。

G04 X2.0；

G04 X2000；

G04 P2000；

G04 U2.0；

(3)暂停时间一般很少超过 1 s，以加工凹槽为例，车刀在槽底部停留的最短时间为主轴旋转一周所用的时间，设此时主轴转速为 500 r/min，则暂停最短时间为 $T=60/500=0.12$ s。实际编程时，暂停时间只要比这一时间长就行了，通常机床制造厂家会推荐比较合适的时间来完成这样的加工。

(4)暂停时，数控车床的主轴不会停止运动，但刀具会停止运动。

六、按精加工走刀轨迹编程

例 2-2

如图 2-20 所示工件，已经完成粗加工，编写最后精加工的程序。

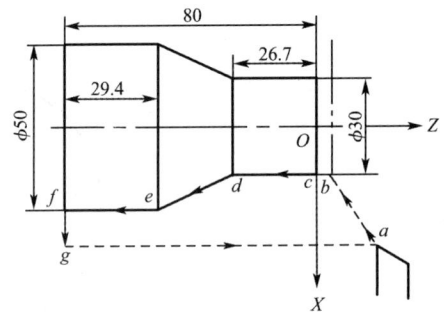

图 2-20　例 2-2 图

(1)建立编程坐标系

为编程计算及对刀方便,建立编程坐标系如图 2-20 所示。

(2)计算精加工轨迹的基点坐标

确定如图 2-20 所示的加工基点 c、d、e、f 点在编程坐标系下的坐标。这些点是工件实体轮廓上的特征点,其坐标必须计算正确。

(3)确定接近工件点

图 2-20 中的 b 点为快速接近工件点。确定该点位置的原则是尽量接近加工起点 c,减小 b 点到 c 点的空行程距离,一般两点距离为 2～5 mm。本例确定接近工件点 b 的坐标为(30,2)。

(4)确定合理的加工轨迹

加工轨迹是指刀具刀位点从起刀点出发完成一次加工返回到起刀点所经过的路径。图 2-20 所示工件的精加工轨迹是 $a-b-c-d-e-f-g-a$。刀位点从起刀点 a 出发快速移动(G00)到接近工件点 b,再直线插补(G01)接触工件表面的加工起始点 c,依次插补加工到工件上的 d 点、e 点、f 点,完成表面轮廓的车削,然后从工件表面 f 点退离工件(G01 或 G00)到 g 点(g 点 X 坐标大于工件毛坯直径),最后快速返回(G00)到起刀点 a 或新的起刀点。

一次加工走刀轨迹的基本动作由五个步骤构成:快速接近工件—插补接触工件—加工工件轮廓—退离工件表面—返回。

(5)确定特征点坐标

定义起刀点 $a(X60,Z50)$,接近工件点 $b(X30,Z2)$,退离工件点 $g(X60,Z-80)$。计算出工件上加工的基点坐标为 $c(X30,Z0)$,$d(X30,Z-26.7)$,$e(X50,Z-50.6)$,$f(X50,Z-80)$。

(6)加工程序

O0100
N10 G54 X100 Z250 T0101;   (建立坐标系,调用 1 号刀)
N20 M03 S1200;   (主轴正转 1 200 r/min)
N30 G00 X60 Z50;   (快速移动到 a 点)
N40 X30 Z2;   (快速移动到 b 点)
N50 G01 Z0 F100;   (直线插补接触工件上 c 点)
N60 G01 Z-26.7 F150;   (直线插补加工到 d 点)
N70 X50 Z-50.6;   (直线插补加工到 e 点)
N80 Z-80;   (直线插补加工到 f 点)
N90 G00 X60;   (快速退离到 g 点)
N100 Z50;   (快速返回到 a 点)
N110 M30;   (程序停止)

一般说来,精加工走刀轨迹是数控车床复合循环加工指令编程的核心依据,在后面的学习中会有体会。

例 2-3

如图 2-21 所示零件，编制一个精车外圆、圆弧面、切断的程序，精加工余量为 0.5 mm，刀具起始位置在 $a(100,150)$ 处。

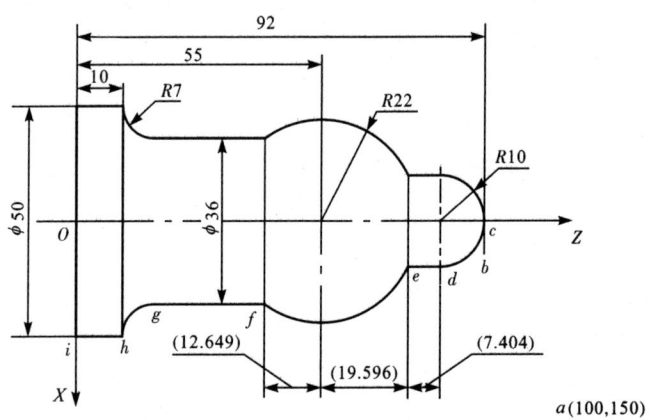

图 2-21 例 2-3 图

该零件只需要进行精加工和切断，因此用两把刀即可完成加工，1 号刀为精车刀，2 号刀为切断刀。车削之前必须计算节点 $a\sim i$ 的坐标，计算过程略。精车时，走刀路线为 $a—b—c—d—e—f—g—h—i—a$。

程序如下：

O3002

N10 G54 X100 Z150；	（调出工件坐标系）
N20 M03 S1500；	（启动主轴）
N30 T0101 M08；	（调用 1 号刀具，开冷却液）
N40 G00 X20 Z92；	（快速进刀接近 b 点）
N50 G01 X0 F50；	（直线插补接触圆弧起点，$b—c$）
N60 G03 X20 Z82 R10 F30；	（加工圆弧 R10 mm，$c—d$）
N70 G01 W－7.404；	（加工 ϕ20 mm 圆柱段，$d—e$）
N80 G03 X36 Z42.351 R22；	（加工 R22 mm 圆弧，$e—f$）
或 N80 G03 I－20 K－19.596；	
N90 G01 Z17；	（加工 ϕ36 mm 圆柱段，$f—g$）
N100 G02 X50 Z10 R7；	（加工 R7 mm 圆弧，$g—h$）
N110 G01 Z－5；	（加工 ϕ50 mm 圆柱段，$h—i$）
N120 X55；	（退离工件）
N130 G00 X100 Z150 M05；	（快速返回，停主轴）
N140 T0202；	（换 2 号刀并调用 2 号补偿）
N150 M03 S100；	（启动主轴）
N160 G00 X52 Z－5；	（进刀至切断位置）
N170 G01 X0 F20；	（切断）
N180 X52；	（回退，退离工件表面）
N190 G00 X100 Z150；	（返回）
N200 T0100；	（换 1 号刀，取消刀具补偿）
N210 M30；	（程序结束）

七、刀具半径补偿指令

1. 刀具半径补偿的含义

在数控加工过程中,为了提高刀尖的强度,减小加工表面的粗糙度,通常将刀尖制成圆弧过渡。刀尖半径通常有 0.2 mm、0.4 mm、0.6 mm、0.8 mm、1.0 mm 等多种。圆弧形刀尖在对刀时会成为一个假想的刀尖,如图 2-22 中的 P 点。在编程过程中,实际上是按假想刀尖的轨迹来走刀的。即在刀具运动过程中,实际上是图 2-22 中的 P 点在沿着工件轮廓运动。这样的刀尖运动,在车削外圆、端面、内孔时不会影响其尺寸,但是如果加工锥面、圆弧面,就会产生少切或过切,如图 2-23 所示。

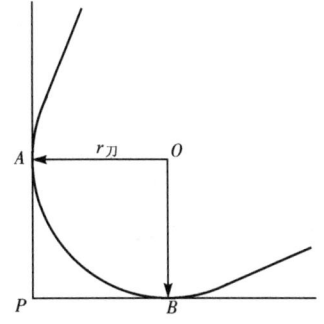

图 2-22 假想的刀尖

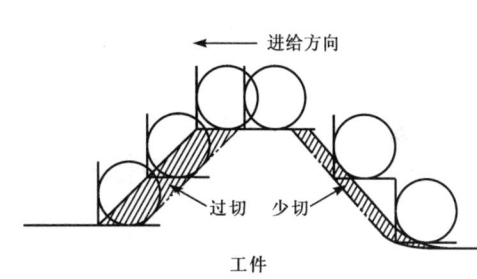

图 2-23 刀尖圆弧造成少切或过切

为了避免少切或过切,在数控车床的数控系统中引入半径补偿。所谓半径补偿,是指事先将刀尖半径值输入数控系统,在编程时指明所需要的半径补偿方式。数控系统在刀具运动过程中,根据操作人员输入的半径值及加工过程中所需要的补偿量进行刀具运动轨迹的修正,使之加工出所需要的轮廓。这样,只按轮廓形状编程即可,不需要计算刀尖圆弧对加工的影响,提高了编程效率,减小了编程出错的概率。

2. 刀具半径补偿指令 G41、G42、G40

G41、G42、G40 为刀具半径补偿指令,G41 为刀具半径左补偿,G42 为刀具半径右补偿,G40 为取消刀具半径补偿。

(1)左补偿及右补偿

判断是用刀具半径左补偿还是用刀具半径右补偿的方法如下:将工件与刀具置于数控机床坐标系平面内,观察者站在与坐标平面垂直的第三个坐标的正方向位置,顺着刀具运动方向看,如果刀具处于工件左侧,则用刀具半径左补偿,即 G41;如果刀具处于工件右侧,则用刀具半径右补偿,即 G42,如图 2-24 所示。

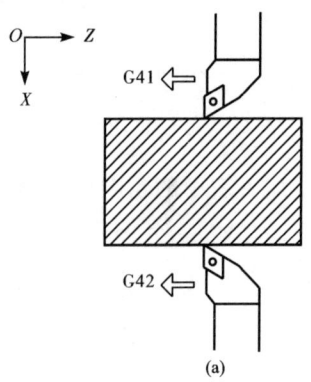 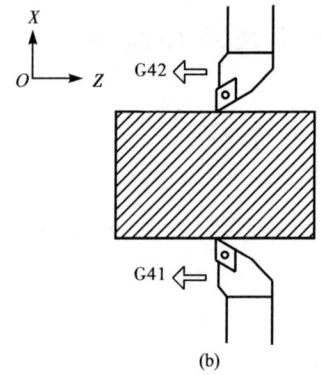

图 2-24 刀具半径补偿

(2) 刀尖半径补偿的建立与取消

刀具半径补偿的过程分三步:第一步,建立刀具半径补偿,在加工开始的第一个程序段之前,一般用 G00、G01 指令进行补偿,如图 2-25 所示;第二步,刀具半径补偿的进行,执行 G41 或 G42 指令后的程序,按照刀具中心轨迹与编程轨迹相距一个偏置量进行运动;第三步,用某刀具加工结束后,用 G40 指令取消刀具半径补偿。

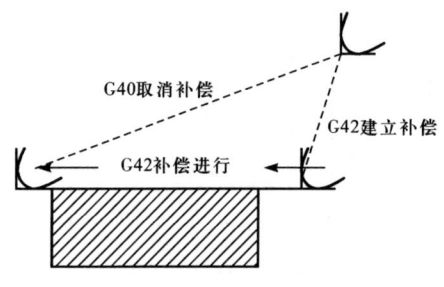

图 2-25 刀具半径补偿的建立与取消

> **注意**
> - G41、G42 为模态指令。
> - G41 或 G42 必须与 G40 成对使用,也就是说,当一个程序段用了 G41 或 G42 之后,在没有取消它之前,不能有其他的程序段再用 G41 或 G42。
> - 建立或取消补偿的程序段用 G01 或 G00 功能及对应的坐标参数进行编程。
> - G41 或 G42 与 G40 之间的程序段不得出现任何转移加工,如镜像、子程序加工等。

3. 刀尖位置的确定

数控车床的车刀形状和位置多种多样,刀具圆弧半径补偿时,还需要考虑刀尖位置。不同形状的刀具,其刀尖位置也不同。因此,在数控车削加工时,如果进行刀具半径补偿,则必须将刀尖位置信息输入计算机。

假想的刀尖位置有九种选择,如图 2-26 所示,如果按刀尖圆弧中心编程,则选用 0 或 9。

4. 刀具半径补偿值的输入

数控车床的刀尖半径与刀具位置补偿被放在同一个补偿号中,由数控车床的操作人员输入数控系统,这些补偿统称为刀具参数偏置量。同一把刀具的位置补偿和半径补偿应该存放在同一补偿号中,如图 2-27 所示。

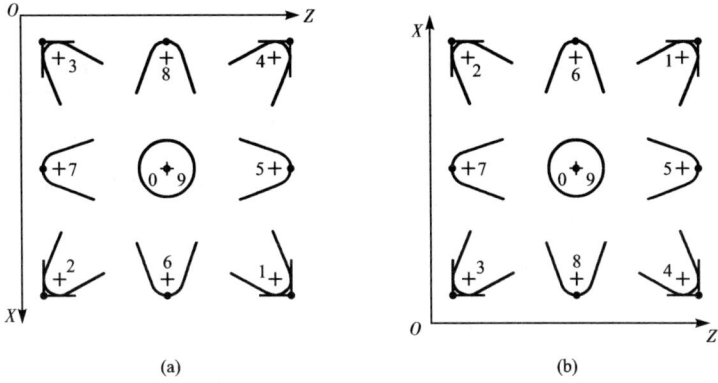

图 2-26 刀尖的位置

OFFSET			O0004	N0050
NO.	XAXIS	ZAXIS	RADIUS	TIP
1	______	______	______	______
2	______	______	______	______
3	0.524	4.387	0.4	3
4	______	______	______	______
5	______	______	______	______
6	______	______	______	______
7	______	______	______	______

图 2-27 数控车床刀具偏置量参数设置

图 2-27 中，NO. 为刀具补偿号，XAXIS、ZAXIS 为刀具位置补偿值，RADIUS 为刀尖半径值，TIP 为刀具位置号。数控车削系统显示的刀具号为 03(TIP＝3)，补偿地址号码为 03(NO. ＝3)的刀具补偿信息，其中半径补偿值为 0.4(RADIUS＝0.4)，*X* 轴方向偏置补偿值为 4.387(ZAXIS＝4.387)，*Z* 轴方向偏置补偿值为 0.524(XAXIS＝0.524)。

例 2-4

刀具按图 2-28 所示的 *a*—*b*—*c*—*d*—*e*—*f*—*g*—*h*—*m*—*a* 走刀路线进行精加工，要求切削速度为 180 m/min，进给量为 0.1 mm/r，试建立刀具半径补偿。

程序如下：

O0016
N10 G50 X180 Z200 T0301；　　(坐标系设定，选 3 号刀及补偿)
N20 M03 G96 S180；　　(采用恒线速度切削)
N30 G00 G42 X40 Z2 M08；　　(快速接近工件到 *b* 点，同时建立刀具半径右补偿加工)
N40 G01 G99 Z0 F0.1；　　(直线插补到 *c* 点)
N50 Z－30；　　(直线插补到 *d* 点)
N60 X60；　　(直线插补到 *e* 点)
N70 Z－40；　　(直线插补到 *f* 点)
N80 G02 X90 Z－55 R15；　　(圆弧插补到 *g* 点)

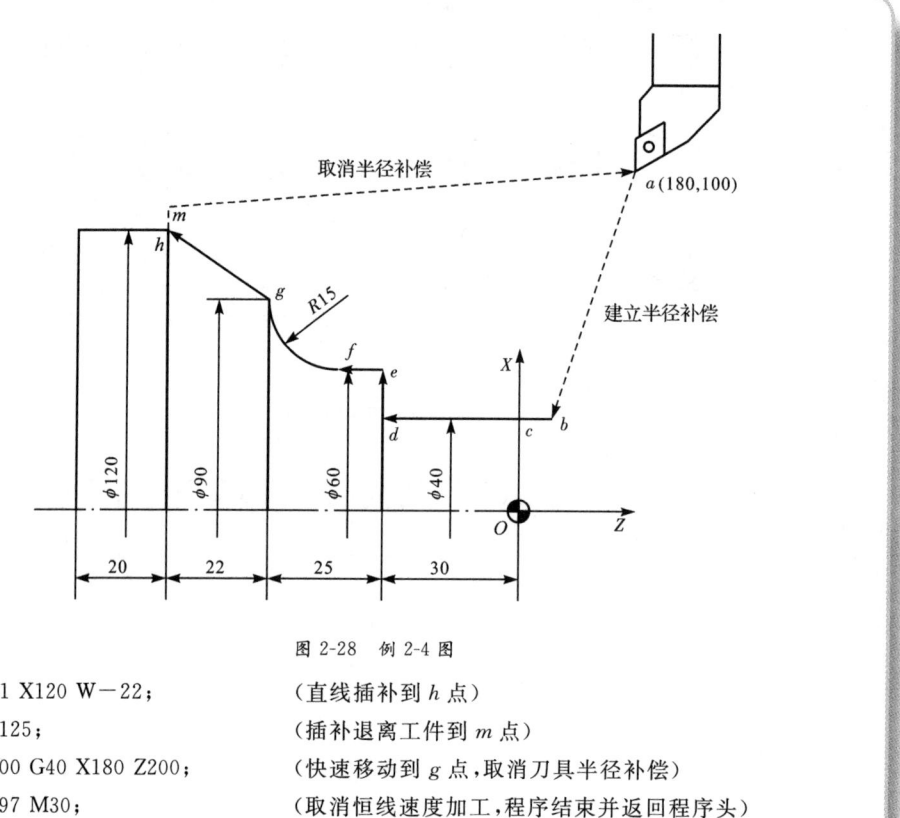

```
N90  G01 X120 W-22;              （直线插补到 h 点）
N100 X125;                       （插补退离工件到 m 点）
N110 G00 G40 X180 Z200;          （快速移动到 g 点,取消刀具半径补偿）
N120 G97 M30;                    （取消恒线速度加工,程序结束并返回程序头）
```

图 2-28 例 2-4 图

八、自动倒角、倒圆角指令

G01 指令除了用于加工直线外,还可以进行自动倒角或倒圆角加工,用这样的指令可以简化编程。

1. 自动倒 45°角

(1) 由轴向切削向端面切削倒角,即由 Z 轴向 X 轴倒角。

指令格式:G01 Z(W)＿ I±＿ F＿;

其中,Z(W)指定图 2-29(a)中 B 点的 Z 轴方向坐标,增量值则用 W 指定;I 为 X 轴方向的倒角长度,其正负根据倒角是向 X 轴正方向还是负方向进行判断,如果向 X 轴正方向倒角,则取正值,反之取负值;F 指定倒角时的进给速度或进给量。

(2) 由端面切削向轴向切削倒角,即由 X 轴向 Z 轴倒角。

指令格式:G01 X(U)＿ K±＿ F＿;

其中,X(U)指定图 2-29(b)中 B 点的 X 轴方向坐标,增量值则用 U 指定;K 为 Z 轴方向的倒角长度,其正负根据倒角是向 Z 轴正方向还是负方向进行判断,如果向 Z 轴正方向倒角,则取正值,反之取负值;F 指定倒角时的进给速度或进给量。

模块二 模具数控车削编程基础

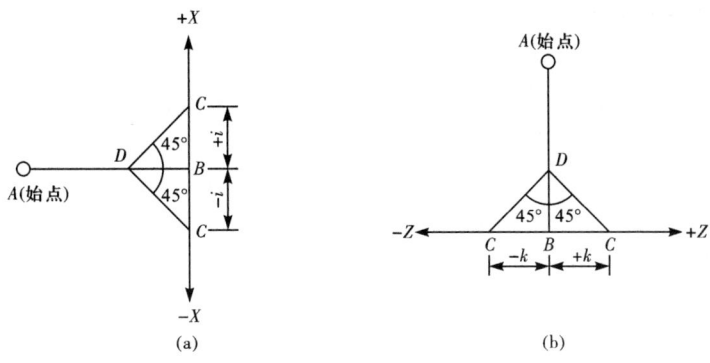

图 2-29 自动倒 45°角

2. 自动倒圆角

(1) 由轴向切削向端面切削倒圆角,即由 Z 轴向 X 轴倒圆角。

指令格式:G01 Z(W)＿ R±r＿ F＿;

其中,Z(W)指定图 2-30(a)中 B 点的 Z 轴正方向坐标,增量值则用 W 指定;r 指定倒圆角时的半径值,其正负根据倒圆角是向 X 轴正方向还是负方向进行判断,如果向 X 轴正方向倒圆角,则取正值,反之取负值;F 指定倒圆角时的进给速度或进给量。

(2) 由端面切削向轴向切削倒圆角,即由 X 轴向 Z 轴倒圆角。

指令格式:G01 X(U)＿ R±r＿ F＿;

其中,X(U)指定图 2-30(b)中 B 点的 X 轴正方向坐标,增量值则用 U 指定;r 指定倒圆角时的半径值,其正负根据倒圆角是向 Z 轴正方向还是负方向进行判断,如果向 Z 轴正方向倒圆角,则取正值,反之取负值;F 指定倒圆角时的进给速度或进给量。

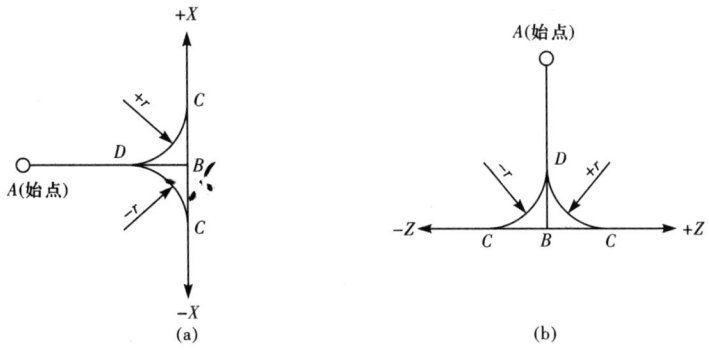

图 2-30 自动倒圆角

3. 自动任意角度倒角

如果所倒角度不是 45°而是任意角度,则用 G01 指令也可以完成。

指令格式:G01 X(U)＿ Z(W)＿ C＿ F＿;

其中,X(U)、Z(W)指定假设没有倒角时的拐角点的坐标;C 指定从假设没有倒角的拐角点到倒角始点或终点的距离;F 指定加工时的进给速度或进给量。

如图 2-31(a)所示,从始点到终点的程序如下:

G01 X50 C10;

　　X100 Z－100;

4. 自动任意角度倒圆角

指令格式：G01 X(U)__ Z(W)__ R__ F__；

其中，X(U)、Z(W)指定假设没有倒圆角时的拐角点的坐标；R 指定倒圆角时的半径；F 指定加工时的进给速度或进给量。

如图 2-31(b)所示，从始点到终点的程序如下：

G01 X50 R10 F0.2；
　　X100 Z－100；

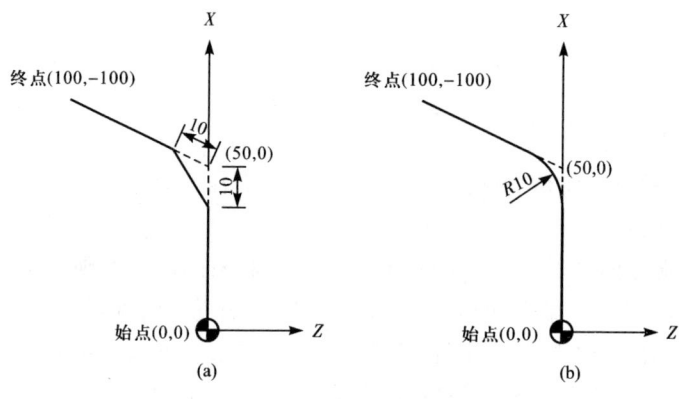

图 2-31　自动任意角度倒角与倒圆角

例 2-5

如图 2-32 所示零件，编制程序进行精加工，路线为 $a—b—c—d—e—f$，加工时线速度为 180 m/min，进给量为 0.1 mm/r。

刀具起始位置为(100,120)，编程坐标系原点放在工件的右端面。程序如下：

O3008
N10 G50 X100 Z120 T0100；　　（建立坐标系选 1 号刀）
N20 G50 S2500；　　　　　　　（主轴最大转速限制）
N30 G96 M03 S180；　　　　　　（恒线速度切削，启动主轴）
N40 T0101 M08；　　　　　　　（选刀具补偿，开冷却液）
N50 G00 X40 Z3；　　　　　　　（快速接近工件）
N60 G01 Z－30 R6 F0.1；　　　　（a—b—c）
N70 X80 C－5；　　　　　　　　（c—d—e）
N80 Z－55；　　　　　　　　　（于 f 点退离工件）
N90 G00 G96 X100 Z120；　　　　（返回，取消恒线速度加工）
N100 T0100；　　　　　　　　　（取消刀具补偿）
N110 M30；　　　　　　　　　　（程序结束）

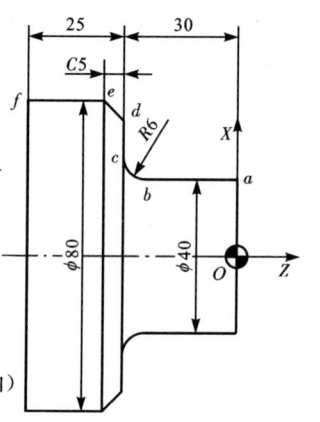

图 2-32　例 2-5 图

单元（四） 螺纹加工指令及其应用

技能目标 >>>

用 G32、G92 螺纹加工指令编写内、外螺纹加工程序。

核心知识 >>>

螺纹加工工艺过程；G32、G92 指令的应用。

一、螺纹加工编程参数的确定

1. 螺纹加工概述

螺纹加工是数控车床的基本功能之一，其加工类型包括内（外）圆柱螺纹和圆锥螺纹、单线螺纹和多线螺纹、恒螺距螺纹和变螺距螺纹。数控车床加工螺纹的指令主要有三种：单一螺纹加工指令 G32、单循环螺纹加工指令 G92、复合循环螺纹加工指令 G76。

在数控车床上加工螺纹有两种进刀方法：直进法和斜进法。以普通螺纹为例，如图 2-33(a)所示，直进法是从螺纹牙沟槽的中间部位进刀，每次切削时，螺纹车刀两侧的切削刃都受切削力。一般螺距小于 3 mm 时可用直进法加工。如图 2-33(b)所示，用斜进法加工时，应从螺纹牙沟槽的一侧进刀，除第一刀外，每次切削只有一侧的切削刃受切削力，这样有助于减轻负载。当螺距大于 3 mm 时，可用斜进法进行加工，常用于传动螺纹的加工。

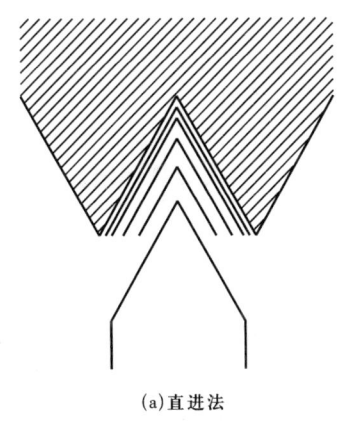 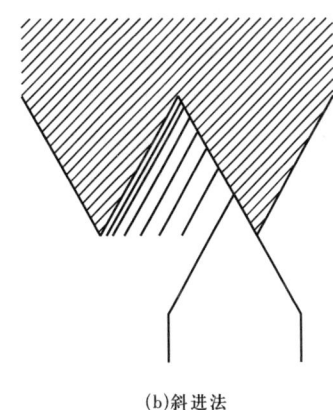

(a)直进法　　　　　　　　　　(b)斜进法

图 2-33　螺纹加工方法

加工螺纹时，不可能一次就将螺纹牙沟槽加工成要求的形状，总是采取多次切削，在切削时应遵循切削深度逐次减小的原则，目的是使每次切削的面积接近相等。加工多线螺纹时，先加工好一条螺纹，然后再轴向进给移动一个螺距，加工第二条螺纹，直到全部加工完为止。

2. 螺纹小径的计算与确定

螺纹的公称尺寸是螺纹大径，通过螺纹的标注可以指导螺纹的类型、牙型、导程、旋向、线数及加工精度。除此之外，螺纹车削加工还需要知道其小径的尺寸。标准连接螺纹的参数可以通过查阅标准螺纹表获得，也可通过计算确定。理论上螺纹小径等于螺纹大径减去 2 倍的牙型高度。

(1) 牙型高度的确定

对普通连接螺纹，设螺距为 P，根据 GB/T 196—2003 的规定，螺纹理论牙型高度为

$$H=(\sqrt{3}/2)P=0.866P$$

实际加工时，由于螺纹车刀刀尖半径的影响，实际切削深度有变化，螺纹车刀可以在牙底最小削平高度 $H/8$ 处削平或倒圆角，则实际牙型高度可按下式计算：

$$h=H-2\times(H/8)=0.6495P$$

(2) 螺纹大径实际加工尺寸

螺纹标注的大径尺寸是其公称尺寸，其实际尺寸由其公差带决定。无论外螺纹还是内螺纹，其公差带都位于螺纹实体一侧。对于外螺纹，其公差带约束实际尺寸小于公称尺寸；对于内螺纹，其公差带约束实际尺寸大于公称尺寸。例如要加工 M30×2-6g 外螺纹，由 GB/T 2516—2003 可查得螺纹大径的上极限偏差 $es=-0.038$ mm，下极限偏差 $ei=-0.318$ mm，公差 $T_{d2}=0.280$ mm，则螺纹大径实际尺寸为 29.962～29.682 mm（小于公称尺寸 30 mm）。

(3) 螺纹小径的计算

① 对于细牙连接螺纹，螺纹小径确定应考虑螺纹大径、中径公差的要求，按下式计算：

$$d=D-1.75H+2R+es-T_{d2}/2$$

式中　d——螺纹小径，mm；

　　　D——螺纹公称直径，mm；

　　　H——理论牙型高度，mm；

　　　R——牙底圆弧半径，一般取 $R=(1/8\sim1/6)H$，mm；

　　　es——螺纹中径上极限偏差，mm；

　　　T_{d2}——螺纹中径公差，mm。

例如 M30×2-6g 外螺纹，取 $R=(1/8)H$，则螺纹小径为

$$d=30-1.75\times0.866\times2+2\times0.2-0.038-0.280/2=27.191 \text{ mm}$$

② 对于粗牙连接螺纹，除了查手册确定外，可以按经验公式计算确定。

外螺纹小径：　　　　　　　$d=D-1.3P$

内螺纹小径：　　　　　　　$d=D-1.02P$

3. 螺纹加工过程中的引入距离和超越距离

在数控车床上加工螺纹时，沿着螺距方向（Z 轴方向）的进给速度与主轴转速必须保证严格的比例关系，但刀具起始时的速度为零，为保证比例关系，必须留出一段切入距离使刀具的进给速度增大，这个距离称为螺纹加工的引入距离，如图 2-34 中 δ_1 所示。同样的道理，当螺纹加工结束时，为保证刀尖从螺纹中退出，必须留一段切出距离，称为螺纹加工的超越距离，如图 2-34 中 δ_2 所示。

引入距离 δ_1 与超越距离 δ_2 的数值与所加工螺纹的导程、数控机床主轴转速和伺服系统的特性有关。具体取值由实际的数控系统和数控机床决定，如有的数控机床规定如下：

$$\delta_1 \geqslant nP/400$$
$$\delta_2 \geqslant nP/1800$$

式中　n——主轴转速，r/min；

　　　P——螺纹导程，mm。

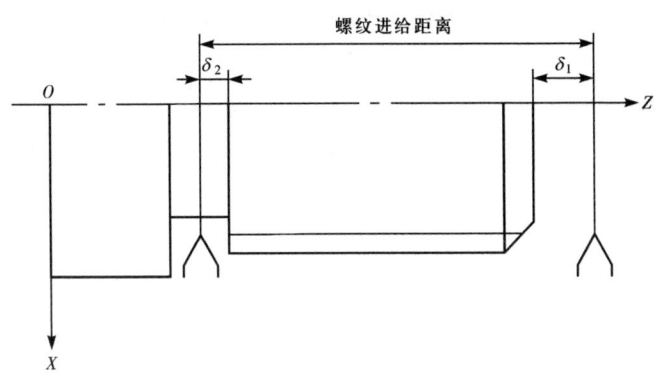

图 2-34 螺纹切削时的引入距离和超越距离

以上公式规定了该数控系统 δ_1 和 δ_2 的最小值。实际取值时,比计算值略大即可。

二、螺纹加工编程指令及其应用

1. 单一螺纹加工指令 G32

指令格式:G32 X(U)__ Z(W)__ F __;

其中,X(U)、Z(W)指定螺纹切削终点的坐标值;F 指定螺纹导程,单位是 mm/r。

说明:

(1)G32 指令为单行程螺纹切削指令,即每使用一次,切削一刀。

(2)在加工过程中,要将引入距离 δ_1 和超越距离 δ_2 编入螺纹切削程序,如图 2-35 所示,如果螺纹切削收尾处没有退刀槽,则一般按 45°方向退出。

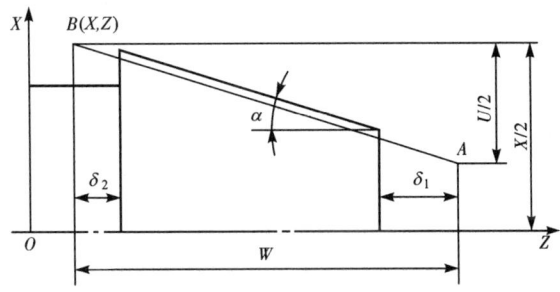

图 2-35 G32 螺纹切削

(3)X 坐标省略或与前一程序段相同时为圆柱螺纹,否则为锥螺纹。

(4)在图 2-35 中,当锥螺纹斜角 α 小于 45°时,螺纹导程由 Z 轴方向指定;当 α 为 45°~90°时,螺纹导程由 X 轴方向指定,一般很少采用这种方式。

(5)螺纹切削时,不能采用恒线速度切削(G96 指令)方式,否则会使 F 指定的导程发生变化(因为 F 和转速会保证严格的比例关系),从而发生乱牙。

(6)螺纹切削时,为保证螺纹加工质量,一般采用多次切削方式,其走刀次数及每一刀的切削深度可参考表 2-5。

表 2-5　　　　　　　　　普通螺纹的切削深度及走刀次数参考值

米制螺纹	螺距/mm		1	1.5	2	2.5	3	3.5	4
	牙深(半径量)/mm		0.649	0.974	1.299	1.624	1.949	2.273	2.598
	切削次数及背吃刀量(直径量)/mm	1次	0.7	0.8	0.9	1.0	1.2	1.5	1.5
		2次	0.4	0.6	0.6	0.7	0.7	0.7	0.8
		3次	0.2	0.4	0.6	0.6	0.6	0.6	0.6
		4次		0.16	0.4	0.4	0.4	0.6	0.6
		5次			0.1	0.4	0.4	0.4	0.4
		6次				0.15	0.4	0.4	0.4
		7次					0.2	0.2	0.4
		8次						0.15	0.3
		9次							0.2
英制螺纹	牙/in		24	18	16	14	12	10	8
	牙深(半径量)/mm		0.678	0.904	1.016	1.162	1.355	1.626	2.033
	切削次数及背吃刀量(直径量)/mm	1次	0.8	0.8	0.8	0.8	0.9	1.0	1.2
		2次	0.4	0.6	0.6	0.6	0.6	0.7	0.7
		3次	0.16	0.3	0.5	0.5	0.6	0.6	0.6
		4次		0.11	0.14	0.3	0.4	0.4	0.5
		5次				0.13	0.21	0.4	0.5
		6次						0.16	0.4
		7次							0.17

例 2-6

加工图 2-36 所示的 M30×2-6g 普通圆柱外螺纹,其外径已经车削完成,设螺纹牙底半径 $R=0.2$ mm,车螺纹时的主轴转速 $n=1\ 500$ r/min,试用 G32 指令编程。

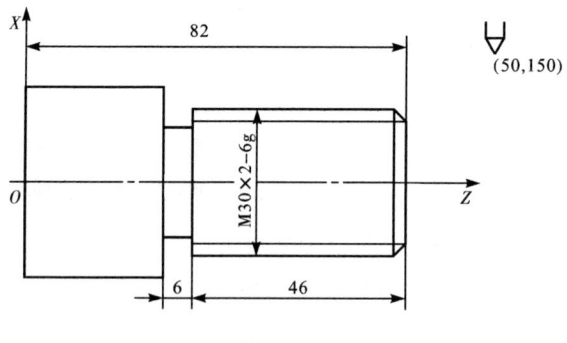

图 2-36　例 2-6 图

由 GB/T 197—2003 查出 $T_{d2}=0.280$ mm, $es=-0.038$ mm, 螺纹大径为 29.682～29.962 mm, 取 29.8 mm。

螺纹小径为
$$d_1 = D - 1.75H + 2R + es - T_{d2}/2$$
$$= 30 - 1.75 \times 0.866 \times 2 + 2 \times 0.2 - 0.038 - 0.28/2$$
$$= 27.191 \text{ mm}$$

取螺纹小径为 27.2 mm。

引入距离 $\delta_1 \geqslant nP/400 = 1\,500 \times 2/400 = 7.5$ mm, 取 $\delta_1 = 8$ mm。

超越距离 $\delta_2 \geqslant nP/1\,800 = 1\,500 \times 2/1\,800 = 1.67$ mm, 取 $\delta_2 = 2$ mm。

设起刀点位置为 (50,150), 螺纹车刀为 1 号刀, 刀尖圆弧半径 $R=0.2$ mm。

查表 2-5 可知, 螺距为 2 mm 的普通螺纹需要五次加工完成, 每次切深直径量分别为 0.9 mm、0.6 mm、0.6 mm、0.4 mm、0.1 mm。

程序如下:

```
O3080
N10 G50 X200 Z150 T0100;        (坐标系设定,选用1号刀)
N20 M03 S1500;                  (启动主轴,转速为1 500 r/min)
N30 T0101;                      (建立刀具补偿)
N40 G00 X50 Z150;               (到达起刀点)
N50 X32 Z8;                     (定位到螺纹加工循环起点)
N60 X28.9;                      (第一次进刀0.9 mm)
N70 G32 Z-48 F2;                (切削螺纹第一刀)
N80 G00 X32;                    (退刀)
N90 Z8;                         (返回)
N100 X28.3;                     (第二次进刀0.6 mm)
N110 G32 Z-48;                  (切削螺纹第二刀)
N120 G00 X32;                   (退刀)
N130 Z8;                        (返回)
N140 X27.7;                     (第三次进刀0.6 mm)
N150 G32 Z-8;                   (切削螺纹第三刀)
N160 G00 X32;                   (退刀)
N170 Z8;                        (返回)
N180 X27.3;                     (第四次进刀0.4 mm)
N190 G32 Z-8;                   (切削螺纹第四刀)
N200 G00 X32;                   (退刀)
N210 Z8;                        (返回)
N220 X27.2;                     (第五次进刀0.1 mm)
N230 G32 Z34;                   (切削螺纹第五刀)
N240 G00 X32;                   (退刀)
N250 X200 Z150 T0100;           (返回起点,取消刀具补偿)
N260 M30;                       (程序结束并返回程序头)
```

2. 单循环螺纹加工指令 G92

指令格式：G92 X(U)__ Z(W)__ I__ F__；

其中，X(U)、Z(W)指定螺纹最后进刀切削终点坐标；I指定螺纹起点与终点的半径差，如果为圆柱螺纹，则省略此值，有的系统也用 R；F指定螺纹的导程，即加工时的每转进给量。

说明：

(1) 用 G92 指令加工螺纹时，循环过程如图 2-37 所示，一个循环内完成四步动作：1 进刀—2 加工—3 退刀—4 返回。除加工外，其他三步的速度为快速移动速度。

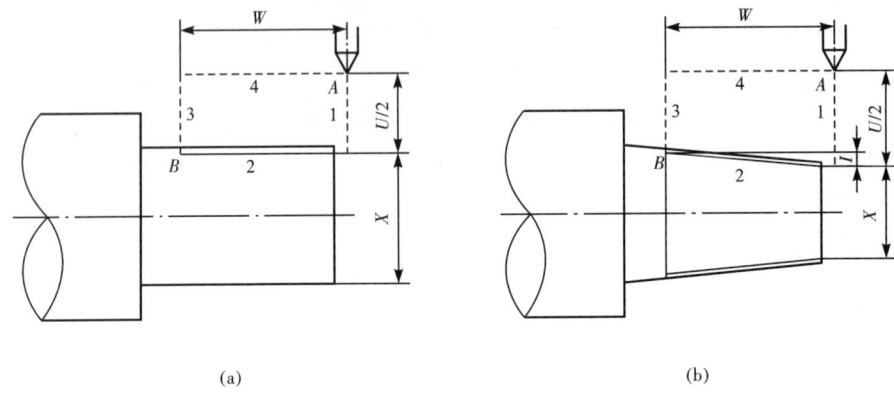

图 2-37 螺纹自动车削循环过程

(2) 用 G92 指令加工螺纹时编程参数的确定方法同 G32 指令。

例 2-7

如图 2-38 所示，给定材料尺寸为 $\phi 36$ mm×104 mm，材料为 45 钢，应用 G92 指令编写螺纹部分的加工程序。

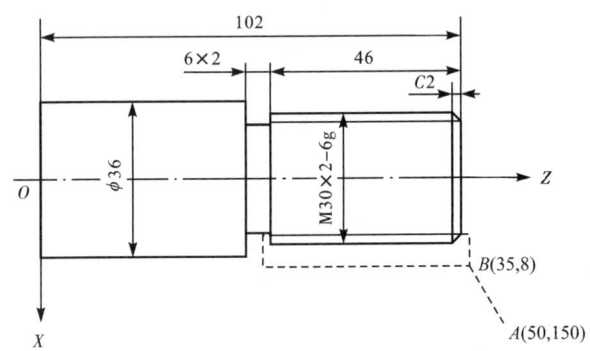

图 2-38 例 2-7 图

图 2-38 和图 2-36 螺纹部分的尺寸是完全一样的，螺纹参数的计算的结果相同。加工的螺纹大径为 29.8 mm，螺纹小径 $d_1=27.2$ mm，若取主轴转速 $n=1\ 500$ r/min，则引入距离 $\delta_1 \geqslant n \times P/400 = 1\ 500 \times 2/400 = 7.5$，取 $\delta_1=8$ mm。超越距离 $\delta_2 \geqslant n \times P/1\ 800 = 1\ 500 \times 2/1\ 800 = 1.67$，取 $\delta_2=2$ mm。

查表2-5,螺距为2的普通螺纹需要五次加工完成,每次切深直径量分别为0.9 mm、0.6 mm、0.6 mm、0.4 mm、0.1 mm。

在螺纹加工之前螺纹大径已经加工完毕,应用G92单循环加工螺纹的程序如下(请比较例2-6的程序):

```
O3081;
N10 G50 X200 Z150 T0100;        (坐标系设定,选用1号刀)
N20 M03 S1500;                  (启动主轴,转速为1 500 r/min)
N30 T0101;                      (建立刀具补偿)
N40 G00 X50 Z150;               (到达起刀点)
N50 X32 Z8;                     (定位到螺纹加工循环起点B)
N60 G92 X27.2 Z-48 F2;          (调螺纹循环指令)
N70 X28.9;                      (切削螺纹第一刀)
N80 X28.3;                      (切削螺纹第二刀)
N90 X27.7;                      (切削螺纹第三刀)
N100 X27.3;                     (切削螺纹第四刀)
N110 X27.2;                     (切削螺纹第五刀)
N120 G00 X200 Z150 T0100;       (返回起点,取消刀具补偿)
N130 M30;                       (程序结束并返回程序头)
```

单元(五) 复合循环指令及其应用

技能目标 >>>

会应用复合循环指令。

核心知识 >>>

G70、G71、G72、G73、G76指令的应用。

在数控车削加工中,常使用圆钢毛坯进行车削加工。其加工工艺过程是先进行粗加工快速切除多余的金属材料,使其形状与零件的实际形状相似或相同,再经过精加工走刀将粗加工留有的精加工余量一次切除,使其加工精度达到本工序的加工精度要求。为简化编程,数控车削系统都提供用于不同走刀方式的粗车自动加工的复合循环指令,这些指令的基本加工思想是首先要用一段程序来确定工件最后加工完的形状(称为精加工形状程序),然后通过复合循环指令设置粗加工后为精加工留有的加工余量大小,设置粗加工的切削参数,数控系统在执行复合循环指令时,数控系统根据确定的工件精加工形状程序和复合循环指令中的信息自动计算粗加工循环的次数和每次循环的走刀轨迹完成粗加工。下面介绍

FANUC 数控系统用于车床的复合循环指令。

一、径向吃刀粗车复合循环指令 G71

指令格式：G71 U(Δd) R(e);
　　　　　G71 P(ns) Q(nf) U($\pm\Delta u$) W(Δw) F(f) S(s) T(t);

其中，Δd 为粗车时每一刀切削时的背吃刀量，即 X 轴方向的进刀量，以半径值表示，一定为正值；e 为粗车时每一刀切削完成后在 X 轴方向的退刀量；ns 为精加工加工轨迹程序的第一个程序段段号；nf 为精加工加工轨迹程序的最后一个程序段段号；Δu 为精车时留出的径向（X 轴方向）加工余量（半径值），外表面循环加工取"＋"号，且可以省略，孔循环加工取"－"号；Δw 为精车时留出的轴向（Z 轴方向）加工余量；f 为粗车时的进给速度或进给量；s 为粗车时的主轴转速；t 为粗车时的刀具。

说明：

(1) G71 指令粗车复合循环过程如图 2-39 所示。刀位点从循环起点 A 开始动作，首先回退到 B 点（A 点和 B 点的 X 坐标差等于 Δu，Z 坐标差等于 Δw），然后从 B 点开始，沿径向进刀 Δd 的深度至 C 点，根据 ns 到 nf 程序段确定的精加工轨迹开始第一次粗车加工，加工后沿 45°方向后退（后退的径向距离等于 e），再沿 Z 轴方向快速返回至 Z 轴坐标与 B 点相等的位置，然后再径向进刀 Δd 开始第二次粗车……如此循环，直到系统计算加工余量不足 Δd 时，在为精加工留有 Δu 和 Δw 后，一次切除加工余量，完成粗加工循环并返回到开始的循环起点 A。

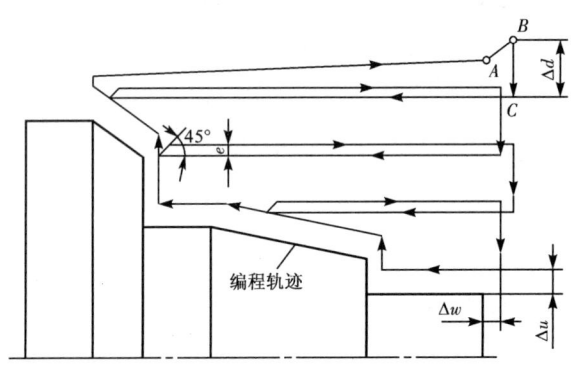

图 2-39　G71 指令粗车复合循环过程

(2) G71 循环中，切削加工工件的进给速度 F 由编程者指定，其他过程如进刀接近、退刀、返回等的速度均为快速移动的速度，由数控系统确定。

(3) 循环加工的主轴转速 S、刀具功能 T 可在 G71 指令所在的程序段中设定，也可在前面程序段中设定。

(4) 在 ns 与 nf 之间的程序段中设定的 F、S 功能在 G71 粗车时无效，只在执行 G70 后精车时有效。

例 2-8

需要加工的零件如图 2-40 所示,材料为 $\phi 45$ mm×70 mm 的圆钢,要求用两把刀具分别进行粗、精车加工,试编程。

设定如图 2-40 所示的编程坐标系,粗车时吃刀深度 $\Delta d=2$ mm,回退量 $e=1$ mm,留精加工余量 X 轴方向为 $\Delta u=0.5$ mm,Z 轴方向为 $\Delta w=0.2$ mm。设定粗加工刀具为 T0100,粗加工 G71 循环起点为 $A(48,3)$,精加工刀具为 T0202,精加工 G70 的循环起点为 $B(8,1)$。

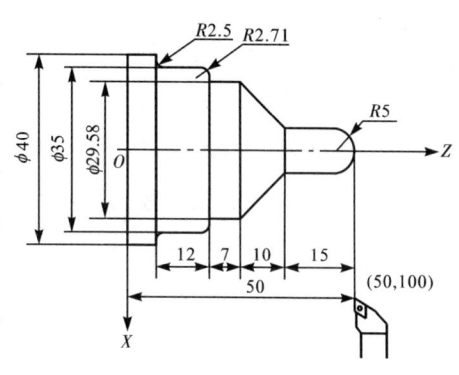

图 2-40 例 2-8 图

程序如下:

O0101

N10 G50 X50 Z200;	(设定工件坐标系)
N20 M03 S800;	(启动主轴,转速 1 000 r/min)
N30 T0100;	(选用粗车刀)
N40 G00 X48 Z3;	(快速定位到粗车循环起点 A)
N50 G71 U2 R1;	(设置 G71 粗车循环指令,$\Delta d=2$ mm,$e=1$ mm)
N60 G71 P70 Q160 U0.5 W0.2 F200;	(精加工切削由 N70 N160 程序段指定,精加工余量 $\Delta u=0.5$ mm,$\Delta w=0.2$ mm,粗加工进给速度为 200 mm/min)
N70 G01 X0 Z0;	(车削至圆弧顶点)
N80 G03 X10 Z−5 R5;	(车削圆弧 R5 mm)
N90 G01 Z−15;	(加工外圆柱 10 mm)
N100 X29.58 Z−35;	(加工圆锥)
N110 W−7;	(加工圆柱 $\phi 29.58$ mm)
N120 G03 X35 W−2.71 R2.71;	(加工圆角 R2.71 mm)
N130 G01 Z−6.79;	(加工圆柱段 $\phi 35$ mm)
N140 G02 X40 W−2.5 R2.5;	(加工圆弧 R2.5 mm)
N150 G01 Z−50;	(加工圆柱 $\phi 40$ mm)
N160 G00 X50 Z200 M05;	(退刀返回,停主轴)
N170 T0202 M08;	(换 2 号精车刀,开冷却液)
N180 M03 S1500;	(启动主轴)
N190 G00 X8 Z1;	(到精加工循环起点 B)
N200 G70 P70 Q160 F60;	(精车循环,该指令见后面介绍)
N210 G00 X50 Z200 T0200;	(返回,取消 2 号刀具补偿)
N220 M30;	(程序结束并返回程序头)

二、轴向吃刀粗车复合循环指令 G72

指令格式：G72 W(Δd) R(e)；
　　　　　G72 P(ns) Q(nf) U($\pm \Delta u$) W(Δw) F(f) S(s) T(t)；

其中，Δd 为粗车时每一刀的轴向背吃刀量，即 Z 轴方向的进刀量；e 为粗车时每一刀切削完成后在 Z 轴方向的退刀量；其他参数与 G71 指令相同。

说明：

（1）与 G71 循环指令相似，不同的是 G72 指令的每次吃刀方向是沿着 Z 轴方向进行的，G72 指令粗车复合循环过程如图 2-41 所示。定义粗加工循环起点为 A，循环开始时，刀位点由 A 点回退到 B 点，其距离由精加工余量确定，然后从 B 点开始，沿轴向进刀一个 Δd 的深度至 C 点，根据 ns 到 nf 程序段确定的精加工轨迹开始第一次粗车加工，加工后沿 45°方向后退（后退的轴向距离等于 e），再沿 X 轴方向快速返回至 X 轴坐标与 B 点相等的位置，然后再轴向进刀 Δd 开始第二次粗车……如此循环，直到

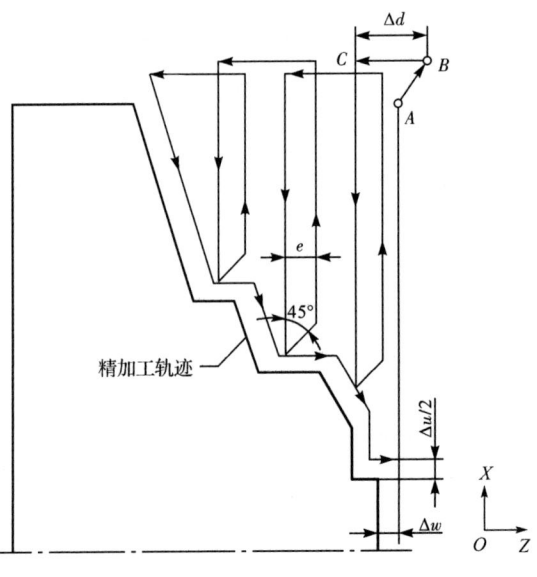

图 2-41　G72 指令粗车复合循环过程

系统计算加工余量不足 Δd 时，在为精加工留有 Δu 和 Δw 后，一次切除加工余量，完成粗加工循环并返回到开始的循环起点 A。

（2）与 G71 相同，在 G72 循环中，F 指定的是进给速度，其他过程如进刀、退刀、返回等的速度均为快速进给速度。

（3）若粗加工的主轴转速 S、刀具功能 T 在执行 G72 指令前没有设置，则可以在 G72 指令的程序段中设置。

（4）ns 与 nf 之间的程序段中设定的 F、S 功能在 G71 粗车时无效，但在执行 G70 精车时有效。

> **注意**
> G71 适合轴向尺寸远远大于径向尺寸的轴套类零件的粗加工。而 G72 适合径向尺寸远远大于轴向尺寸的盘类回转件的加工。当径向尺寸和轴向尺寸相同或相近时，加工效率相差不大，选择 G71 和 G72 区别不大。

例 2-9

应用 G72 指令编制加工图 2-42 所示零件内表面的程序。要求循环起点为 $A(6,3)$，每次 Z 轴方向进给的切削深度为 1.2 mm，退刀量为 1 mm，X 轴方向的精加工余量为 0.2 mm，Z 轴方向的精加工余量为 0.5 mm，精加工循环起点为 $B(70,0)$，其中 $\phi 20$ mm 的孔在毛坯中已经加工好。

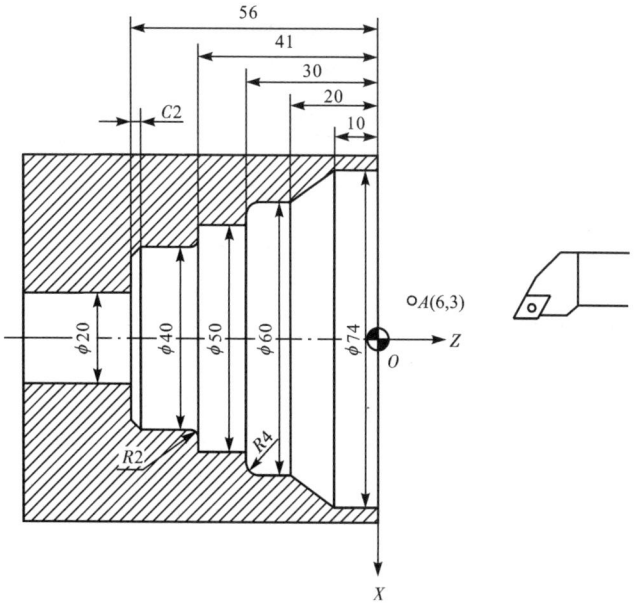

图 2-42 例 2-9 图

如图 2-42 所示，镗孔的径向最大尺寸为 $\phi 74$ mm，轴向最大尺寸为 56 mm，径向加工量大于轴向加工量，适合使用 G72 指令。现使用同一把刀具 T01 进行粗、精加工，注意在加工内孔的 G72 指令中的 X 轴方向精加工余量前写"—"号。

程序如下：

O0101
N10 G54 X100 Z200 T0100;   （调工件坐标系 G54，选择 1 号刀）
N20 M03 S800   （启动主轴）
N30 G00 X6 Z3;   （至粗车循环起点 A）
N40 G72 W1.2 R1;   （粗车）
N50 G72 P60 Q170 U−0.2 W0.5 F100; （孔精加工余量 $\Delta u = -0.2$ mm，$\Delta w = 0.5$ mm）
N60 G01 X74 Z0;   （接触工件上到加工起点）
N70 Z−10;   （车削 $\phi 74$ mm 内孔）
N80 X60 Z−20;   （车削锥孔）
N90 Z−26;   （车削 $\phi 60$ mm 内孔）
N100 G03 X52 Z−30 R4;   （车削圆角 R4 mm）
N110 G01 X50;   （车削 $\phi 60$ mm 内孔端面）
N120 Z−41;   （车削 $\phi 50$ mm 内孔）
N130 X44;   （车削 $\phi 50$ mm 内孔端面）
N140 G02 X40 Z−43 R2;   （倒圆角 R2 mm）
N150 G01 Z−54;   （车削 $\phi 40$ mm 内孔）

```
N160 X36 Z-56;              (倒角 C2 mm)
N170 X19;                   (车削 φ40 mm 内孔端面)
N180 T0101;                 (建立刀具补偿,准备精镗内孔)
N190 G00 X70 Z0;
N190 G70 P60 Q170 S1200 F80;  (精车循环)
N200 G00 X100 Z200 T0100;   (退刀,返回,取消刀具补偿)
N210 M30;                   (程序结束并返回程序头)
```

三、轮廓粗车复合循环指令 G73

指令格式：G73 U(Δi) W(Δk) R(d);
　　　　　G73 P(ns) Q(nf) U($\pm \Delta u$) W(Δw);

其中，Δi 为粗车时 X 轴方向的总切除量(半径值)；Δk 为粗车时 Z 轴方向的总切除量；d 为粗车时的循环次数，即分多少次粗车完成；其他参数的含义与 G71 指令相同。

说明：

(1) 与 G71 和 G72 指令不同，G73 指令粗车复合循环过程如图 2-43 所示，每次加工都是按照相似的形状轨迹进行走刀，只不过在 X、Z 轴方向进了一个量，这个量等于总切除量 Δi 和 Δk 除以粗加工循环次数 d。循环起点在 A 点，循环开始时，从 A 点向 B 点退一定距离，X 轴方向为 ($\Delta i + \Delta u$)/2，Z 轴方向为 $\Delta k + \Delta w$，然后从 B 点进刀切削，按图中箭头所示的过程进行循环加工，直到达到留余量后的轮廓轨迹为止。

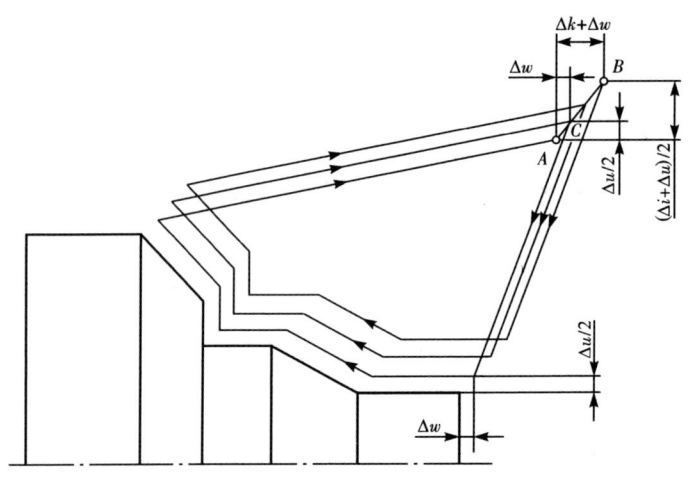

图 2-43　G73 指令粗车复合循环过程

(2) 从 G73 指令的加工过程来看，它特别适合毛坯已经具备所要加工形状的零件的加工，如铸造件、锻造件的加工等。

两个程序段都有地址 U、W，在使用时要注意区别它们各自代表的含义。

例 2-10

车削图 2-44 所示的锻造毛坯件,已知 X 轴方向的最大毛坯余量为 6 mm(半径值),Z 轴方向的最大毛坯余量为 4 mm,采用后置刀架数控车床加工,试编程加工。

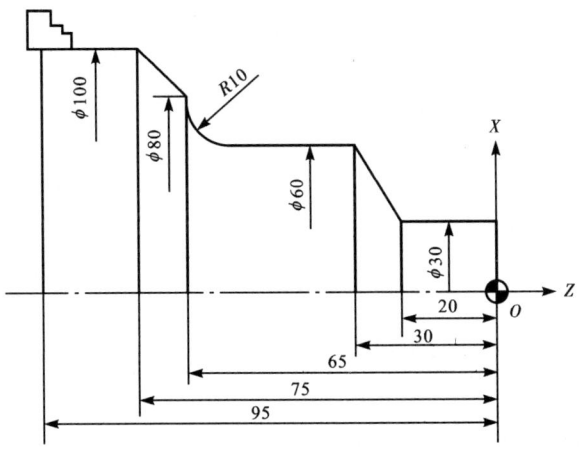

图 2-44 例 2-10 图

本例适合用 G73 指令加工,最大毛坯余量 $\Delta i=6$ mm,分三次加工,$d=3$,留精车余量 $\Delta u=0.2$ mm,$\Delta w=0.2$ mm。用两把刀,1 号刀粗车,2 号刀精车(补偿地址为 2)。粗加工循环起点为 (48,2),精加工起点为 (32,2)。采用后置刀架的编程坐标系如图 2-44 所示。

程序如下:

O0102
N10 G50 X150 Z250 T0100;   (设定坐标系,选用 1 号刀)
N20 M03 S800;   (启动主轴)
N30 G00 X48 Z2;   (至粗加工循环起点)
N40 G73 U6 W4 R3;   (粗车循环)
N50 G73 P60 Q110 U0.2 W0.2 F100;(余量 $\Delta u=0.2$ mm,$\Delta w=0.2$ mm)
N60 G01 X30 Z0;   (直线插补至精车形状起点)
N70 G01 Z-20;   (车削 $\phi 30$ mm)
N80 X60 Z-30;   (车削锥度)
N90 Z-55;   (车削 $\phi 60$ mm)
N100 G02 X80 Z-65 R10;   (车削圆弧 $R10$ mm)
N110 G01 X100 Z-75;   (车削锥度)
N120 G40 X105;   (退出,取消刀具半径补偿)
N130 G00 X150 Z250 M05;   (返回,停主轴)
N140 T0202;   (换 2 号刀)
N150 G50 S2000;   (设定主轴最大转速)
N160 G96 M03 S180;   (启动主轴,180 m/s 恒线速度切削)
N170 G00 X32 Z2;   (精加工循环起点)
N180 G70 P60 Q110 F60;   (精车循环)
N190 G00 G97 X150 Z250;   (退刀,取消恒线速度切削和刀具补偿)
N200 M30;   (程序结束并返回程序头)

四、轮廓精加工循环指令 G70

指令格式：G70 P(ns) Q(nf)；
参数的含义与 G71 指令相同。
说明：

(1)G70 指令是只能放在 G71、G72、G73 粗车循环后的精车循环指令。G70 后面的 P(ns) Q(nf) 必须和前面粗加工循环指令中的 P(ns) Q(nf) 对应相同。

(2)执行 G70 指令的实质就是从精加工循环起点开始真正执行 ns 与 nf 之间的程序段。

(3)执行 G70 指令精加工的主轴转速 S、进给速度 F 及刀具功能 T 可以在 G70 指令程序段前设置，也可以在 G70 程序段中设置。

(4)ns 与 nf 之间的程序段中的 F、S 指令只能在 G70 指令使用时有效。

(5)S 指令也可以在 G70 指令之前的程序段中指定。

(6)G70 指令的起始点可以与粗加工循环起点一致，也可以重新设置在接近精加工循环起点的位置。

五、螺纹车削复合循环指令 G76

指令格式：G76 P(m)(r)(α) Q(Δd_{min}) R(d)；
　　　　　G76 X(U)__ Z(W)__ R(i) P(k) Q(Δd) F(l)；

其中，m 为精加工修整次数(01～99)；r 为螺纹加工退尾时的导程数(00～99)，实际退尾量为 $r \times 0.1 \times F$，其中 F 为导程；$α$ 为加工螺纹刀尖角度(常在 20°、29°、30°、55°、60°、80°六个值中选取)；Δd_{min} 为螺纹加工时的最小背吃刀量，为半径值，始终取正值；d 为螺纹加工时的精加工余量；X(U)、Z(W) 为螺纹最后一刀加工的终点坐标值；i 为螺纹加工时起点与终点的半径差，圆柱螺纹可省略；k 为螺纹牙型高，始终取正值；Δd 为螺纹粗加工的最大背吃刀量，为半径值，始终取正值；l 为螺纹导程。

例 2-11

如图 2-45 所示，零件粗车已经完成，试编写其精车及螺纹加工程序，螺纹加工部分用螺纹车削复合循环指令 G76 编写。

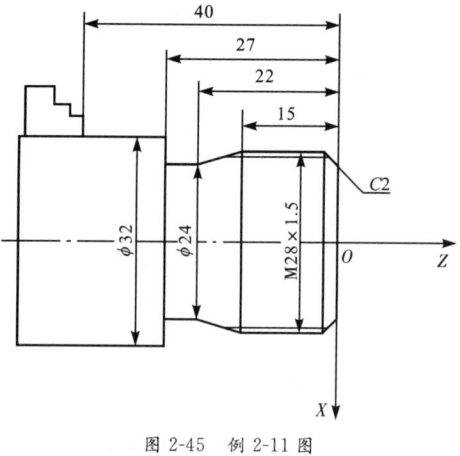

图 2-45　例 2-11 图

工艺过程：粗、精车螺纹大径后车削螺纹。
刀具：使用两把刀具，1号刀为93°外圆车刀，2号刀为标准60°外螺纹车刀。
螺纹加工参数计算：查表确定 M28×1.5 螺纹小径为 26.376 mm，牙型高度为 0.974 mm，引入距离 δ_1=6 mm，采用螺纹收尾结构，取 r=10，收尾长度为一个导程。
程序如下：

O0006
N10 G50 X50 Z200 T0100;   （设定坐标系，选用1号刀）
N20 M03 S1000;   （启动主轴）
N30 G0035 Z3;   （至粗车循环起点）
N40 G71 U1.5R1;   （粗车循环吃刀量和回退量）
N50 G71 P60 Q130 U0.1 W0.1 F100; （粗车循环其他参数设置）
N60 G01 X28 Z0;   （接触工件精加工表面）
N70 X0;   （径向精车端面）
N80 X24;   （退回到倒角加工起点）
N90 X27.82 Z-2;   （加工倒角）
N100 Z-15;   （精车螺纹大径为 ϕ27.82 mm）
N110 X24 Z-22;   （精车锥面）
N120 Z-27;   （精车 ϕ24 mm）
N130 X32;   （径向精车到 ϕ32 mm）
N140 G00 X50 Z200 M05;   （1号刀返回换刀）
N150 G00 X28 Z6 M03 S800 T0202;   [2号刀快速定位到螺纹加工起点（X28，Z6）]
N160 G76 P031060 Q0.01 R0.5;   （螺纹精加工次数 m=3，螺纹收尾长度系数 r=10，螺纹刀尖角度 α=60°，最小背吃刀量 Δd_{min}=0.01 mm，精加工余量 d=0.5 mm）
N170 G76 X26.376 Z-22 P0.974 Q400 F1.5;
                                  （螺纹小径为 26.376 mm，牙型高度 k=0.974 mm，最大背吃刀量 Δd=400 μm，导程 l=1.5 mm）
N180 G00 X50 Z200 T0200;   （返回取消刀具补偿）
N170 M30;   （程序结束并返回程序头）

单元（六） 子程序、宏程序编程

技能目标

会应用子程序、宏程序。

核心知识

子程序的结构及调用，宏程序的结构及功能。

一、子程序

在数控编程过程中，通常会遇到零件的结构有相同部分的情况。如果能把相同部分单独编写一个程序，在需要用的时候进行调用，就会使整个程序变得简洁。这种单独编写的程序称为子程序,调用子程序的程序称为主程序。

1. 子程序的功能

使用子程序可以减少不必要的重复,从而达到简化编程的目的。将子程序存储于数控系统内,主程序如果需要某一子程序,可以通过调用来完成。一个子程序还可以调用另一个子程序,称为子程序的嵌套。具体能嵌套多少级,不同的数控系统有不同的规定。

2. 子程序调用的格式

在主程序中,调用子程序的指令是一个程序段,其格式由具体的数控系统而定。FANUC 系统子程序调用的格式如下:

M98 P__ L__;

说明:M98 为子程序调用功能,地址 P 后面接四位数字,为子程序的程序号;L 后面的数字为重复调用的次数,若调用次数为 1 次,则省略 L。

3. 子程序的结束与返回

子程序也要有自己的程序号,程序号命名方式与主程序相同。但子程序的特征是最后结束的程序行必须用 M99 指令作为子程序结束。子程序调用结束后,一般情况下返回主程序调用程序段的下一程序段。

例 2—12

编写子程序,加工如图 2-46 所示的槽。

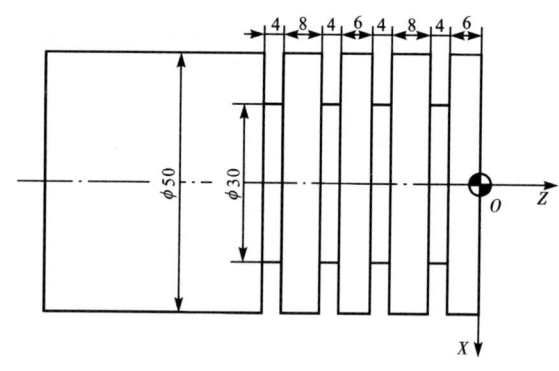

图 2-46 例 2-12 图

仔细观察一下槽相间的情况就会发现,槽相间是有规律的,6 mm—4 mm—8 mm—4 mm 这种间隔出现了两次,因此可以将这种间隔情况编写成一个子程序。设切槽刀的刀宽为 4 mm,刀位点为左刀尖。程序如下:

主程序:
O1108
N10 G50 X100 Z150 T0100;   (设定工件坐标系,选用 1 号刀)
N20 M03 S350;   (启动主轴)
N30 T0101;   (建立刀具补偿)
N40 G00 X52 Z0;   (定位到槽加工的起始点)
N50 M98 P3005 L2;   (调用子程序加工,两次)
N60 G00 X100 Z150 T0000;   (返回,取消刀具补偿)
N70 M30;   (程序结束并返回程序头)

子程序：
O3005
N10 G00 W−10;　　　　　　　（移动到加工槽的位置）
N20 G01 X30 F20;　　　　　　（加工第一个槽）
N30 G00 X52;　　　　　　　　（退出）
N40 W−12;　　　　　　　　　（偏移相应位移）
N50 G01 X30;　　　　　　　　（加工第二个槽）
N60 G00 X52;　　　　　　　　（退出）
N70 M99;　　　　　　　　　　（子程序结束）

可以把加工一个槽的过程作为子程序，使用G75复合循环指令编写加工槽的程序更加方便、高效。

二、宏程序

1.基本知识

(1)概述

宏程序是含有变量作为指令字编制的数控加工程序。通过变量间算术和逻辑运算、变量间的相互转移和循环，可以编制适合加工由各种函数曲线构成的工件轮廓的程序。改变变量的值，可以完成不同的加工或操作内容。

前面学习的标准G指令中，只有直线(G01)和圆弧(G02/G03)两种插补指令可以直接用来加工直线和圆弧轮廓。若要加工椭圆及其他非圆弧曲线轮廓，只能通过宏编程技术。

通常将宏程序作为一个子程序进行编写。

(2)变量

数控加工中的G指令及所有尺寸字指令都可以定义为变量。变量可以相互赋值和运算。

①变量的表示　变量可以用"#i", $i=1,2,3,\cdots$，例如#5、#109、#501。

②变量的引用　将跟随在一个地址后的数值用一个变量来代替，即引入了变量。例如，对于F#103，若#103=50，则为F50；对于Z−#110，若#110=100，则为Z−100；对于G#130，若#130=3，则为G03。

③变量的类型　变量分为局部变量、全局变量和系统变量。局部变量(#1～#33)只能在宏程序内部使用，用于保存数据，如运算结果等，断电为空；全局变量(#100～#199、#500～#999)是在主程序和主程序调用的各用户宏程序内部都有效的变量，#100～#199断电为空，#500～#999断电不丢失；系统变量(#1000～)是系统固定用途的变量，可被任何程序使用，有些是只读变量，有些可以赋值或修改。

2. 宏程序的格式

(1)宏程序的简单调用格式

宏程序的简单调用是指在主程序中,宏程序可以被单个程序段单次调用。

指令格式:G65 P__ L__;

其中,G65 为宏程序调用指令;P 指定被调用的宏程序号;L 指定宏程序重复运行的次数,重复运行次数为 1 时可省略不写。

一个宏程序可被另一个宏程序调用,最多可调用四重。

(2)宏程序的编写格式

宏程序的编写格式与子程序相同,其格式为

O(0001～8999)(宏程序号)　　　　(程序号)

N10…　　　　　　　　　　　　　　(指令)

…

N×× M99;　　　　　　　　　　　(宏程序结束)

3. 变量运算

变量之间进行运算的通常表达形式:♯i=[表达式]

(1)变量的定义和替换

♯i=♯j

(2)加减运算

加:♯i=♯j+♯k

减:♯i=♯j−♯k

(3)乘除运算

乘:♯i=♯j×♯k

除:♯i=♯j÷♯k

(4)函数运算

♯i=SIN[♯j]　　　　　　　正弦函数(单位为度)

♯i=COS[♯j]　　　　　　　余弦函数(单位为度)

♯i=TANN[♯j]　　　　　　正切函数(单位为度)

♯i=ATANN[♯j]/♯k　　　　反正切函数(单位为度)

♯i=SQRT[♯j]　　　　　　 平方根

♯i=ABS[♯j]　　　　　　　取绝对值

变量运算的先后顺序是函数运算、乘除运算、加减运算。表达式中括号内的运算将优先进行。连同函数中使用的括号在内,括号在表达式中最多可用五层。

4. 条件判断语句

(1)有条件转移语句

指令格式:IF[条件表达式] GOTOn;

其中,n 为程序段号。

程序段含义:

①如果条件表达式的条件得以满足,就执行程序段 n 的相应操作。
②如果不满足条件表达式的条件,就顺序执行下一段程序。
表达式书写格式如下:

♯j EQ ♯k　　　　　　　表示♯j=♯k
♯j NE ♯k　　　　　　　表示♯j≠♯k
♯j GT ♯k　　　　　　　表示♯j>♯k
♯j LT ♯k　　　　　　　表示♯j<♯k
♯j GE ♯k　　　　　　　表示♯j≥♯k
♯j LE ♯k　　　　　　　表示♯j≤♯k

(2)无条件转移语句
指令格式:GOTO n;
其中,n 为程序段号。
程序段含义:直接转到程序段号 n 的操作。

5. 循环语句

指令格式:WHILE[条件表达式]DO m;(m=1,2,3,…)
　　　　　…
　　　　　END m

程序段含义:当满足表达式条件时,执行 DO m 至 END m 之间的程序段操作,然后再判别条件表达式,若仍然满足表达式条件,再重复执行 DO m 至 END m 之间的程序段操作,如此反复,直到不满足表达式条件时,程序才转到 END m 下一个程序段的操作。

①条件循环语句中的 m 只能取 1,2,3。DO m 和 END m 必须成对使用,每个循环对应的 m 值相等。
② DO m…END m 语句允许最多有三层嵌套:
WHILE[条件表达式 1]DO1;
WHILE[条件表达式 2]DO2;
WHILE[条件表达式 3]DO3;
…
END3;
END2;
END1;
③ DO m…END m 语句嵌套不允许交叉,即如下语句是错误的:
WHILE[条件表达式 1]DO1;
WHILE[条件表达式 2]DO2;
…
END1;
END2;

例 2-13

编写图 2-47(a)所示零件的加工程序(其中椭球加工需要应用宏程序)。

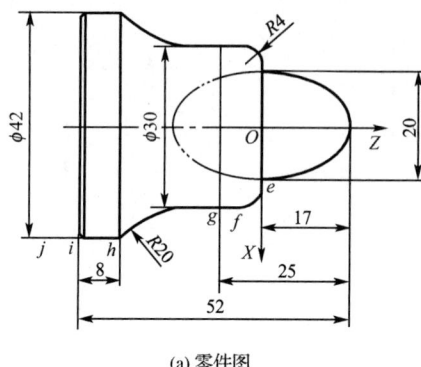
(a) 零件图

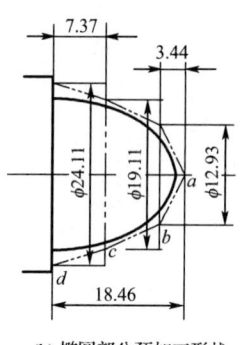
(b) 椭圆部分预加工形状

图 2-47 例 2-13 图

(1) 建立椭圆方程

编程坐标系如图 2-47(a)所示,为便于建立椭圆方程编程,坐标原点在椭圆中心处。椭圆方程为 $X^2/10^2+Z^2/17^2=1$。将椭圆方程写成 $X=F(Z)$ 函数关系式为 $X=(10/17)$ SQRT$[(17+Z)(17-Z)]$。

(2) 定义变量

定义变量 #1 = Z 坐标, #2 = X 坐标。按数控编程宏指令的椭圆方程为 #2 = 0.5882 * SQRT$[(17+\#1)*(17-\#1)]$。

(3) 确定毛坯,选择刀具

毛坯为直径 φ45 mm 的圆钢。刀具选择外圆车刀 T01。

(4) 数控车加工工艺过程

工步 1:毛坯安装,工件伸出 60 mm;T01 对刀并平端面。(手动加工)

工步 2:T01 粗车循环加工后精车加工,其中半个椭球部分按图 2-47(b)所示双点画线形轮廓和尺寸加工。调用宏指令精加工椭圆的子程序。(程序 O1004 控制加工)

工步 3:切断。(手动加工)

加工程序如下:

O1004	(工步 2 主程序)
N10 G50 X100 Z200;	(设定坐标系)
N20 T0100;	(选用 1 号刀)
N30 M03 S800;	(启动主轴)
N40 G00 X50 Z20;	(快速进给接近工件端面)
N50 G71 U3 R2;	(复合循环粗加工指令)
N60 G71 P70 Q140 U0.2 W0.2 F200;	
N70 G01 X0 Z18.46;	[图 2-47(b)中的 a 点]
N80 X12.93 Z15.02;	[图 2-47(b)中的 b 点]
N85 X19.71 Z7.37;	[图 2-47(b)中的 c 点]

```
N90 X24.11 Z0;                        [图 2-47(b)中的 d 点]
N100 X32;                             [图 2-47(a)中的 e 点]
N110 G03 X30 Z-4 R4;                  [图 2-47(a)中的 f 点]
N120 G01 Z-8;                         [图 2-47(a)中的 g 点]
N130 G02 X42 Z-27 R20;                [图 2-47(a)中的 h 点]
N140 G01 Z-41;                        [图 2-47(a)中的 j 点]
N150 T0101;                           (调用刀具精加工补偿)
N160 G70 P70 Q140 S1200 F80;          (精加工 N40~N140 程序段确定的轨迹)
N170 G65 P2004;                       (调用加工椭圆的子程序,该子程序号为 O2004)
N180 G00 X100 Z200 T0100;
N190 M30;
O2004                                 (工步 2 中精加工椭圆的子程序)
N10 G01 X3 Z17 F400;                  (插补快进接近椭圆顶点)
N20 X0 F100;                          (插补进刀到椭圆顶点)
N30 #1=17;                            (Z 坐标赋初始值 17,从椭圆顶点处开始加工)
N40 WHILE[#1 GE 0] DO1;               (当 Z 坐标大于或等于 0 时,执行 N50~N70 程序段刀位点
                                       走椭圆轨迹精车椭球,否则椭球精车完转到 N90 程序段)
N50 #2=0.5882*SQRT[(17+#1)*(17-#1)];
                                      (由自变量 Z 坐标计算 X 的坐标)
N60 G01 X[2*#2] Z[#1];                [直线插补加工到(2*#2,#1)点]
N70 #1=#1-0.08;                       (定义新的 Z 坐标,步长为 0.08 mm,再执行 N40 程序段循
                                       环)
N80 END1;                             (退出循环)
N90 G01 X28;                          (退刀)
N100 M99;                             (子程序结束)
```

思考与练习

一、选择填空

1. 混合编程的程序段是( )。
A. G0 X100 Z200 F300;   B. G01 X-10 Z-20 F30;
C. G02 U-10 W-5 R30;   D. G03 X5 W-10 R30 F500;

2. 属于直线插补的指令是( )。
A. G0   B. G1   C. G2   D. G3

3. 命令车床刀架进给运动的指令属于( )。
A. G 功能   B. T 功能   C. S 功能   D. F 功能

4. 半精车外圆时要留 0.6 mm 的磨削余量,对 C2 mm 的倒角应倒成( )mm。
A. C2   B. C2.3   C. C2.5   D. C3.5

5. 在编制数控加工程序以前,首先应该(   )。

A. 选择适合的机床

B. 计算好数控工序尺寸

C. 正确确定满足工序尺寸要求的加工轨迹及基点坐标

D. A、B、C 全对

6. 数控加工中,刀具刀位点相对于(   )运动的轨迹称为走刀路线,是编程的重要依据。

A. 机床　　　　　B. 夹具　　　　　C. 工件　　　　　D. 导轨

7. (   )主要用来加工工件的圆柱或圆锥外表面的车刀。

A. 外圆车刀　　　B. 三面车刀　　　C. 尖齿车刀　　　D. 平面车刀

8. 在编制数控加工程序前,应该根据图纸和(   )的要求,计算刀位点在工件轮廓运动轨迹的基点坐标值。

A. 机床　　　　　B. 夹具　　　　　C. 刀具　　　　　D. 走刀路线

9. 以下(   )不是选择精加工进给量的主要依据。

A. 工件加工精度　B. 工件粗糙度　　C. 机床刚性　　　D. 工件材料

10. 在数控车床加工过程中,零件长度为 50 mm,车刀宽度为 2 mm,如以车刀的左刀尖为刀位点,则编程时 Z 轴方向应定位在(   )处割断工件。

A. 50 mm　　　　B. 52 mm　　　　C. 48 mm　　　　D. 都可以

11. G72 P(ns) Q(nf) U(Δu) W(Δw) F(f) S(s) T(t) 中的 Δw 表示(   )。

A. Z 轴方向精加工余量　　　　　　B. 进刀量

C. 退刀量　　　　　　　　　　　　D. X 轴方向精加工余量

12. 数控车床使用"G04 U1.2;"暂停程序,其中 1.2 的单位是(   )。

A. min　　　　　B. s　　　　　　C. ms　　　　　D. μs

13. 使用 G32 指令车削 M20×2 的螺纹需要切削的次数是(   )次。

A. 4　　　　　　B. 5　　　　　　C. 6　　　　　　D. 7

14. (   )主要用来加工工件端面的车刀。

A. 切断车刀　　　B. 外圆车刀　　　C. 端面车刀　　　D. 内孔车刀

15. 粗加工复合循环指令中的精加工程序段必须正确确定精加工的(   )。

A. 刀具号　　　　B. 主轴转速　　　C. 切削加工轨迹　D. 进给速度

16. 程序如下:

G71 U(Δd) R(e);

G71 P(ns) Q(nf) U(Δu) W(Δw) F(f) S(s) T(t);

其中 Δu 和 Δd 分别代表(   )。

A. Δu 为粗加工循环的每次背吃刀量,Δd 为 X 轴方向精加工余量

B. Δd 为粗加工循环的每次背吃刀量,Δu 为 X 轴方向精加工余量

C. Δu 为粗加工循环总切削余量,Δd 为 X 轴方向精加工总余量

D. Δd 为粗加工循环的每次进给量,Δu 为 X 轴方向精加工余量

17. 使用 G72 指令进行孔复合循环加工,已知 X 轴方向精加工半径余量为 0.3 mm,Z 轴方向精加工余量为 0.1 mm,正确的指令格式是(　　)。

A. G72 P(ns) Q(nf) U(0.1) W(0.3);　　B. G72 P(ns) Q(nf) U(0.3) W(0.1);

C. G72 P(ns) Q(nf) U(−0.1) W(0.3);　D. G72 P(ns) Q(nf) U(−0.3) W(0.1);

18. 从当前点(X50,Z−10)直线插补到(X50,Z−40)点,正确的程序段指令是(　　)。

A. G00 Z−40;　　B. G01−40;　　C. G01 Z−40;　　D. G01 Z−40 F100;

19. 使用前置刀架刀具进行零件圆弧插补时,零件图纸上顺时针圆弧应采用(　　)指令。

A. G02　　　B. G03　　　C. G04　　　D. G01

20. 执行程序段 M03 S1000 M08 M05 时,机床的动作是(　　)。

A. 主轴正转,切削液开　　　　B. 主轴正转,切削液关

C. 主轴停止,切削液开　　　　D. 机床没动作

21. 子程序最后程序段的指令是(　　)。

A. G98　　　B. M98　　　C. G99　　　D. M99

22. 轴类零件适合高效粗加工的复合循环指令是(　　)。

A. G70　　　B. G71　　　C. G72　　　D. G73

23. 宏程序编程中定义的变量用符号(　　)。

A. X　　　B. Y　　　C. #　　　D. %

24. 刀具功能 T 后面跟的后两位数字是(　　)。

A. 刀具号　　　　　　　　B. 刀具刀杆长度

C. 刀具补偿地址号　　　　D. 刀具系列号

25. 精加工和粗加工比较,下面正确的叙述是(　　)。

A. 精加工切削速度大,进给速度小　　B. 粗加工背吃刀量大,切削速度小

C. 精加工刀尖比粗加工锋利　　　　D. A、B、C 全对

二、判断题(对的打"√",错的打"×")

1. 车削螺纹时,最后一刀的切削厚度一般要大于 1 mm。　　　　　　　　　　(　　)

2. 在"G76 X(U) Z(W) R(i) P(k) Q(Δd);"程序段中,i 表示锥螺纹始点与终点的半径差。　　　　　　　　　　　　　　　　　　　　　　　　　　　　　　　　(　　)

3. 锻造、铸造毛坯与零件轮廓相似时,其粗加工使用 G73 指令可简化编程。　(　　)

4. 在"G71 P(ns) Q(nf) U(Δu) W(Δw) S500;"程序段中,ns 表示精加工路径的第一个程序段号。　　　　　　　　　　　　　　　　　　　　　　　　　　　　　(　　)

5. 数控加工程序必须由程序号作为第一行。　　　　　　　　　　　　　　(　　)

6. 数控车削圆弧只要知道半径和圆弧终点坐标就可编程加工。　　　　　　(　　)

7. 复合循环加工必须给定精加工余量和精加工走刀轨迹。　　　　　　　　(　　)

8. G00 的进给速度由系统确定,速度很快。　　　　　　　　　　　　　　(　　)

9. 数控加工一般的走刀路线是:接近工件—插补切入工件—按设定的轮廓加工轨迹加

工—退刀离开工件。   （   ）

10. 为保证加工圆锥面的表面质量,可采用恒转速加工。   （   ）

11. 子程序可以调用其他子程序。   （   ）

12. 调用宏指令编写的子程序的指令是 M98。   （   ）

13. 宏编程中使用的括号必须统一使用方括号。   （   ）

14. 复合循环粗加工孔时,精加工的余量使用负值,表明刀位点的径向退刀方向是 X 坐标减小的方向。   （   ）

15. 宏编程中的条件转移语句"IF[条件表达式]GOTOn;",当满足条件表达式时,执行第 n 行的程序段指令。   （   ）

16. 数控编程中的工艺性指令指的是 F、S、T 指令。   （   ）

17. 同一程序段可以写两个或两个以上的辅助功能指令。   （   ）

18. 同一个程序段可以写多个 G 功能指令,只要这些 G 指令不是同一组的指令。
                                                                （   ）

19. 由于数控机床属于精密机床,故粗加工时为减小切削力,一般选择的背吃刀量较小。
                                                                （   ）

20. 宏编程条件循环语句"WHILE[条件表达式]DOm;… ENDm;",当不满足条件表达式时,执行 DOm … ENDm 之间的程序段指令。   （   ）

三、简答题

1. 图纸加工精度分析的主要内容有哪些?

2. 粗车循环指令 G71、G72、G73 适用的毛坯及工件类型是什么?

3. 精加工选择切削用量的原则是什么?

4. 简述加工程序的构成。

5. M00 和 M01 的应用区别是什么?

四、编程题

1. 如图 2-48 所示各零件,材料为 45 钢。一次安装,用基本编程指令编写加工右伸出端各段圆柱的精加工程序,编程坐标系原点在伸出端端面轴线处。

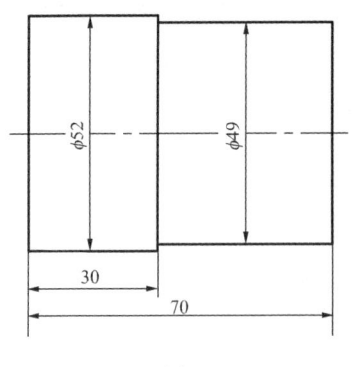

(a)

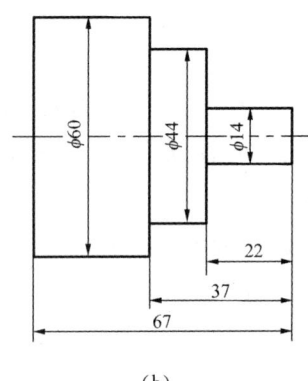

(b)

图 2-48　编程题 1 图

2. 如图 2-49 所示轴,编程坐标系如图所示,编制其精加工程序。

3. 如图 2-50 所示零件,其中 ϕ20 mm 孔已经钻好,编制精加工内孔的程序。

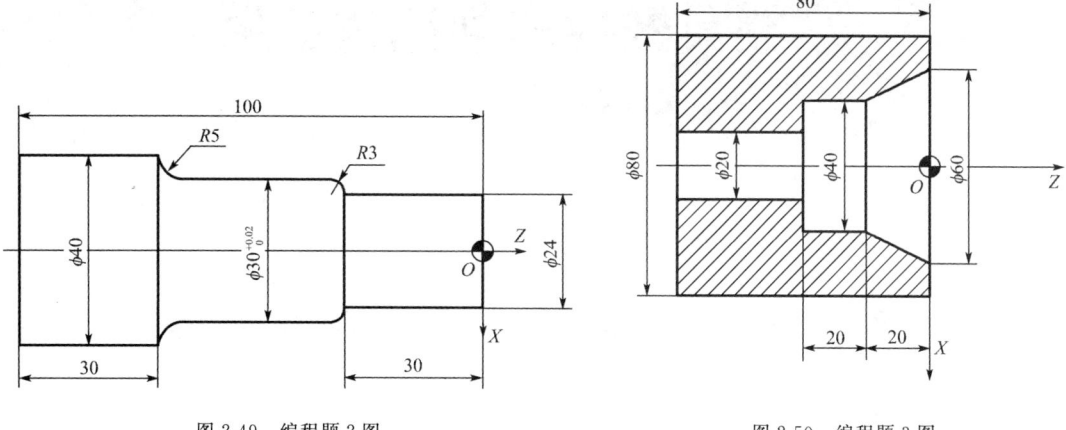

图 2-49 编程题 2 图

图 2-50 编程题 3 图

4. 应用循环指令完成图 2-51 所示各零件的数控车削加工工艺与编程。

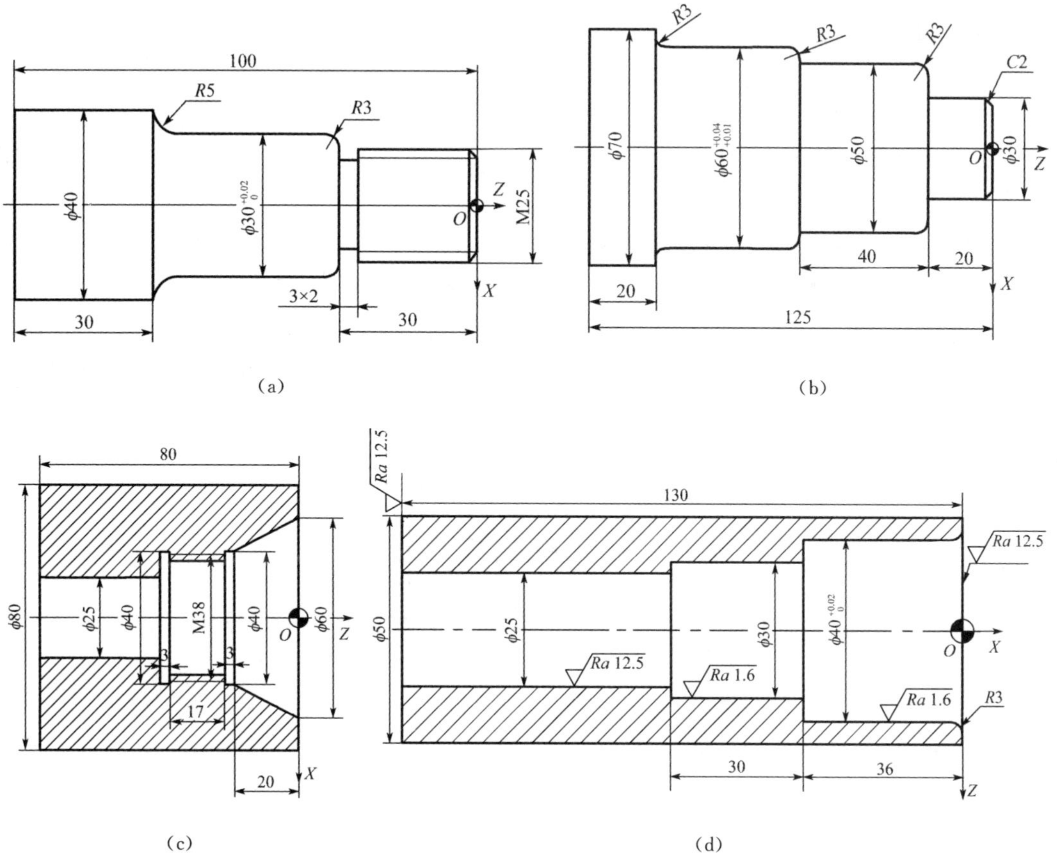

图 2-51 编程题 4 图

模块三 模具数控车削编程应用

单元一 数控车削复合循环编程

技能目标 >>>

熟练复合循环指令的应用。

核心知识 >>>

G71/G72/G73/G70 复合循环指令应用。

例 3-1

如图 3-1 所示零件，前道工序已经完成 φ60 mm×100 mm 外圆柱及 φ20 mm 内孔的加工。本道工序数控车的加工内容为镗内孔达到图纸要求。要求应用复合循环加工指令进行粗车加工，再应用 G70 指令完成精加工。设定径向精加工余量为 0.3 mm，轴向精加工余量为 0.2 mm，采用一把镗孔刀 T01 完成粗、精镗孔，编程坐标系如图 3-1 所示，编制加工程序。

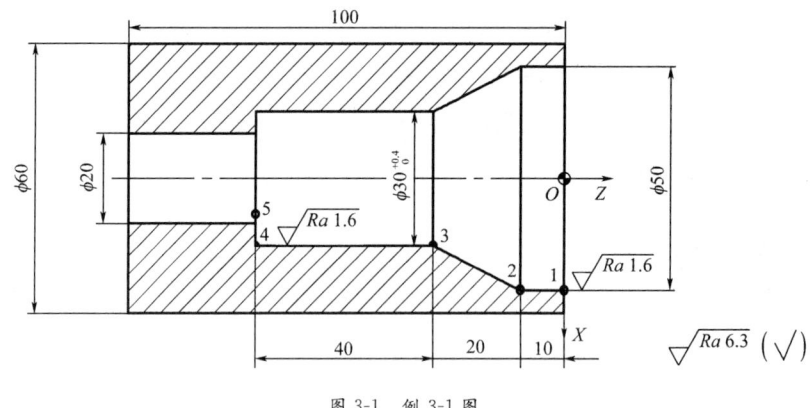

图 3-1 例 3-1 图

编程准备：由于是在 φ20 mm 内孔基础上扩孔车削达到图纸要求，所以在车床上夹外圆一次安装完成。由于加工孔的径向尺寸小于轴向尺寸，采用 G71 径向进给粗加工循环指令编程，粗、精加工选用一把刀具。设粗加工循环起点为(X18,Z2)，精加工循环起点为(X48,Z2)。注意：在指令中径向的精加工余量前带有负号，表示是孔的循环加工。带公差的尺寸取其最大极限尺寸和最小极限尺寸的平均值，如图 3-1 中的 $φ32^{+0.4}_{\ 0}$ mm，其中间值为 φ32.2 mm。

加工程序：

```
O0101
N10 G50 X100 Z200 T0100;              （建立工件坐标系）
N20 G00 X18 Z2 M03 S800;              （主轴转，刀位点快速到粗加工循环起点）
N30 G71 U3 R1;
N40 G71 P50 Q80 U-0.3 W0.2 F200;      （粗加工循环指令）
N50 G01 X50 Z0;                       ［精加工轨迹第 1 加工基点(X50,Z0)］
N55 Z-10;                             ［精加工轨迹第 2 加工基点(X50,Z-10)］
N60 X30.2 Z-30;                       ［精加工轨迹第 3 加工基点(X30.2,Z-30)］
N70 Z-70;                             ［精加工轨迹第 4 加工基点(X30.2,Z-70)］
N80 X19;                              ［精加工轨迹第 5 加工基点(X20,Z-70)，并离开该基
                                        点加工到 X19 处］
N90 G00 X48 Z2;                       （从粗加工循环起点快速位移到精加工循环起点）
N100 G70 P50 Q80 S1200 F100;          （精加工轨迹加工循环）
N110 G00 X100 Z200;                   ［从精加工循环起点快速移动到点(X100,Z200)］
N120 M30;                             （程序结束）
```

例 3-2

如图 3-2 所示零件，毛坯为 φ35 mm 圆钢。完成图中长度 52 mm 尺寸段对应各回转面的车削。

编程准备：在数控车床上夹毛坯外圆，伸出 70 mm。轴类零件采用 G71 循环指令编程加工外圆，最后再使用切断刀切断工件。循环粗加工为精加工留出的余量径向为 0.3 mm，轴向为 0.2 mm。

加工步骤：平端面—粗、精车外圆—切断。

使用刀具：外圆刀 T01 平端面和粗、精车外圆，切断刀 T02 切断，切断刀的刀位点为右刀尖。

编程坐标系：如图 3-2 所示，编制加工程序。设置粗加工外圆复合循环起点为(X38,Z2)，精加工循环起点为(X2,Z2)。

加工程序：

```
O0122
N10 G50 X100 Z200 T0100;              （建立工件坐标系）
N20 G00 X38 Z2 M03 S800;              （移动到粗加工循环起点）
N30 G71 U3 R2;
N40 G71 P50 Q100 U0.3 W0.2 F200;      （粗加工循环指令）
```

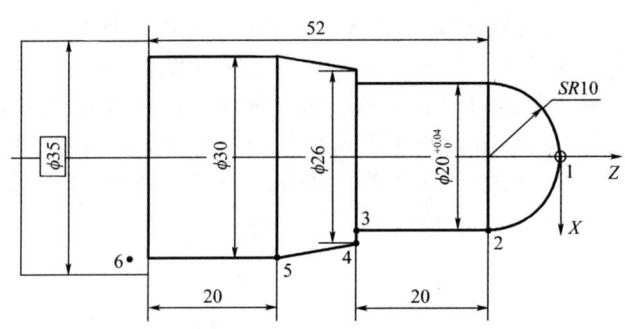

图 3-2 例 3-2 图

```
N50  G01 X0 Z0；                    （精加工基点 1）
N60  G03 X20.02 Z－10 R10.01；      （精加工基点 2）
N70  G01 Z－20.01；                 （精加工基点 3）
N80  X26；                          （精加工基点 4）
N90  X30 Z－32；                    （精加工基点 5）
N100 Z－58；                        （精加工基点 6）
N110 G00 X2 Z2；                    （精加工循环起点）
N120 G70 P50 Q100 S1400 F100；      （精加工循环指令）
N130 G00 X100 Z200 T02；            （返回到换刀点并调用切断刀）
N140 G00 X38 Z－52；                （快速移动到切断循环起点）
N150 G75 R2 X0 Z52 P3000 Q1000 F40； ［切槽切断循环指令：每次径向切深 3 000 μm，回退
                                     2 mm，轴向加宽移动 1 000 μm，最后切断时刀位点
                                     坐标为(X38,A－52)］
N160 G00 X100 Z200；                （返回到换刀点）
N170 M30；                          （程序结束）
```

单元（二） 冲模连接杆数控车削工艺编程

技能目标 >>>

具备中等复杂车削零件的工艺设计能力，能综合应用单一固定循环指令 G90、G94 和复合固定循环指令 G71、G72、G73、G70 及螺纹车削复合循环指令 G76 编制典型零件外表面加工程序。

工作任务 >>>

加工图 3-3 所示的冲模连接杆零件，材料为 45 钢，毛坯尺寸为 φ55 mm×120 mm，编制该零件的加工工艺及程序。

模块三　模具数控车削编程应用

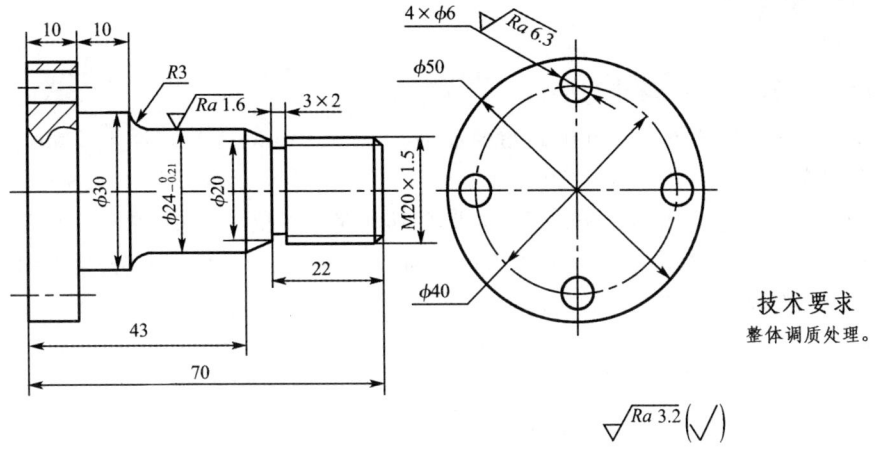

图 3-3　冲模连接杆零件图

一、工艺准备

1. 分析图纸

该零件的主体结构主要由外圆柱面、外螺纹面构成,大端为法兰,法兰上均布 4 个 $\phi6$ mm 通孔,同时有锥面、圆环面、退刀槽等工艺结构。通过加工精度分析可知,只有中间圆柱($\phi24$ mm)有公差要求,并且表面粗糙度要求最高,为 Ra 1.6 μm。

2. 确定零件机械加工路线

零件上 4 个 $\phi6$ mm 孔不便于在数控车床上加工,其他结构可以在数控车床上加工完成。所以本零件的加工工艺路线为调质—数控车—钻床钻孔。

数控车加工过程为直接用 G71 粗加工循环指令加工各外圆柱面,保留一定的精加工余量,用 G70 指令精加工各外圆柱面至尺寸,然后用外切槽刀加工 3 mm 退刀槽,再用 60°外螺纹车刀加工 M20×1.5 螺纹,最后用 4 mm 切断刀切断。

3. 控制公差

对于 $\phi24$ mm 的圆柱段,由于有公差要求,故要注意编程时的精加工尺寸取其最大和最小极限尺寸的平均值 $(24+23.979)/2=23.989\,5$ mm,取 23.989 mm。

4. 选择工艺装备

车床选择前置刀架的 CK6140 机床,采用 FANUC 0i-T 数控系统。根据零件的形状选择四把刀具:90°外圆车刀、3 mm 外切槽刀、4 mm 切断刀和 60°外螺纹车刀。量具选择规格为 0~100 mm 的游标卡尺。

5. 确定加工顺序

该零件的毛坯直径为 55 mm,用三爪卡盘一次装夹完成全部加工内容,工件伸出端长度为 80 mm(要考虑切断长度)。具体加工过程:

(1)循环粗加工外轮廓,径向留 0.2 mm 精加工余量,轴向留 0.1 mm 精加工余量。

(2)精加工外圆至尺寸。

(3)切 3 mm 宽的退刀槽至 $\phi16$ mm。

(4)加工螺纹 M20×1.5。

(5)切断。

6. 编制数控车加工工艺卡

粗加工选择转速为 600 r/min,进给速度为 160 mm/min,背吃刀量为 2 mm;精加工选择转速为 800 r/min,进给速度为 80 mm/min,背吃刀量为 0.2 mm;采用 400 r/min 转速来车螺纹,进给速度依据导程 1.5 mm 而定,背吃刀量随进刀依次减小;由于切槽和切断的切削力较大,故选择转速为 200 r/min,进给速度为 30 mm/min,其中切断分多次完成。

该零件的数控车加工工艺卡见表 3-1。

表 3-1　　　　　　　　　数控车加工工艺卡

××××	数控车加工工艺卡		零件名称		零件材料		零件图号	
			冲模连接杆		45 钢		201A	
日　　期	程序编号	夹具名称	使用设备				编　　制	
	O1236	三爪卡盘	CK6140					
加工步骤	加工内容	刀具号	刀具规格	主轴转速/(r·min^{-1})	进给速度/(mm·min^{-1})	背吃刀量/mm	控制方式	
1	粗车外圆	T0101	90°外圆车刀	600	160	2	O1236	
2	精车外圆	T0101	90°外圆车刀	800	80	0.2	O1236	
3	切槽 3 mm×2 mm	T0202	外切槽刀	200	20	1 次	O1236	
4	车螺纹 M20×1.5 mm	T0303	60°外螺纹车刀	400	1.5	随进刀依次减小	O1236	
5	切断	T0404	外切槽刀	200	20	分多次	O1236	

注:加工步骤 4 中车螺纹的进给速度必须等于螺纹的导程。

二、编程准备

基准刀为 1 号刀,起始位置在 A(100,100) 处,编程坐标原点设置在工件的小端面中心处。查手册知 M20×1.5 螺纹的小径为 18.052 mm,牙型高度为 0.974 mm。

三、加工程序

O1236

N10 G50 X100 Z100;　　　　　　　　　　(设定坐标系)

N20 M03 S600;　　　　　　　　　　　　(启动主轴)

N30 T0100;　　　　　　　　　　　　　　(选用 1 号刀)

N40 G00 X56 Z2;　　　　　　　　　　　(进刀至粗车循环起始点)

N50 G71 U2 R1;　　　　　　　　　　　 (粗车循环设置,每刀进 2 mm,退 1 mm)

N60 G71 P70 Q150 U0.2 W0.1 F160;　　 (精加工余量 $\Delta u=0.2$ mm,$\Delta w=0.1$ mm)

N70 G01 X16;　　　　　　　　　　　　 (精加工开始进刀)

N80 X20 Z−2;　　　　　　　　　　　　(倒角)

N90 Z−22;　　　　　　　　　　　　　 (加工螺纹外圆柱 ϕ20 mm)

N100 X24 Z−27;　　　　　　　　　　　(加工锥面)

N110 Z−47;　　　　　　　　　　　　　(加工外圆柱 ϕ24 mm)

N120 G02 X30 Z−50 R3;　　　　　　　 (车削至圆弧顶点)

N130 G01 Z−60;	（加工外圆柱 φ30 mm）
N140 X50;	（退刀）
N150 Z−78;	（加工外圆柱 φ50 mm）
N160 G70 P70 Q150 F80;	（精车循环）
N170 G00 X100 Z100 M05;	（退刀返回，停主轴）
N180 T0202;	（换 2 号刀）
N190 M03 S200;	（启动主轴）
N200 G00 X24 Z−22;	（进刀至切槽起点）
N210 G01 X16 F30;	（切槽）
N220 X24;	（退刀）
N230 G00 X100 Z100 T0200 M05;	（退刀返回，停主轴）
N240 T0303;	（换 3 号刀）
N250 M03 S400;	（启动主轴）
N260 G00 X22 Z2;	（快速定位至螺纹加工循环起点，螺纹加工的引入距离为 8 mm）
N270 G76 P030060 Q0.1 R0.2;	（螺纹加工循环，$m=3, r=0, \alpha=60°, \Delta d_{min}=0.1$ mm, $d=0.2$ mm）
N280 G76 X18.052 Z−21 P0.974 Q400 F1.5;	（$k=0.974$ mm, $\Delta d=400$ μm, $l=1.5$ mm）
N290 G00 X100 Z100 T0300 M05;	（返回，停主轴）
N300 T0404;	（换回 4 号刀）
N310 M03 S200;	（启动主轴）
N320 G00 X55 Z−74;	（左刀尖为刀位点，进刀至切断起点）
N330 G01 X40 F20;	（切第一刀）
N340 X52;	（退刀）
N350 Z−76;	（向左移动 2 mm）
N360 X20;	（切第二刀）
N370 X52;	（退刀）
N380 Z−74;	（向右移动 2 mm）
N390 X10;	（切第三刀）
N400 X52;	（退刀）
N410 Z−76;	（向右移动 2 mm）
N420 X0;	（切断）
N430 X52;	
N440 G00 X100 Z100 T0400 M05;	（返回，停主轴）
N450 M30;	（程序结束并返回程序头）

单元 三 模具定位套数控车削工艺编程

技能目标 >>>

掌握用复合循环指令加工内、外表面时径向精加工余量的赋值方法，提高数控车加工内、外表面的工艺编程能力。

工作任务 >>>

如图 3-4 所示为某模具上的定位套零件,对该零件进行工艺设计并编制加工程序。零件毛坯尺寸为 $\phi100$ mm×52 mm,材料为 45 钢。

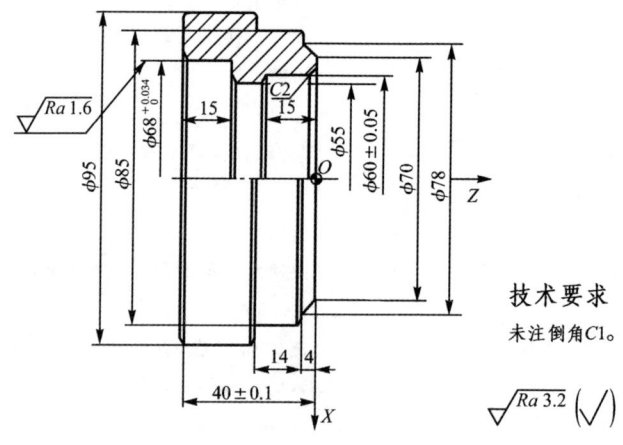

图 3-4 定位套零件图

一、工艺准备

1. 分析加工工艺过程

由图 3-4 可以看出,该零件主要由内圆柱面、平面、锥面及圆弧面组成,外表面用 G72 指令循环加工。内表面先通过钻、扩加工出 $\phi30$ mm 预备孔,然后各台阶孔用 G72 指令进行粗加工,最后用 G70 指令精加工至尺寸。零件有几处尺寸带有偏差,表面粗糙度最高为 $Ra\ 1.6\ \mu m$。

2. 选择工艺装备

车床选择 CK6140 机床,采用 FANUC 0i-T 数控系统。根据零件内孔形状选择 93°右手外圆偏刀、A3 中心钻、$\phi30$ mm 麻花钻、内孔镗刀。量具选择规格为 0~100 mm 的游标卡尺。

3. 确定加工顺序

(1)第一次安装

①夹一端,工件伸出 30 mm,平端面,钻中心孔。

②顶尖顶中心孔,粗、精车小端外圆柱面至图纸要求。

③顶尖换钻头,钻 $\phi30$ mm 孔。

④粗、精镗 $\phi55$ mm、$\phi60$ mm 内孔至图纸要求。

(2)第二次安装

①粗、精车另一端面并车 $\phi95$ mm 外圆至图纸要求。

②粗、精镗 $\phi68$ mm 内孔至图纸要求。

4. 编制数控车加工工艺卡

钻孔选择转速为 300 r/min；粗加工选择转速为 600 r/min，进给速度为 60 mm/min，最大背吃刀量为 2 mm；精加工选择转速为 800 r/min，进给速度为 30 mm/min，背吃刀量为 0.2 mm。

该零件的数控车加工工序卡见表 3-2。

表 3-2　　　　　　　　　　　　数控车加工工序卡

×××	数控车加工工艺卡	零件名称		零件材料		零件图号	
		定位套		45 钢		100	
日　期		夹具名称		使用设备		编　制	
		三爪卡盘		CK6140			
工序号	加工内容	刀具号	刀具规格	主轴转速/(r·min^{-1})	进给速度/(mm·min^{-1})	背吃刀量/mm	控制方式
1	第一次安装，对刀						手动
2	车端面，钻中心孔，顶尖顶中心孔	T0101	93°右手外圆偏刀，A3 中心钻				手动
3	粗车小端外表面	T0101	93°右手外圆偏刀	600	160	2	O0920
4	精车小端外表面	T0101	93°右手外圆偏刀	800	80	0.2	O0920
5	钻 φ30 mm 孔		φ30 mm 麻花钻	300			手动
6	粗镗内表面	T0202	粗镗刀	600	180	1.2	O0920
7	精镗内表面	T0202	精镗刀	800	100	0.2	O0920
8	调头第二次安装，对刀						手动
9	车端面，控制零件总长为 40mm，倒角	T0101	93°右手外圆偏刀	120(恒线速度)	80	2	O0930
10	粗车 φ95 mm 外圆至图纸要求	T0101	93°右手外圆偏刀	600	160	2	O0930
11	精车 φ95 mm 外圆至图纸要求	T0101	93°右手外圆偏刀	800	80	0.2	O0930
12	粗镗内表面	T0202	粗镗刀	600	180	1.2	O0930
13	精镗内表面	T0202	精镗刀	800	100	0.2	O0930

二、编程准备

(1) 第一次安装的编程坐标系如图 3-4 所示，第二次安装的编程坐标系为图 3-4 中大端面的圆心处。各基点坐标可以根据图上标注的尺寸直接确定。带公差的编程尺寸取其最大、最小极限尺寸的平均值。

(2) 粗镗内表面加工的循环起点 (28,3)，粗车外表面循环起点 (100,2)。粗车外表面最大背吃刀量为 2 mm，粗车内表面的最大背吃刀量为 1.2 mm，退刀量为 1 mm，X 轴方向的精加工余量为 0.2 mm，Z 轴方向的精加工余量为 0.2 mm。

三、尺寸公差保证方法

在实际加工中,许多零件的尺寸都带有上、下极限偏差,那么加工中如何保证其公差要求呢?编程中可取编程尺寸为最大、最小极限尺寸的平均值。如果标注为带偏差的尺寸,例如 $\phi 30_{\ 0}^{+0.020}$ mm,其编程尺寸为 $X=30.01$。

四、加工程序

1. 第一次安装的加工程序

O0920
N10 G50 X110 Z200;   (调用工件坐标系 G50)
N20 M03 S600 T0101;   (选外圆车刀)
N30 G00 X100 Z2;   (粗车外圆循环起点)
N40 G72 W2 R1;   (定位到粗车外圆循环)
N50 G72 P60 Q130 U0.2 W0.2 F160;
N60 G01 X70;   (到达加工起点)
N70 X78 Z−4;   (精车锥面)
N80 X83;   (径向车端面)
N90 X85 Z−5;   (倒角 C1 mm)
N100 Z−18;   (精车 $\phi 85$ mm)
N110 X93;   (径向车端面)
N120 X95 Z−19;   (倒角 C1 mm)
N130 X100;   (径向车端面并退刀)
N140 M03 S800 M08;   (主轴正转,开冷却液)
N150 G70 P60 Q130 F80;   (精车外圆)
N160 G00 X100 Z200 T0100 M09;   (取消刀具补偿,关冷却液)
N170 M05;   (主轴停转)
N180 M00;   (暂停程序运行,手动钻中心孔和 $\phi 30$ mm 孔)
N190 T0202;   (选镗孔刀)
N200 M03 S600;   (主轴正转)
N210 G00 X28 Z3;   (定位到粗镗内孔循环起点)
N220 G72 W1.2 R1;   (粗镗内孔循环)
N230 G72 P260 Q310 U−0.2 W0.2 F100; (孔加工 X 轴方向精加工余量为 −0.2 mm)
N240 G01 X64 Z0;   (到精镗内孔起点)
N250 X60 Z−2;   (倒角 C2 mm)
N260 Z−15;   (精镗 $\phi 60$ mm)
N270 X57;   (径向车端面)
N280 X55 Z−16;   (倒角 C1 mm)
N290 Z−26;   (精镗 $\phi 55$ mm)
N300 G00 X48 Z3 M08;   (定位到精镗内孔循环起点,开冷却液)
N310 G70 P260 Q310 F80 S800;   (精镗内孔循环加工)
N320 G00 X110 Z200 T0200 M09;   (回换刀点,关冷却液,取消 2 号刀刀具补偿)
N330 M30;   (程序结束)

2. 第二次安装的加工

已知第一次安装加工后测量的轴向尺寸为 46.8 mm，采用 G72 指令循环车端面到 40 mm，端面要切除 Z 轴方向总的余量为 6.8 mm。

O0930	
N10 G50 X200 Z200；	（调用第二次对刀建立的工件坐标系 G50）
N20 M03 S400 T0101；	（选 1 号刀）
N30 G50 S3000；	（限定主轴最大转速）
N40 G96 S120；	（设定恒线速度）
N50 G00 X100 Z7；	（定位到外循环起点）
N60 G73 W6.8 R3；	（G73 三次进给的粗车循环）
N70 G73 P80 Q90 W0.2 F180；	（端面精加工余量 $\Delta w=0.2$ mm）
N80 G01 X100 Z0；	（接触工件外毛坯面）
N90 X0；	（由外向里精车端面）
N100 G70 P80 Q90 F60；	（精加工端面）
N110 G97 G00 X104 Z0；	（取消恒线速度，移动到外圆粗加工循环起点）
N120 G71 U2 R1；	（粗车循环）
N130 G71 P140 Q160 U0.2 W0.2 F160 S800；	
N140 G01 X93；	（插补到加工倒角的起点）
N150 X95 Z-1；	（从内向外倒角 C1 mm）
N160 Z-22；	（精车 $\phi 95$ mm 外圆柱）
N170 G70 P140 Q160 F80 S1600；	
N180 G00 X200 Z200 T0100；	（返回换刀点，取消 1 号刀刀具补偿）
N190 G00 X28 Z3 S600 T0202；	（换 2 号刀到孔加工循环起点）
N200 G72 W1.2 R1；	（粗镗内孔循环）
N210 G72 P220 Q270 U-0.2 W0.2 F180；	（内孔循环 $\Delta u=-0.2$ mm）
N220 G01 X70 Z0；	（接触加工起点）
N230 X68.017 Z-1；	（加工倒角 C1 mm）
N240 Z-15；	（精镗 $\phi 68$ mm 孔）
N250 X57；	（径向精车端面）
N260 X55 Z-16；	（加工倒角 C1 mm）
N270 G00 X48 Z3；	（定位到精加工循环起点）
N280 M03 S800 M08；	（主轴正转，切削液开）
N290 G70 P220 Q270 F60；	（精镗内孔循环）
N300 G00 X200 Z200 M09；	（回换刀点，关闭切削液）
N310 M30；	（程序结束）

单元（四）正弦曲面数控车削工艺编程

技能目标 >>>

综合应用变量、循环语句实现宏程序的工艺编程，具备数控车高级工的编程应用能力。

> 工作任务 >>>

如图 3-5 所示带有正弦曲面的零件,零件材料为 45 钢,毛坯尺寸为 $\phi65$ mm×100 mm,编写该零件的加工程序。

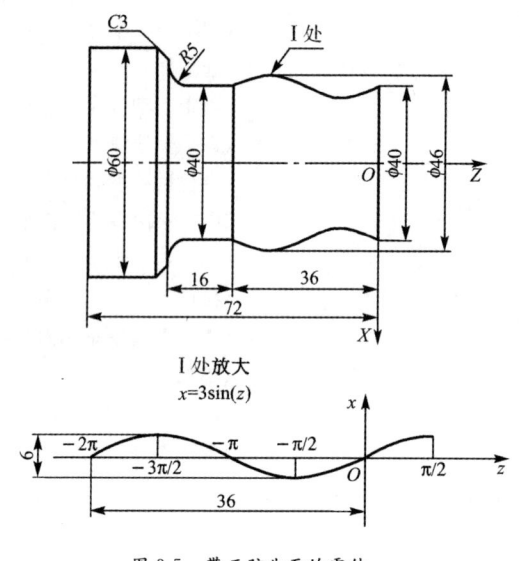

图 3-5 带正弦曲面的零件

一、工艺准备

1. 分析加工工艺过程

由图 3-5 可以看出,该零件主要由正弦曲线旋转得到的旋转面组成,其余为圆柱面和圆弧面。该零件的加工精度和表面质量要求不高,也没有热处理要求,所以整个零件可以在数控车工序中加工完成。正弦曲面的加工和椭圆的加工类似,需要建立曲线方程后应用宏指令编程加工,只是需要精确地计算出频率和振幅。图 3-5 中给出的周期为 36,所以其频率为 $\pi/18$,在图示编程坐标系下的正弦曲线方程为 $x=20+3\sin(\pi z/18)$。

2. 选择工艺装备

车床选择 CK6140 机床,采用 FANUC 0i-T 数控系统。根据零件的形状,选择 93°外圆车刀(T01)加工端面,45°尖刀(T02)加工回转面。量具选择规格为 0～100 mm 的游标卡尺。

3. 确定加工顺序

第一次安装:如图 3-6(a)所示,夹 $\phi65$ mm 毛坯外圆柱面,选用 T01 外圆车刀。

(1)车端面。

(2)车 $\phi60$ mm 圆柱,长度 20 mm。

第二次安装:如图 3-6(b)所示,夹已加工完的 $\phi60$ mm 圆柱面,选用 T01 外圆车刀、T02 尖刀。

(1)平端面,保证长度尺寸 72 mm,使用 T01 外圆车刀。

(2)车外轮廓,获得图 3-6(b)所示的形状和尺寸,使用 T01 外圆车刀。

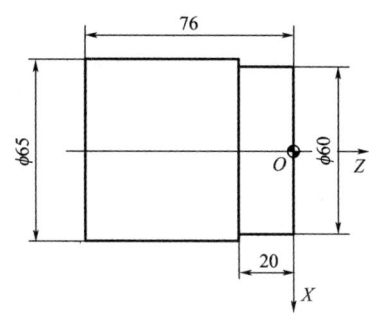 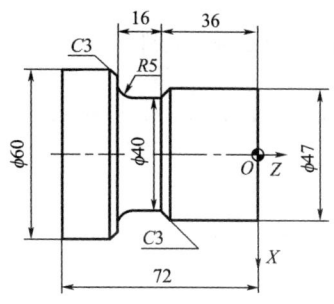

(a) 第一次安装   (b) 第二次安装

图 3-6 正弦曲面加工前工件加工过程的图样

(3) 宏指令程序加工正弦曲面,使用 T02 尖刀,结果如图 3-5 所示。

4. 编制数控车加工工艺卡

粗加工选择转速为 600 r/min,进给速度为 160 mm/min,背吃刀量为 2 mm;精加工选择转速为 1 000 r/min,进给速度为 80 mm/min。

该零件的数控车加工工序卡见表 3-3。

表 3-3　　　　　　　　　　　数控车加工工序卡

×××	数控加工工序卡片		零件名称		零件材料		零件图号	
					45 钢		101	
日期	程序编号	夹具名称	使用设备				编　制	
	O1238	三爪卡盘	CK6140					
工步号	加工内容	刀具号	刀具规格	主轴转速/ (r·min⁻¹)	进给速度/ (mm·min⁻¹)	背吃刀量/ mm	控制方式	
1	第一次安装						手动	
2	平端面	T01	93°外圆车刀	800	100	1~2	O1001	
3	车外轮廓	T01	93°外圆车刀	1 000	100	0.2~2	O1001	
4	第二次安装						手动	
	平端面	T01	93°外圆车刀	600	100	2	O1238	
	车外圆	T02	45°尖刀	800/1 500	130/80	0.2~2	O1238	
	车正弦曲面	T02	45°尖刀	800	80		O1238	

 **二、编程准备**

1. 编程坐标系

第一次安装编程坐标系如图 3-6(a)所示。
第二次安装编程坐标系如图 3-6(b)所示。

2. 基点坐标

计算精加工走刀轨迹的基点坐标。

三、加工程序编制

第一次安装,加工图 3-6(a)所示的工件。

O1001

N10 G50 X100 Z150;　　　　　　　　　（调用所建立的工件坐标系 G50）

N20 M03 S600 T0100;　　　　　　　　　（主轴启动,选择 1 号刀）

N30 G00 X68 Z0;　　　　　　　　　　　（快速接近工件）

N40 G01 X0 F100;　　　　　　　　　　（插补切入工件）

N50 X60;　　　　　　　　　　　　　　（进刀准备车削 ϕ60 mm 圆柱）

N60 Z−20　　　　　　　　　　　　　　（车削 ϕ60 mm 圆柱）

N70 X70;　　　　　　　　　　　　　　（径向车端面）

N80 G00 X100 Z150;　　　　　　　　　（退出返回）

M30;　　　　　　　　　　　　　　　　（程序结束）

第二次安装,首先加工出如图 3-6(b)所示的工件,再加工出如图 3-5 所示的正弦曲面。

O1238

N10 G50 X100 Z200;　　　　　　　　　（调用第二次对刀所建立的工件坐标系 G50）

N20 M03 S600 T0100;　　　　　　　　　（启动主轴,选用 1 号刀）

N30 G00 X67 Z0;　　　　　　　　　　　（进刀至平端面起点）

N40 G01 X0 F100;　　　　　　　　　　（径向进给平端面,保证 72 mm 总长度）

N50 X67;　　　　　　　　　　　　　　（径向直线插补返回）

N60 G71 U2 R1;　　　　　　　　　　　（粗车循环）

N70 G71 P75 Q140 U0.2 W0.2 F130 S800;（精加工余量 $X=0.2$ mm,$Z=0.2$ mm）

N75 G01 X47;　　　　　　　　　　　　（插补切入工件）

N80 Z−33;　　　　　　　　　　　　　（精车 ϕ47 mm 圆柱）

N90 X41 Z−36;　　　　　　　　　　　（倒角 C3 mm）

N100 X40;　　　　　　　　　　　　　（径向车到 ϕ40 mm 尺寸）

N110 Z−47;　　　　　　　　　　　　（精车 ϕ40 mm 圆柱）

N120 G02 X45 Z−52 R5;　　　　　　　（精车 R5 mm 圆弧）

N130 X54;　　　　　　　　　　　　　（径向车端面）

N140 X60 Z−55;　　　　　　　　　　（倒角 C3 mm）

N150 G70 P75 Q140 S1500 F80;　　　　（精加工循环）

N160 G00 X100 Z200 T0202;　　　　　（换 2 号刀,建立刀具补偿）

N170 G00 X48 Z0;　　　　　　　　　　（2 号刀移动到加工正弦曲面的起点）

N180 G65 P1200;　　　　　　　　　　（调用宏程序子程序）

N190 G00 X100 Z200 T0200;　　　　　（返回,取消刀具补偿）

N200 M30;

O1200　　　　　　　　　　　　　　　｛加工正弦曲面的子程序,函数 $X=20+3\sin(\pi Z/18)$ 写成宏变量函数为 #3=20+3*SIN[#1*PI/18],#2=#1*PI/18 #3=20+3*SIN[#2]｝

N10 G01 X40 M03 S800 F30;　　　　　（进刀）

N20 #1=0;	(赋值 Z 坐标初值为 0)
N30 WHILE [#1 LE －36] DO1;	(循环指令,Z 坐标≤－36 时,执行 DO1 到 END1 之间的程序段)
N40 #2=#1*PI/18;	(计算中间变量#2=#1*PI/18,PI=3.14)
N50 #3=20+3*SIN[#2];	(计算 X 坐标#3)
N60 G01 X[40+2*#3] Z[#1];	[直线插补到(X#3,Z#1)点]
N70 #1=#1－0.1;	(让 Z 坐标向负方向减小一个设定的步长为 0.1 mm,返回到 N30 程序段判定新的 Z 坐标,进行循环)
N80 END1;	(直到#1代表的 Z 坐标≤－36 mm 时,刀位点按直线插补逼近法所走的正弦曲线轨迹完成,曲面加工完毕)
N90 G01 X50;	(退离工件)
N100 M99;	(子程序结束)

单元(五) 数控车床基本操作

技能目标 >>>

会使用数控车床的操作面板。

工作任务 >>>

操作 FANUC 系统数控车床的面板。

一、熟悉数控车床的操作面板

FANUC 系统数控车床的操作面板由四个区域组成:显示区、功能键选择区、MDI 面板、控制面板,如图 3-7 所示。

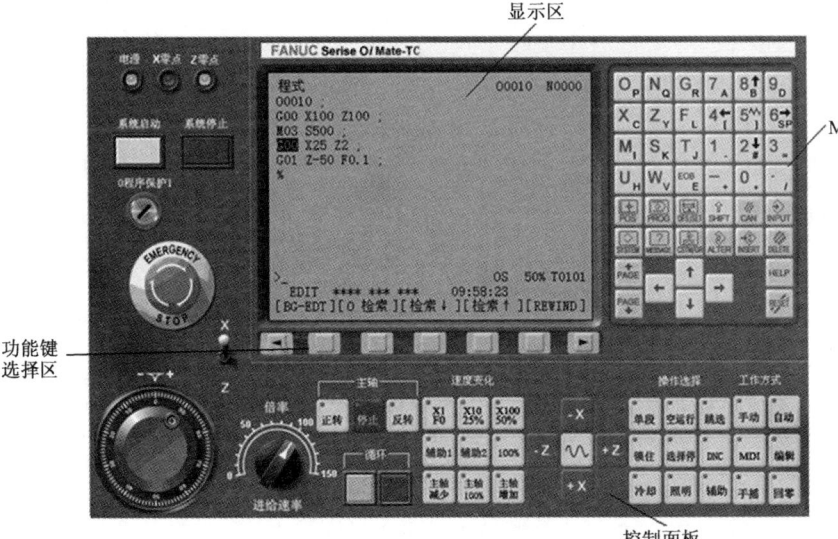

图 3-7 数控车床的操作面板

1. 显示区

显示区的屏幕是人机交互的界面，其主要功能是显示和编辑加工程序、显示当前加工方式、系统运行状态、运动位置及当前时间。另外屏幕可以显示：当前加工程序名、当前或将要加工的程序段；机床坐标、剩余进给量；机床坐标系、工件坐标系、相对坐标系之间切换；工件坐标系代码及工件坐标系零点在机床坐标系下的坐标；显示自动运行中的 M 代码（辅助功能）和 T 代码（刀具号和刀补号）。

2. 功能键选择区

如图 3-8 所示，功能键选择区位于显示区的下方，包含七个功能键，除了左、右两个箭头键外，其他键上没有任何标识，各键的功能都被显示在显示屏的对应位置，并可通过箭头键显示不同的功能，所以这部分键被称为软键。

图 3-8 功能键选择区

3. MDI 面板

如图 3-9 所示，MDI 面板上的功能键用于显示屏幕（功能）的类型。各功能键说明见表 3-4。

图 3-9 MDI 面板

表 3-4　　　　　　　　　　　　MDI 面板功能键说明

名　称	说　明
复位键 RESET	按此键可使数控车床复位，光标移至程序头，用以消除报警等
帮助键 HELP	按此键用来显示如何操作数控车床（帮助功能）
字母、数字和符号键	按这些键可输入字母、数字以及其他字符
换挡键 SHIFT	在有些键上有两个字符，按此键可以选择字符。当屏幕上显示特殊字符"~"时，表示可以输入键面右下角的字符
输入键 INPUT	当按下地址键或数字键后，数据被输入到缓冲器，并在 CRT 屏幕上显示出来。按此键可以把输入到缓冲器中的数据拷贝到寄存器中
取消键 CAN	按此键可删除已输入缓冲器的最后一个字符或符号。例如，当显示输入缓冲器中的数据为">N0050 X100 Z"时，按此键，则字符"Z"被取消，即显示">N0050 X100"

续表

名　称	说　明
编辑键 ALTER INSERT DELETE	ALTER:替换 INSERT:插入 DELETE:删除
功能键 POS PROG OFS/SET SYSTEM MESSAGE CSTM/GR	用于切换各种功能显示画面 POS:显示坐标及坐标系 PROG:显示系统内存在加工程序文件名 OFS/SET:显示偏置/设置 SYSTEM:显示系统信息 MESSAGE:显示可查询的信息 CSTM/GR:显示用户宏程序和图形
光标移动键 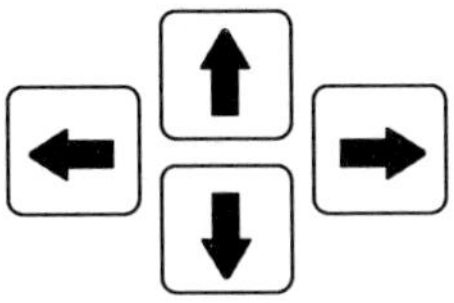	 →:用于将光标朝右或前进方向移动,按小单位移动  ←:用于将光标朝左或倒退方向移动,按小单位移动  ↓:用于将光标朝下或前进方向移动,按大单位移动  ↑:用于将光标朝上或倒退方向移动,按大单位移动
翻页键   ↑PAGE ↓PAGE	 ↑PAGE:用于在屏幕上向前翻一页  ↓PAGE:用于在屏幕上向后翻一页

4. 控制面板

数控车床的类型和数控系统的种类很多,各生产厂家设计的控制面板也不尽相同,但控制面板上各种旋钮、按钮和键盘上键的基本功能与使用方法基本相同,如图 3-10 所示。

除了急停按钮外,其余按钮上都有指示灯。按下某按钮,其功能有效时指示灯亮。控制面板上的按钮主要由以下几部分组成:

(1)机床运行方式选择按钮:选择机床的工作方式,包括手动、自动、单段、MDI、回零等。

(2)主轴按钮:控制主轴正转、反转以及停止。

(3)速度变化按钮:可调节速度大小,包括主轴速度修调、快速修调、进给速度修调等。

(4)进给保持和循环启动按钮:用于自动运行中暂停进给和持续加工。

(5)机床锁住按钮:若按下此按钮,则程序执行时只是数控系统内部进行控制运算,屏幕模拟加工校验程序,但机械部件被锁住而不能产生实际移动。

FANUC 系统数控车床控制面板各部件说明见表 3-5。

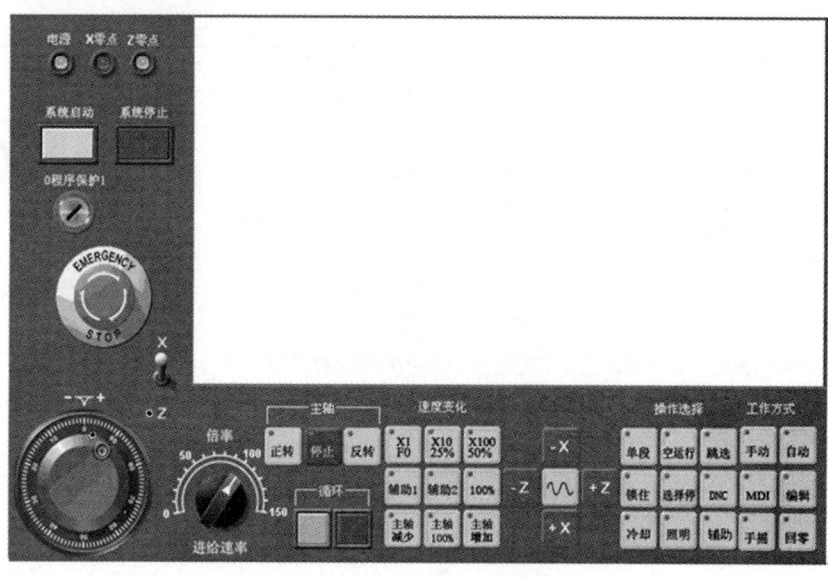

图 3-10 控制面板

表 3-5　　　　　　　　FANUC 系统数控车床控制面板各部件说明

部　件	名　称	说　明
电源	电源指示灯	当电源指示灯亮时,机床处于通电状态
系统启动	系统启动按钮(白色)	打开系统电源
系统停止	系统停止按钮(红色)	关闭系统电源
0程序保护1	程序保护开关	若钥匙开关置于"1",则程序可编辑;若置于"0",则禁止编辑程序
EMERGENCY STOP	急停按钮	按下该按钮,机床所有运动立即停止
X／Z	手轮选择拨杆	若按至"Z",则手轮操作轴设为 Z 轴;若按至"X",则手轮操作轴设为 X 轴
手轮	手轮	在手动方式下精确控制机床 Z、X 轴的移动

续表

部　件	名　称	说　明
	进给速率旋钮	调节数控程序自动运行时进给速度的倍率（0%～150%）
	主轴正转、停止、反转按钮	手动方式下，分别按下"正转""停止""反转"按钮，主轴分别开始正转、停止、反转
	循环启动按钮（白色）	按下此按钮，程序开始运行或继续运行被暂停的程序
	循环暂停按钮（红色）	在程序运行过程中，按下此按钮程序运行暂停
	进给速度选择按钮	在手动或手轮方式下，用于选择快速速度或手轮每格的移动量
	辅助按钮	未定义，根据用户需要增加功能
	主轴速度修调按钮	调节主轴运转时的速度
	移动方向按钮	手动方式下，按下相应的轴和方向，可控制机床向相应的轴和方向移动
	快移按钮	手动方式下，按下此按钮后同时按下移动方向按钮，可快速移动机床
	单段按钮	按下此按钮，运行程序时每次执行一个程序段
	空运行按钮	用于程序校验
	跳选按钮	按下此按钮后，带"/"的程序段被跳过（不执行）
	锁住按钮	Z、X 轴全部被锁定，当此按钮被按下时，机床不能移动
	选择停按钮	按下此按钮后，程序中的 M01 生效，自动运行暂停

续表

部件	名称	说明
DNC	直接数据控制按钮	从输入设备读入程序，使数控机床运行
冷却	冷却按钮	控制冷却泵启动/停止
照明	照明按钮	控制照明灯亮/灭
手动	手动按钮	控制轴向连续移动
自动	自动按钮	自动加工
MDI	手动数据输入按钮	执行单一命令
编辑	编辑按钮	编辑程序
手摇	手摇按钮	通过手轮控制轴向移动
回零	回零按钮	机床回零，建立机床坐标系

二、编制和检验程序

1. 程序输入

手工编制的程序可以通过机床 MDI 面板输入机床系统中。输入后的程序可以像计算机文件操作一样将程序储存在数控系统的存储区内供随时调用。

2. 程序的编译

输入系统中的数控加工程序是否符合系统的要求和规定，是否有输入错误，可以通过程序编译功能进行检验。编译的过程是对程序从头到尾逐程序段逐指令检验的过程，当光标在程序某处停止时，该处一定出现了错误，等待操作者仔细检查和修改至正确后，光标才往下移动继续编译。

编译通过的程序只能说明程序的格式和语法符合本机床数控系统的要求，是否能加工合格工件还需要进行加工轨迹的仿真检验。

3. 仿真检验

加工程序输入机床系统后，为了检验程序的正确性及确保加工的安全性，FANUC 系统提供了完善的试运行即加工轨迹仿真检验功能，具体操作流程如下：

(1) 机床锁闭

按机床控制面板上的锁住按钮,使机床处于锁闭状态,这样运行程序时只是数控系统内部进行控制运算,屏幕模拟加工,而机械部件不能产生实际的动作。

(2) 轨迹仿真检验

按机床控制面板上单段按钮,进行单段运行程序,按一次单段按钮,程序执行一个程序段,操作者可以在屏幕上观察刀位点的位置和加工轨迹是否正确。使用该功能,必须按下空运行按钮。操作者可以在屏幕上观察每一程序段的刀位点位置或运动的轨迹,从而通过观察仿真加工轨迹与工件加工的轮廓是否相同来判断程序的正确性。

4. 首件试切加工

对于一些加工复杂或材料较贵重的工件,为避免由于程序问题加工成废品,可以采用首件试切加工的方法验证程序的正确性。首件试切加工的过程是工件实际加工的过程,每按一次机床控制面板上的单段按钮,执行一个程序段加工的过程。操作者可以观察程序一步一步实际加工工件的过程,便于及时发现程序问题并修正错误。如果这个试切加工的工件是合格的,证明程序是正确的,就可以自动加工工件了。自动加工即按下控制面板上的自动按钮,系统就从程序头开始自动、连续地执行程序,最后完成程序控制的全部加工内容。

三、数控车床基本操作

1. 机床开机和关机

(1) 开机操作

①旋合机床上电总开关。

②按下控制面板上系统启动源按钮,其对应的指示灯亮。

③机床坐标回参考点操作。

(2) 关机操作

①按下控制面板上系统停止按钮,通电指示灯灭。

②旋开机床上电开关使机床断电。

(3) 机床坐标轴回参考点(回零)

机床每次开机,系统接通电源后,都要进行机床各坐标轴回参考点的操作,其目的是让系统检验机床坐标系。回参考点操作的过程是:

①按下控制面板上的回零按钮,使系统处于回零操作方式。

②分别按控制面板上的"+X"和"+Z"按钮,使刀架向该坐标轴的正向快速移动到达其极限位置(该坐标轴的参考点位置)后停止,对应轴的指示灯亮,返回参考点正确。

如果某一轴不能正确返回参考点,报警指示灯亮,一般情况下是回参考点刀架位置距离该坐标轴参考点的距离太短,回参考点运动时的加速度惯性造成刀架碰撞到极限开关出现的超程报警。此时必须解除超程报警,再重新进行该坐标轴的回参考点操作。如果仍然不能回参考点,可能是机床系统出现问题,需要专业人员检测维修。

> **注意**
>
> **解除超程报警过程**
>
> (1)设置工作方式为手动或手摇方式。
>
> (2)一直按压复位键,此时控制器暂时忽略超程急停情况。
>
> (3)在手动或手摇方式,将该轴向相反方向(坐标轴负方向)退出超程状态。
>
> (4)松开复位键。
>
> 若显示屏上运行状态栏由"运行正常"取代了"出错",则表示恢复正常,可以进行回参考点的重新操作。

2. 手动操作

可控制插补进给速度和 G00 移动速度。

(1)按下控制面板上的手动按钮,确保系统处于手动方式下。

(2)控制进给速度,即调节机床操作面板上的进给速率旋钮,从刻度为"100"的位置逆时针旋转可以使执行程序中的进给速度减小(每格减小 10%),顺时针旋转可以使进给速度 F 值增大到 150%(每格增大 10%)。

(3)若要使某坐标轴快速移动,则只要在按住某轴的"+"或"-"按钮的同时按住快移按钮即可。

3. MDI 操作

MDI 操作指的是命令行形式的程序执行方法,即输入一段或多段程序指令后马上就可令其执行。MDI 操作主要用于机床非工件加工的运动控制,其操作步骤如下:

(1)进入 MDI 功能子菜单,进入 MDI 运行方式,命令行的底色变成了白色,并有光标在闪烁,等待指令的输入。

(2)在光标处输入想要执行的 MDI 程序段,可左右移动光标修改程序,如输入"G90 G01 X20.0 Z20.0 F100;"。

(3)如果前面输入的程序有误,则可按删除键全部删除,然后重新输入。

(4)输入完一个 MDI 指令段后,按一下控制面板上的循环启动按钮,则所输入的程序将立即运行。在运行过程中,按停止按钮可终止 MDI 运行。

例如,想让主轴按 1 000 r/min 的速度正传,可以在 MDI 状态下,输入"M03 S1000"程序段,然后按循环启动键,机床主轴就开始按 1 000 r/min 的速度正向旋转。这时就可以手工操作刀架驱动刀具进给进行试切对刀等操作了。

4. 试切对刀

试切对刀的作用有两个:一是建立工件坐标系;二是设置刀具偏置量。

(1)建立工件坐标系

①通过 G50 建立工件坐标系 假设编程坐标系原点位于零件右端面与轴线相交点处,

如图 3-11 所示，A 点是车床刀架中心点在可以安全自动换刀的位置，A 点称为刀架换刀点位置。B 点是刀具的刀位点在刀架换刀点的位置，B 点称为起刀点。G50 指令建立工件坐标系过程如下：

- 移动刀架到 C 点，可以用车刀（基准刀）试车一段外圆，如图 3-11 所示，沿 $+Z$ 轴退至工件距离工件端面 1～2 mm。记录下测量外圆直径 d（刀位点在编程坐标系下 $X=d$），同时记录屏幕上显示的当前刀架中心在机床坐标系下的坐标 (X_c, Z_c)。

- 选择 MDI（手动指令输入）模式，输入"G01 U$-d$ F0.3;"（d 是前面测得的具体数值，可以保留小数点后三位数），按启动按钮后，该程序段指令刀架向径向车端面到中心，如图 3-12 所示，刀位点与编程坐标系原点重合，刀位点在编程坐标系下 $X=0, Z=0$。

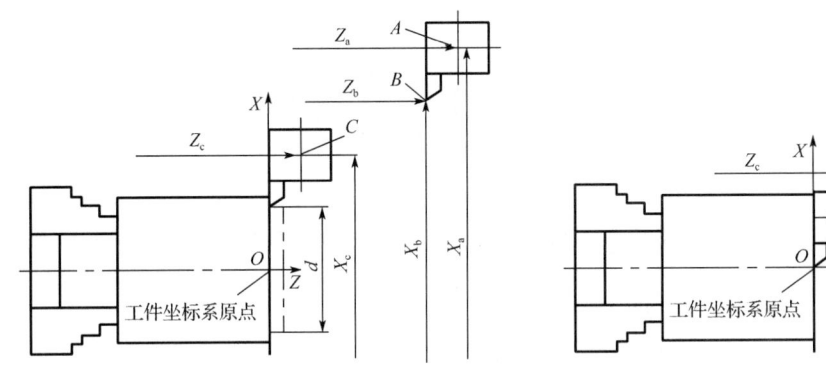

图 3-11　X 轴方向对刀　　　　　　图 3-12　Z 轴方向对刀

- 保持 MDI 模式，输入"G50 X0 Z0;"，输入刀位点当前位置是 G50 坐标系的原点；按启动按钮，系统把当前的刀位点位置 $(X0, Z0)$ 转化为 G50 工件坐标系的原点，实现编程坐标系的原点转化为 G50 工件坐标系的原点，这样系统就自动建立了 G50 工件坐标系与机床坐标系的对应关系。

- 保持 MDI 模式，输入"G00 X100 Z200;"，输入起刀点 B 在工件坐标系下的坐标（100, 200）。起刀点 B 在工件坐标下坐标值的确定方法如下：

根据图 3-11 和图 3-12 中 A 点、B 点和 C 点位置的几何关系，可以建立起刀点 B 在 G50 坐标系下的坐标为

$$X_b = d + X_a - X_c$$
$$Z_b = Z_a - Z_c$$

从图 3-11 可以看出，B 点与 A 点的相对位置是固定的。A 点只要远离工件，换刀时不发生碰撞，可以是任意的位置，所以 B 点也是任意的位置。编程时在工件坐标系下起刀点 B 的坐标为 (X_b, Z_b)，在实际应用中只要设置一个安全的 B 点就可以了，不必先设置安全的 A 点，再用上面的公式计算 B 点的坐标。B 点设置原则是确保安装的所有刀具自动换刀时不与工件或机床其他部位发生碰撞。

> **注意**
> - 使用这种方法编制加工程序的开始程序段必须写指令"G50 Xb Zb;",用起刀点 B 来调用对刀建立的 G50 工件坐标系。而在程序结束前的程序段也必须写指令"G00 Xb Zb;",使刀具回到起刀点 B,才能保证重复加工不乱刀。例如,试切对刀建立 G50 工件坐标系时设置的起刀点 B 的坐标为(150,280),对应编程的格式如下:
>
>   O1020   (程序号)
>   G00 G50 X150 Z280;   (开始写指令,用起刀点 B 调用 G50 工件坐标系)
>   ⋮
>   G00 X150 Z280;   (回起刀点 B)
>   M30;   (程序结束)
>
> - 用 G50 工件坐标系试切对刀的刀具作为基准刀具(不需要偏置补偿的刀具),否则要将该刀具的所有偏置补偿值设为零才可以用来建立 G50 工件坐标系。

②通过 G54~G59 建立工件坐标系 G54~G59 数控系统中定义的六个机床坐标系下的局部坐标系,通过试切对刀可以将编程坐标系转化为其中的一个局部坐标系,这个局部坐标系就是零件加工的工件坐标系。建立过程如下:

- 试切外圆,刀具向 Z 轴正方向退离,测量直径 d 值。
- MDI 模式下输入"G91 G01 X−d F0.2;"指令,按启动按钮后,刀具径向进给车端面到中心。
- 屏幕显示当前机床坐标系坐标(X_k,Z_k),该坐标值是编程坐标系原点在机床坐标系下的坐标值。
- 按"OFS/SET"键,进入坐标系设置界面,选择局部坐标系 G54、G59 中的一个,如果选择 G54 局部坐标系,屏幕提示输入 G54 坐标系原点在机床坐标系下的坐标值,用户将上一步记录的坐标输入并确认后就建立了 G54 工件坐标系。

> **注意**
> 一个编程坐标系转化为 G54/G55/G56/G57/G58/G59 工件坐标系后,应用这个编程坐标系所编制的加工程序开始必须使用程序段指令"G54 X100 Z200;"调用这个局部坐标系为工件坐标系,这是一一对应的关系。

(2)设置刀具偏置量

设置刀具偏置量的对刀过程如下:

①用外圆车刀试车工件外圆,沿+Z 轴退出并保持 X 坐标不变。

②测量外圆直径,记为 d。

③按"OFS/SET"键,进入形状补偿参数设定界面,将光标移到与刀位号相对应的位置后,对应 X 坐标项输入 d 值,系统自动计算出相对基准刀具 X 轴方向偏移量,再按输入键,刀具 X 轴方向偏置设置完成。

④用外圆车刀试车工件端面,沿+X 轴退出并保持 Z 坐标不变(端面 Z=0)。

⑤按"OFS/SET"键,进入形状补偿参数设定界面,将光标移到与刀位号相对应的位置后,对应 Z 坐标项输入 0,系统自动计算出相对基准刀具 Z 轴方向偏移量,再按输入键,刀具 Z 轴方向偏置设置完成。

⑥试切设置的刀具偏置量在数控程序中用 T 代码调用。

试切对刀建立刀具补偿的方式具有易懂、操作简单的优点,编程与对刀可以完全分开进行,应用最为普遍。

思考与练习

设计题

1. 如图 3-13 所示零件,材料为 45 钢,毛坯为 $\phi60$ mm×66 mm 棒料。设计其数控加工工艺文件(工序卡、刀具表、加工程序)。

2. 如图 3-14 所示零件,材料为 50Cr 钢,毛坯为 $\phi40$ mm 棒料,单件生产。设计其数控加工工艺文件(工序卡、刀具表、加工程序)。

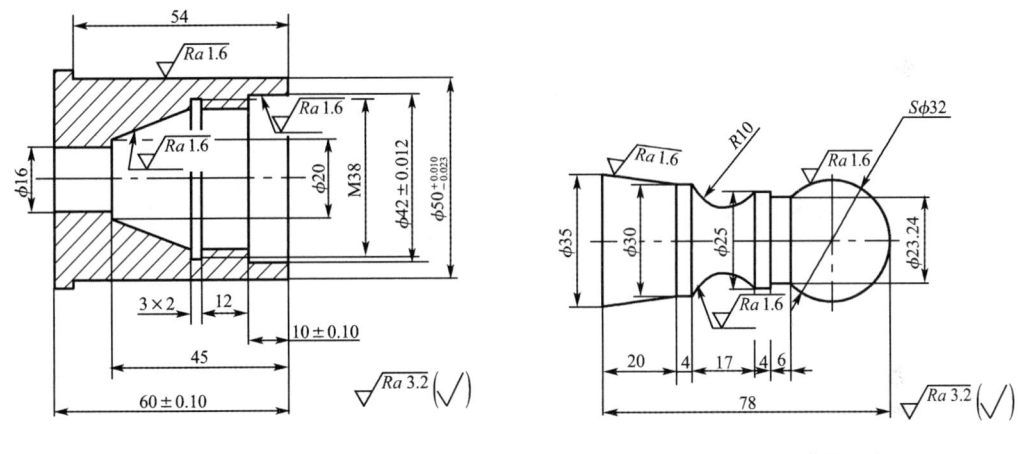

图 3-13 设计题 1 图

图 3-14 设计题 2 图

3. 如图 3-15 所示零件,材料为 45 钢,锻造毛坯,径向加工最大余量为 8 mm(半径值),轴向最大余量为 4 mm,小批量生产。设计其数控加工工艺文件(工序卡、刀具表、加工程序)。

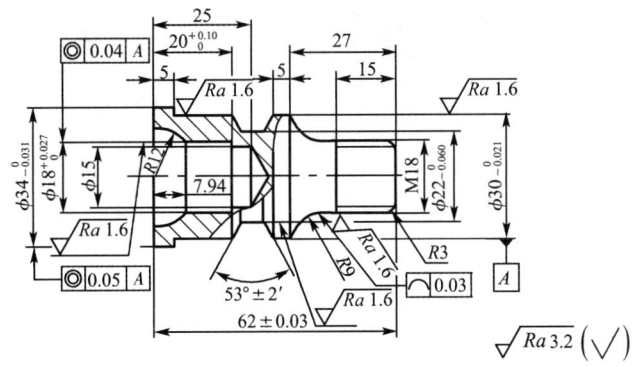

图 3-15 设计题 3 图

模块四 模具数控铣削编程基础

单元一 认识数控铣床

技能目标 >>>

具备机床选择能力和工艺设计能力。

核心知识 >>>

数控铣床的结构及加工特点;工件在数控铣床上的定位与夹紧。

一、数控铣床的类型

1. 数控铣床的分类

按主轴与工作台相对位置对数控铣床分类,可以分为卧式数控铣床、立式数控铣床和龙门数控铣床,如图 4-1 所示。如果龙门铣床横梁和立柱分别安装立式和卧式铣削动力头,同时具备立铣和卧铣功能,这样的铣床称为万能铣床。

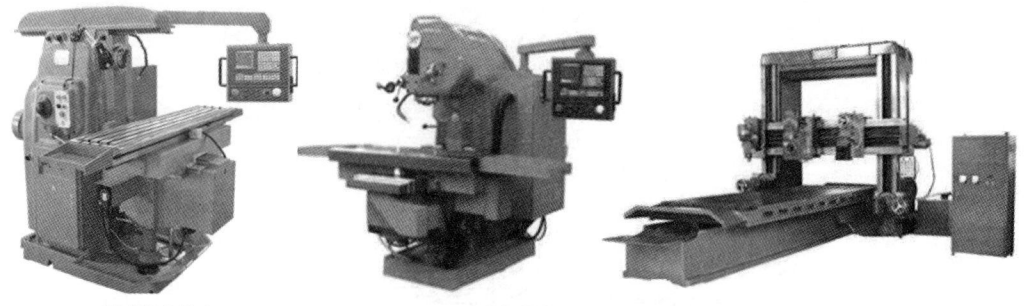

(a) 卧式数控铣床　　(b) 立式数控铣床　　(c) 龙门数控铣床

图 4-1　数控铣床的分类

按数控系统可以同时控制的机床坐标轴轴数对数控铣床分类,可以分为三轴数控铣床、四轴数控铣床、五轴数控铣床。

(1) 三轴数控铣床

使用最广泛的是三轴数控铣床,其数控系统控制机床的 X、Y、Z 三个平移坐标轴,如图 4-2(a)所示为立式三轴数控铣床。

(2) 四轴数控铣床

如果在图 4-2(a)所示的立式三轴数控铣床的工作台上增加一个能绕 X 轴回转的数控卡盘,即增加一个绕 X 轴回转的 A 轴,如图 4-2(b)所示,就是一台可以控制 X、Y、Z、A 轴的立式四轴数控铣床。如图 4-2(c)所示,在卧式三轴数控铣床上增加绕 Y 轴旋转的数控回转台,这是一台可以控制 X、Y、Z、B 轴的卧式四轴数控铣床。

(3) 五轴数控铣床

如果在四轴基础上再增加一个回转轴就是五轴数控机床了。如图 4-2(d)所示是在立式三轴数控铣床工作台上安装数控转台,增加了绕 Z 轴回转的 C 轴,同时再增加可以使主轴绕 X 轴做摆动的 A 轴,就成为可以控制 X、Y、Z、A、C 的立式五轴数控铣床。轴数越多,铣床加工能力越强,加工范围越广,但机床价格也越贵,加工成本也将大大提高。

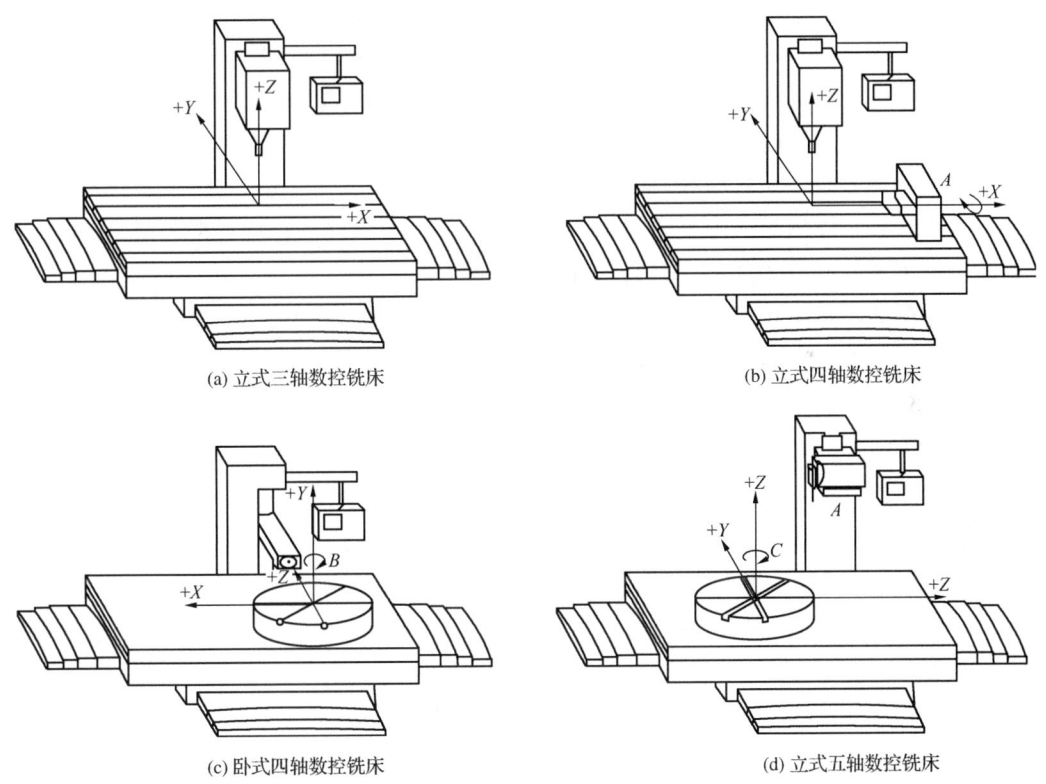

图 4-2 按可控轴数分类的数控铣床

数控铣床能实现多坐标轴联动,从而容易实现许多普通机床难以完成或无法加工的空间曲线和曲面,大大增加了机床的工艺范围。

2. 加工中心

(1) 加工中心的结构

加工中心的明显特征是在数控铣床的基础上增加了刀具库和自动换刀装置(ATC),如

图 4-3 所示为数控铣削加工中心。

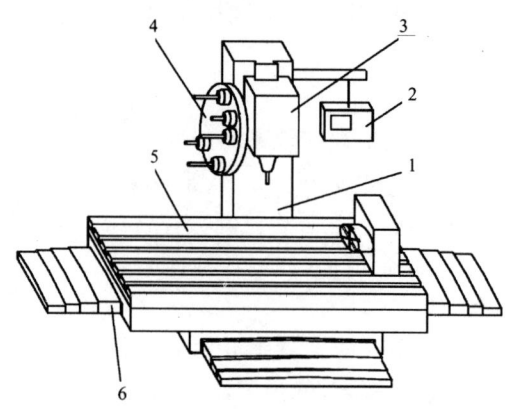

图 4-3 数控铣削加工中心
1—立柱；2—计算机数控系统；3—主传动系统；
4—加工中心刀库；5—工作台；6—滑轨

对于高端加工中心，除图 4-3 所示的组成部分外，还有双工位工件自动交换装置。柔性制造单元还带有多工位工件自动交换装置，有的甚至还配有用于上、下料的工业机器人。

(2)加工中心自动换刀装置(ATC)

加工中心的刀具库及自动换刀装置的主要参数如下：

①刀库容量　以满足一个复杂加工零件对刀具的需要为原则。应根据典型工件的工艺分析算出加工零件所需的全部刀具数，由此来选择刀库容量。

②刀库形式　按结构可分为圆盘式刀库、链式刀库和箱格式刀库；按设置部位可分为顶置式、侧置式、悬挂式和落地式等多种。

③刀具选择方式　主要有机械手换刀和无机械手换刀，可以根据不同的要求配置不同形式的机械手。ATC 的选择主要考虑换刀时间与可靠性。换刀时间短可提高生产率，但一般换刀装置结构复杂，故障率高，成本高，过分强调换刀时间会使故障率上升。据统计，加工中心的故障中约 50% 与 ATC 有关，因此在满足使用要求的前提下，应尽量选用可靠性高的 ATC，以降低故障率和整机成本。

④最大刀具直径(无相邻刀具时)　刀具直径大于 240 mm 时，不可使用自动换刀功能。刀具直径大于 120 mm 时，要注意避免自动换刀时因干涉而掉刀，从而导致刀具或机构损坏。

⑤最大刀具质量　刀具质量大于 20 kg 时，不可使用自动换刀功能，否则将导致刀具刀臂、工作台及其他机构的损坏。

二、数控铣削加工特点

1.加工范围广

数控铣床进行的是轮廓控制加工，不仅可以完成点位及直线控制的加工功能，还能够对三个或三个以上的坐标轴进行联动插补，因而具有切削加工各种轮廓的功能。

2. 加工精度高

目前一般数控铣床的轴向定位精度可达 ±0.003 0 mm，轴向重复定位精度可达 ±0.002 0 mm，加工精度完全由机床保证，在加工过程中产生的尺寸误差能及时得到补偿，能获得较高的尺寸精度。在数控铣床上进行加工，一次装夹即可加工出零件上大部分表面，人为影响因素非常小，其定位精度远远高于普通铣床。

3. 加工表面质量高

加工速度远高于普通机床，结构设计的刚度也远高于普通机床。主轴最高转速可达 6 000～30 000 r/min。数控高速铣床的转速一般为 20 000～40 000 r/min。高速铣削技术不仅缩短了加工时间，精加工后的模具型面还可以代替半精磨削。

4. 加工形状复杂

通过计算机编程，数控铣床能够自动立体切削加工各种复杂的曲面和型腔，尤其是多轴加工，加工对象的形状受限制更小。

5. 生产率高

数控铣床刚度和功率大，主轴转速和进给速度范围为无级变速，自动化程度高，可以一次定位装夹完成粗加工、半精加工、精加工，还可以进行钻、镗加工，缩短辅助时间，生产率较高。对复杂型面工件的加工，其生产率可提高十几倍甚至几十倍。

6. 有利于现代化管理

数控铣床使用数字信息与标准代码输入，适于数字计算机联网，成为计算机辅助设计、制造及管理一体化的基础。

7. 便于实现计算机辅助制造

将计算机辅助设计出来的产品造型转化为数控加工的数字信息，从而直接控制数控机床加工制造出零件。加工中心等数控设备及其加工技术正是计算机辅助制造系统的基础。

三、工件的定位与装夹

1. 数控铣床工作台的种类

（1）通用工作台

通用数控铣床工作台的结构形状一般为长方形，工作台上有安装夹具和工件的 T 形槽。

（2）分度工作台

根据工件加工工艺的需要，可在数控铣床通用工作台上增设独立的分度工作台。多齿分度盘工作台是典型的分度装置，其优点是分度精度高，精度保持性好，重复性好，刚性好，承载能力强，能自动定心，而且分度机构和驱动机构可以分离。多齿分度盘工作台可实现的最小分度角 α 为

$$\alpha = \frac{360}{z}$$

式中，z 为多齿盘的齿数。

多齿盘分度工作台具有以下缺点：只能按 1°的整数倍数分度；只能在不切削时分度。

(3)数控回转工作台

通过与数控系统连接来控制回转工作台在切削过程中实现联动回转，这种工作台称为数控回转工作台，简称数控转台，直接安装在通用工作台上。数控回转工作台采用单线双导程蜗杆传动，或采用圆柱齿轮包络蜗杆传动，或采用双蜗杆传动。因双导程蜗杆左、右齿面的导程不等，故蜗杆的轴向移动即可改变啮合间隙，实现无间隙传动。数控回转工作台的优点包括刚性好，承载能力强，传动效率高，传动平稳，磨损小，可以任意角度分度，在切削过程中可以连续回转等，其缺点是制造成本高。

2. 工件的定位和安装

(1)定位原则

①加工基准和设计基准统一。

②尽量一次安装后加工出全部待加工表面，不仅可以保证工件上各表面的位置精度，还可以大大缩短辅助时间，充分发挥机床的效率。

③当工件需要第二次安装时，也要尽可能利用与第一次安装相同的基准，以减小安装误差。

④避免欠定位和过定位。

(2)定位方式

定位方式有平面定位、外圆定位和内孔定位。平面定位用支承钉或支承板，外圆定位用 V 形块，内孔定位用定位销和圆柱心棒或圆锥销和圆锥心棒。

3. 工件的装夹

根据数控铣床的结构，工件在装夹过程中应注意以下问题：

(1)充分利用工作台面上的 T 形槽、螺纹孔及通用夹具装夹工件。

(2)体积较大的工件装夹在工作台面上时，加工区应在加工行程范围内。

(3)工件安装位置与机床坐标系的关系应便于计算。

(4)选择工件的对刀点要方便操作，便于计算。

(5)夹紧机构不能影响走刀，注意夹紧力的作用点和作用方向。

4. 夹具

工件安装尽量使用通用夹具，必要时设计专用夹具。选用和设计夹具应注意以下问题：

(1)夹具结构力求简单，以缩短生产准备周期。

(2)装卸迅速、方便，以缩短辅助时间。

(3)夹具应具备足够的刚度和强度。

(4)有条件时可采用气、液压夹具，它们动作快、平稳，且工件变形均匀。

四、刀柄

数控铣床使用的刀具要先安装在刀柄上，然后刀柄安装到机床的主轴孔中才能使用。

1. 刀柄

刀柄是数控铣床及加工中心使用来固定安装刀具并与数控铣床主轴采用标准机构连接的工具。

刀柄与机床主轴连接的一端是圆锥体,其锥度分为 7∶24(普通刀柄)和 1∶10(高速刀柄);另一端安装刀具,其结构根据刀具的形状和规格不同而不同,如图 4-4 所示。

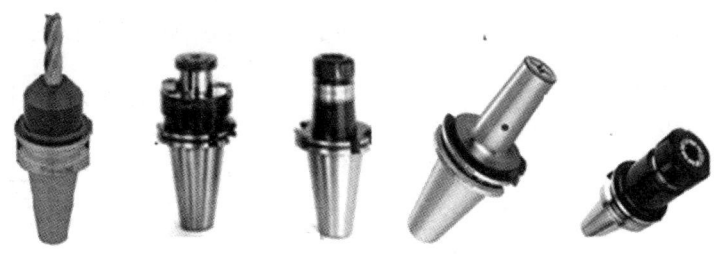

图 4-4 数控铣床刀柄

2. 主要类型

刀柄类型主要分为普通刀柄和高速精密刀柄。刀柄是标准件,由专门生产厂家生产。

普通刀柄适合通用型普通数控铣床及加工中心的加工,其机床安装主轴的内孔锥度为 7∶24。普通刀柄的锥度与安装机床主轴锥度一致,同样为 7∶24。普通刀柄的标识是 JT/BT,如标识为 JT/BT40、JT/BT50 的刀柄,40、50 表示刀柄大小规格,是普通刀柄圆锥大端的直径(mm),常用标准值为 60、50、40、30。

除了普通刀柄外,高速精密数控铣床精密加工使用的刀柄称为高速刀柄,其标识为 HSK,主要有 HSK-A、HSK-B、HSK-C、HSK-D、HSK-E 和 HSK-F 六种类型,常用 HSK-A(带内冷,自动换刀)、HSK-C(带内冷,手动换刀)和 HSK-E(带内冷,自动换刀,高速型)三种。高速刀柄的锥度是 1∶10,只能直接安装在主轴孔也为 1∶10 的高速铣床及加工中心上。高速刀柄安装在机床主轴上靠真空使刀柄发生微小弹性变形,不但刀柄的 1∶10 锥面与机床主轴孔的 1∶10 锥面接触,而且使刀柄的法兰盘面与主轴面也紧密接触,这种双面接触系统在高速加工、连接刚性和重合精度上均优于 7∶24 的普通刀柄。

单元(二) 铣削工艺编程的预备知识

技能目标 >>>

具备数控铣削加工工艺文件的设计能力。

核心知识 >>>

工艺装备的选择、加工参数的选择、铣削方式的选择。

一、刀具、刀位点及走刀轨迹

1. 刀具

数控铣床中使用的刀具称为数控铣刀。数控铣刀的形状特征是圆柱,在圆柱的下端面和圆柱面上都有切削刃,圆柱面上的切削刃称为周刃,下端面的切削刃称为端刃。大多数情况下,周刃作为主切削刃加工。铣削是平面和曲面加工最有效的方法。

2. 刀位点及走刀轨迹

数控铣刀在铣削工件轮廓时是刀具相对工件的相对运动,这种运动的轨迹在编程中必须将刀具看成是一点的运动才能控制。所以编程时必须在刀具上取一点来代替刀具实体,将刀具的加工轨迹看成该点的走刀轨迹,那么这一点就是数控铣刀的刀位点(刀具跟踪点)。平面数控铣刀的刀位点定义在刀具轴线与端面的交点处,如图 4-5 所示。刀位点在加工中运动的轨迹称为走刀轨迹。

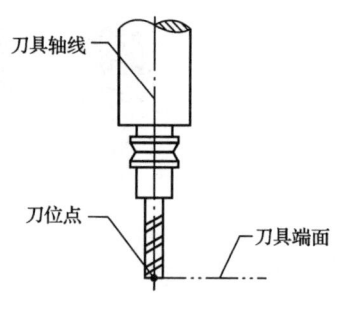

图 4-5 刀位点

二、常用铣削刀具

数控铣刀主要用来加工平面和曲面。

1. 盘铣刀

盘铣刀适合加工大的平面,由于直径较大,所以制作成镶嵌式结构,切削刀片以镶嵌形式固定在刀体上,刀片多为硬质合金,刀体材料为 40Cr 钢,如图 4-6(a)所示。盘铣刀直径一般为 40~250 mm,镶嵌齿数(刀片数)为 4~26。每个刀片在圆周面上的切削刃为主切削刃,在端面上的切削刃为负切削刃。

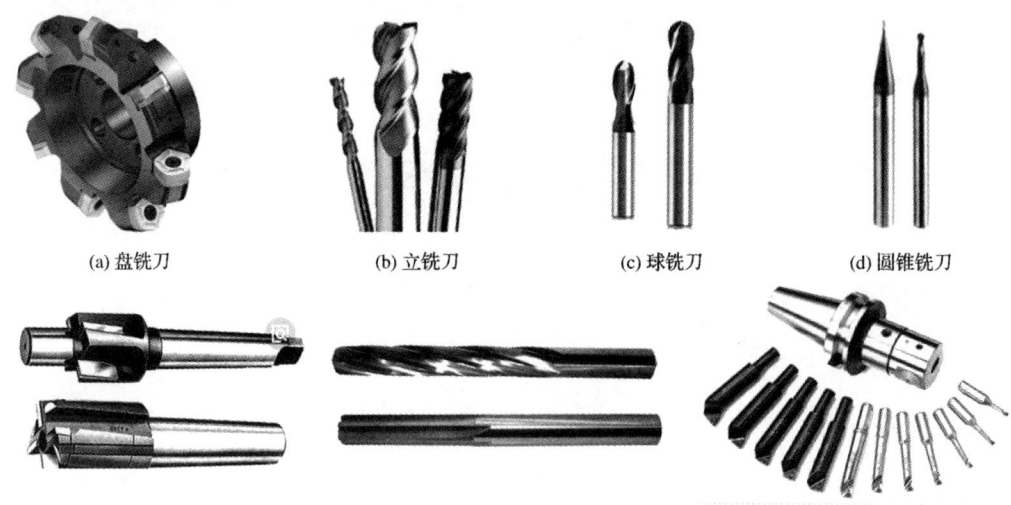

(a) 盘铣刀 (b) 立铣刀 (c) 球铣刀 (d) 圆锥铣刀

(e) 孔加工刀具

图 4-6 各种数控铣刀

2. 立铣刀

立铣刀是加工小平面结构的刀具,通用立铣刀的直径为 2~30 mm,大多数立铣刀制作成切削刃与刀体为一体的整体式,同样立铣刀在端面和圆周面都有切削刃,其中圆周面切削刃为主切削刃。整体式立铣刀,主切削刃呈螺旋状,切削平稳,一般粗加工的立铣刀刃数为 2~4,半精加工和精加工的刃数为 5~8,如图 4-6(b)所示。由于立铣刀端面各切削刃不相交,不能作轴向进给。

3. 键槽铣刀

键槽铣刀也是立铣刀,其特征是只有两个切削刃的立铣刀,端面的两条副切削刃延伸至刀轴中心相交,可以轴向进给加工,既像铣刀又像钻头。铣刀直径就是键槽宽度,能轴向进给切入工件,再沿水平方向进给,一次加工出键槽。

4. 模具铣刀

模具铣刀专用于曲面的成形的半精加工和精加工。常用的模具铣刀有如图 4-6(c)所示的球铣刀、如图 4-6(d)所示的圆锥铣刀等。球铣刀的刀位点在球心,圆锥铣刀的刀位点选圆锥顶点。

5. 孔加工刀具

数控铣床具有钻床的加工功能,经常使用标准钻头、扩孔钻头、铰刀、丝锥等孔加工刀具,如图 4-6(e)所示。

三、铣削要素

1. 铣削速度

铣刀的圆周切线速度称为铣削速度。铣削速度可以从铣削工艺手册中查得,也可根据经验大致按表 4-1 选取。

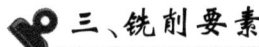

表 4-1　　　　　　　　　　　铣削速度的经验值

钢的硬度(HBS/HRS)	铣削速度 $v_c/(m \cdot min^{-1})$	
	高速钢	硬质合金
<225(20)	18~42	66~150
225(20)~325(35)	12~36	54~120
325(35)~425(45)	6~21	36~75

2. 进给速度

进给速度是单位时间内刀具沿进给方向移动的距离。进给速度与铣刀转速、铣刀齿数和每齿进给量的关系式为

$$v_f = nzf_z$$

式中　v_f——进给速度,mm/min;

　　　n——铣刀转速,r/min;

　　　z——铣刀齿数;

　　　f_z——每齿进给量,mm。

每齿进给量由工件材质、刀具材质和表面粗糙度等因素决定。每齿进给量可以从铣削工艺手册中查得,也可大致按表4-2所列经验值选取。工件材料硬度高和表面粗糙度高,f_z数值小。硬质合金刀具的f_z值比高速钢的大。

表4-2　　　　　　　　每齿进给量的经验值

加工性质	粗加工		精加工	
刀具材料	高速钢	硬质合金	高速钢	硬质合金
每齿进给量f_z/mm	0.10~0.15	0.10~0.25	0.02~0.05	0.10~0.15

注:工件材料为钢。

3. 铣削方式

铣削分顺铣和逆铣两种方式。

(1) 顺铣

铣刀铣削速度方向与工件进给方向相同,铣削时从待加工表面向已加工表面进给切出。图4-7(a)所示为顺铣,顺铣切削力指向工件,工件受压。顺铣刀具磨损小,刀具使用寿命长,切削质量好,适合精加工。

(2) 逆铣

铣刀铣削速度方向与工件进给方向相反,铣削时从已加工表面向待加工表面进给切出。图4-7(b)所示为逆铣,逆铣切削力指向刀具,工件受拉。逆铣刀具磨损大,但切削效率高,适合粗加工。

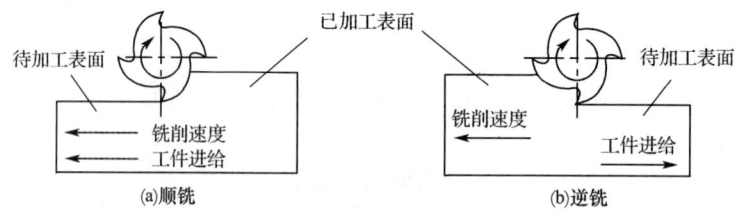

图4-7　铣削方式

4. 切削深度(背吃刀量)

立式数控铣床:刀具切入工件,沿刀具轴向切削掉的金属层深度称为切削深度。

卧式数控铣床:刀具切入工件,沿刀具径向切削掉的金属层深度称为切削深度。

如图4-8所示,工件的粗加工一般都需要多层切削完成,每层切掉的金属层深度可以相同,也可以不同,一般是逐步减小。而粗加工的切削深度(背吃刀量)是指多层切削中最大的切削深度。

半精加工和精加工是单层切削。

5. 行距

在同一层,刀具走完一条或一圈刀轨,再向未切削区域侧移一恒定距离,这一恒定侧移距离就是称为行距(步距),如图4-8所示。

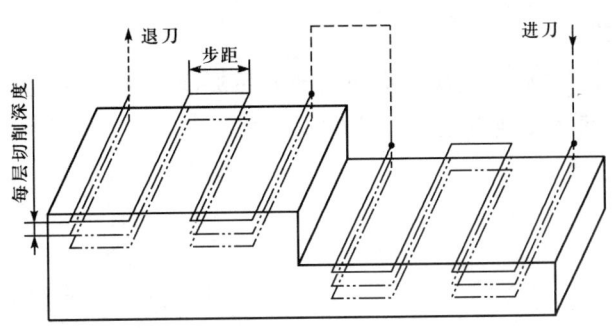

图 4-8　每层切削深度和步距

四、铣削切削深度和行距的选择原则

1. 粗加工

粗加工是大体积切除材料。数控机床粗加工的表面粗糙度 Ra 达到 $3.2 \sim 12.5\ \mu m$,一般数控铣床的切削深度根据机床刚性和刀具强度等取 $3 \sim 6\ mm$,粗加工一般为半精加工留 $1 \sim 2\ mm$ 的加工余量。如果粗加工后直接精加工,则留 $0.2 \sim 1\ mm$ 的加工余量。

粗加工的行距一般取刀具有效加工直径(立式铣床)或刀具有效加工长度(卧式铣床)的 $90\% \sim 98\%$。

2. 半精加工

半精加工可以消除粗加工,或热处理后的变形,给精加工留均匀的加工余量。工件的表面粗糙度可达到 $Ra\ 1.6 \sim 6.3\ \mu m$,如果半精加工后需要精加工,半精加工的切削深度一般根据工件材料大小取 $0.5 \sim 2\ mm$,加工后为精加工留 $0.1 \sim 0.5\ mm$ 的精加工余量。

半精加工的行距一般取刀具有效加工直径(立式铣床)或刀具有效加工长度(卧式铣床)的 $80\% \sim 95\%$。

3. 精加工

精加工是最后达到尺寸精度和表面粗糙度的加工。工件的表面粗糙度要达到 $Ra\ 0.8 \sim 1.6\ \mu m$,精加工的切削深度通常为 $0.1 \sim 0.5\ mm$。

精加工的行距一般取刀具有效加工直径(立式铣床)或刀具有效加工长度(卧式铣床)的 $70\% \sim 90\%$。

五、切削方式

铣刀在铣削工件的平面和侧面时,可以采用不同的切削刀轨,这些刀轨称为切削方式。切削方式有如下六种:

1. 往复切削方式

如图 4-9 所示,两条平行的切削刀轨的间隔距离为一个步距。往复切削方式既有顺铣又有逆铣。

2. 单向切削方式

如图 4-10 所示,刀具以直线从一头切削到另一头,然后提刀返回,间隔一个步距,再从一头切削到另一头,每条切削刀轨的切削方向相同。

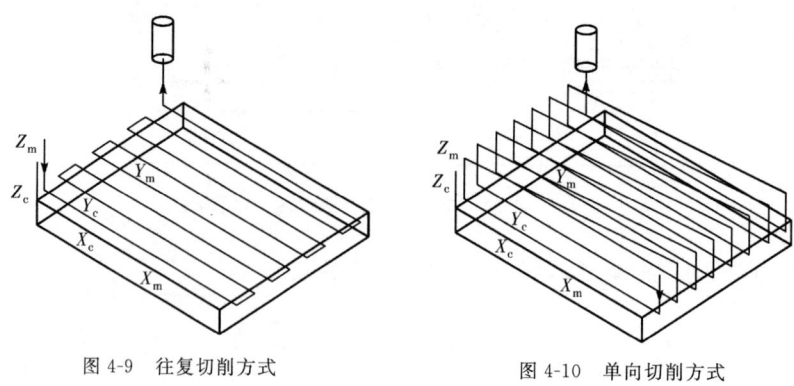

图 4-9 往复切削方式　　　图 4-10 单向切削方式

3. 跟随周边切削方式

具有外圈套内圈的刀轨,最外圈的刀轨形状与工件边界轮廓形状一致,相邻两圈刀轨的间隔距离为一个步距。切除材料的方向有两种:一种是从大圈刀轨(外)往小圈刀轨(内)切削,如图 4-11(a)所示;另一种是从小圈刀轨(内)往大圈刀轨(外)切削,如图 4-11(b)所示。

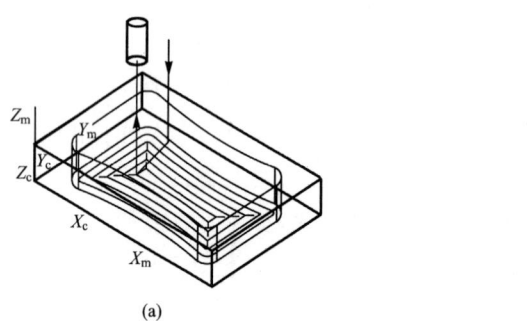

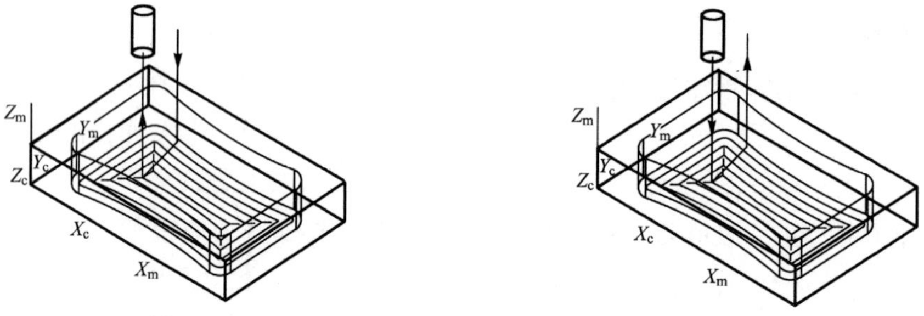

图 4-11 跟随周边切削方式

4. 跟随工件切削方式

要切削既有型腔又有型芯的工件,就要选择跟随工件切削方式。如图 4-12 所示,跟随工件切削方式的刀轨也是一圈圈封闭的刀轨,切型芯的最内层刀轨形状与型芯轮廓形状一致,切型腔的最外层刀轨形状与型腔轮廓形状一致,交汇处刀轨由 CAM 系统自定。相邻两圈刀轨的间隔距离为一个步距。既可以顺铣又可以逆铣,切削型腔用顺铣,切削型芯用逆铣。

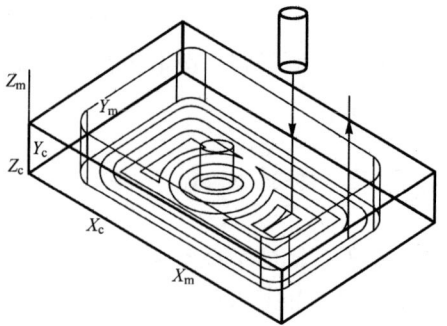

图 4-12 跟随工件切削方式

5. 摆线切削方式

摆线切削方式如图 4-13 所示,刀具运动到狭窄凹角区域,刀具的侧向吃刀深度突然变深。为防止扎刀和断刀,可采用摆线切削方式。

6. 轮廓切削方式

轮廓切削方式用于侧壁半精加工和精加工,如图 4-14 所示。毛坯经过粗加工后,留少量余量用轮廓切削方式对侧壁进行侧向单层、轴向多层的半精加工和精加工。

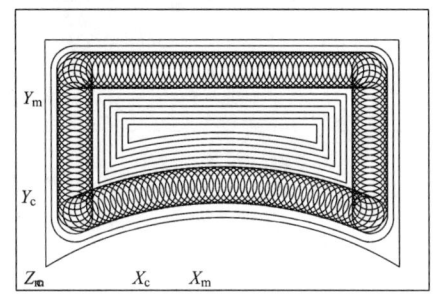

图 4-13 摆线切削方式

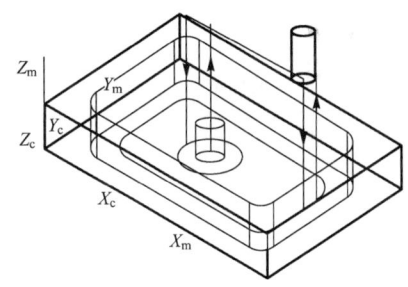

图 4-14 轮廓切削方式

单元 (三) 常用数控铣削加工基本编程指令

技能目标 >>>

基本指令的应用。

核心知识 >>>

标准功能指令的类型,常用指令的格式及编程应用。

一、基本知识

本单元以配备 FANUC-OM 系统的数控铣床和加工中心为例,介绍数控铣床和加工中心的标准指令。

1. F、S、T 功能

详见模块二中相关内容,与数控车削编程的含义和使用方法相同。

2. 辅助功能——M 功能和 B 功能

(1) M 功能(M 代码)用于指令机床的辅助操作,主轴的启动、停止以及冷却液的开、关等常用指令及其含义与数控车削相同。B 功能(B 代码)用于指定分度工作台分度。

(2) M 代码可分为前指令码和后指令码。其中前指令码可以和移动指令同时执行,例如"G01 X20.0 M03;",表示刀具移动的同时主轴也旋转;而后指令码必须在移动指令完成后才能执行,例如"G01 X20.0 M05;",表示刀具移动 20 mm 后主轴才停止。M 代码及其功能见表 4-3。

表 4-3　　　　　　　　　　　　　　M 代码及其功能

M 代码	功　能	说　明	M 代码	功　能	说　明
M00 M01	程序暂停 程序有条件暂停	后指令码	M06	加工中心自动换刀	后指令码
M02 M30	程序结束 程序结束并返回	后指令码	M07 M08	冷却液开 冷却液关	前指令码 后指令码
M03 M04	主轴正转 主轴反转	前指令码	M13 M14	主轴正转,冷却液开 主轴反转,冷却液关	前指令码
M05	主轴停	后指令码	M17 M98 M99	主轴停,冷却液停 调用子程序 子程序结束	后指令码 后指令码

（3）一个程序段仅能指定一个 M 代码,有两个以上 M 代码时,最后一个 M 代码有效。

（4）B 代码用于机床的旋转分度。每一个程序段只能包括一个 B 代码。

3. 准备功能——G 功能

准备功能用于指令机床各坐标轴运动。有两种代码:一种是模态代码,一旦指定将一直有效,直到被另一个模态代码取代;另一种是非模态代码,只在本程序段中有效。本系统的 G 代码及其功能见表 4-4。

表 4-4　　　　　　　　　　　　　　G 代码及其功能

G 代码	功　能	组　别	G 代码	功　能	组　别
*G00 *G01 G02 G03	快速定位 直线插补 顺时针圆弧插补 逆时针圆弧插补	01	*G40 G41 G42	撤销刀具半径补偿 刀具半径左补偿 刀具半径右补偿	07
G04 G10	进给暂停 偏移值设定	00	G43 G44 *G49	刀具长度正补偿 刀具长度负补偿 撤销刀具长度补偿	08
*G17 G18 G19	选择 XY 为加工平面 选择 ZX 为加工平面 选择 YZ 为加工平面	02	G54～G59 G73～G89	选择工件坐标系 固定循环孔加工	14 09
G20 G21	英制尺寸单位 公制尺寸单位	06	*G90 G91	绝对坐标编程 增量坐标编程	03
G27 G28 G29 G31 G39	参考点返回检查 参考点返回 从参考点返回 跳步功能 转角过渡	00	G92 *G94 *G98 G99	定义编程原点 每分进给速率 固定循环孔加工后返回起点 固定循环孔加工后返回快进终止点	00 05 04

注:1. 表中带"*"的 G 代码为电源接通时的初始状态。

2. 如果同组的 G 代码被编入同一程序段中,则最后一个 G 代码有效。

二、基本指令

1. 坐标系选择指令

编程时要在机床坐标系、工件坐标系、局部坐标系三个坐标系之一中指定坐标值。

(1) 选择机床坐标系

指令格式：G53 X __ Y __ Z __ ;

执行指令 G53 时，就清除了刀具半径补偿、刀具长度补偿和刀具偏置。

执行指令 G53 之前，必须手动返回参考点或执行 G28 指令自动返回参考点，设置机床坐标系。

G53 适用于在机床上直接调用机床坐标系进行加工编程。

(2) 选择工件坐标系

用户可以任意选择设定的工件坐标系，如下所述：

① 用 G92 指令或自动设定坐标系的方法设定工件坐标系要使用绝对坐标指令。

② 用 MDI 面板可设定六个工件坐标系，用指令 G54～G59。当电源接通并返回参考点之后，建立工件坐标系 1～6；当电源接通时，自动选择 G54 工件坐标系。

指令格式：G54 X __ Y __ Z __ ;

建立 G54～G59 工件坐标系的最基本的方法是在机床上安装工件和刀具后，进行加工前的试切对刀或对刀仪对刀，将工件上的编程坐标系转换为机床坐标系下的一个局部坐标系(G54～G59 中的一个)，这个局部坐标系称为工件坐标系，在编制程序的开始，按建立工件坐标系的指令格式调用该工件坐标系，加工时系统会将编程坐标系下的加工坐标自动转化为机床坐标系下的坐标进行加工运动。

要清除 G54～G59 工件坐标系，只需选择指令 G53，就可以清除当前工件坐标系，进入机床坐标系状态。

(3) 局部坐标系

这里所述的局部坐标系是编程坐标系下的子坐标系，在加工中，由于编程坐标系转化为工件坐标系，局部坐标系也是工件坐标系下的子坐标系，如图 4-15 所示。

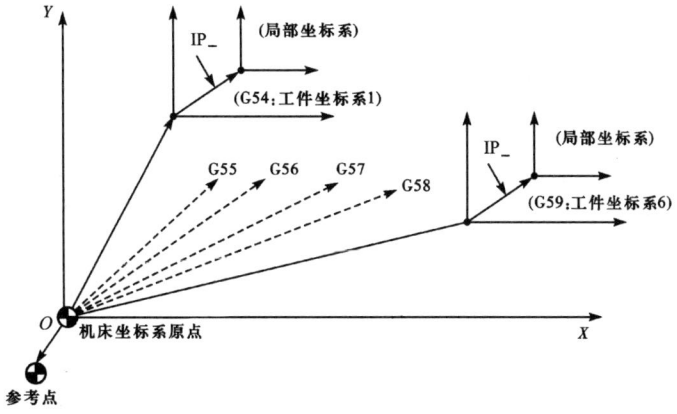

图 4-15 局部坐标系

指令格式:G52 X__ Y__ Z__;
　　　　　G52 0;(取消局部坐标系)

用指令"G52 X__ Y__ Z__;"可以在工件坐标系(G54～G59)中设定局部坐标系。局部坐标系的原点设定在工件坐标系中以"X__ Y__ Z__"指定的位置,如图4-15所示。

当局部坐标系设定后,后面指令所涉及的坐标就是该局部坐标系中的坐标值。

2. 加工坐标平面选择指令

使用刀具半径补偿进行圆弧插补和钻孔需要选择平面。表4-5列出了平面选择G代码。

表4-5　　　　　　　　　　平面选择G代码

G代码	选择的平面	X_p	Y_p	Z_p
G17	$X_p Y_p$ 平面	X轴或它的平行轴	Y轴或它的平行轴	Z轴或它的平行轴
G18	$Z_p X_p$ 平面			
G19	$Y_p Z_p$ 平面			

3. 绝对编程和增量编程指令

G90和G91指令分别用于指定绝对值和增量值。

指令格式:G90 X__ Y__ Z__;
　　　　　G91 X__ Y__ Z__;

4. 刀具移动指令

(1)快速定位指令 G00

指令格式:G00 X__ Y__ Z__;

(2)直线插补指令 G01

指令格式:G01 X__ Y__ Z__ F__;

(3)圆弧插补指令 G02、G03

指令格式

①在 $X_p Y_p$ 平面上的圆弧

指定向量的指令格式:G17 G02(G03) X__ Y__ I__ J__ F__;

指定半径的指令格式:G17 G02(G03) X__ Y__ R__ F__;

②在 $Z_p X_p$ 平面上的圆弧

指定向量的指令格式:G18 G02(G03) X__ Y__ I__ J__ F__;

指定半径的指令格式:G18 G02(G03) X__ Y__ R__ F__;

③在 $Y_p Z_p$ 平面上的圆弧

指定向量的指令格式:G19 G02(G03) X__ Y__ I__ J__ F__;

指定半径的指令格式:G19 G02(G03) X__ Y__ R__ F__;

注意:

● 圆弧插补方向指令 G02、G03:在直角坐标系中,沿垂直于插补圆弧坐标面的坐标轴由正到负的方向看时,按顺时针方向走刀插补圆弧用G02,按逆时针方向插补圆弧用G03。

● 指令中的坐标 X_p、Y_p 和 Z_p:指令中的坐标是圆弧的终点坐标,可以用绝对坐标表示,也可以用增量坐标表示,若为增量坐标,则该值为圆弧终点相对于圆弧起点各坐标的增量值。

- 指定向量指令格式中的 I、J 和 K:采用向量指令格式编程时,向量的方向是圆弧的起点指向圆弧圆心,向量在 X、Y、Z 坐标轴上的分向量分别用 I、J、K 表示。设圆弧圆心的坐标为(X_0,Y_0,Z_0),圆弧起点的坐标为(X,Y,Z),则 $I=X_0-X,J=Y_0-Y,K=Z_0-Z$(代数值,有"+、-"号)。

用向量指令编程加工整圆时,当 I、J 和 K 中的某分向量等于 0 时,该分向量可以省略;由于加工整圆圆弧起点和终点坐标相同,指令中的圆弧终点坐标 X、Y 和 Z 也可省略。如"G02 I10;"是指令一个圆心和起点都在 X 轴上,Y 轴分向量 J=0 省略,顺时针插补半径为 10 的整圆。

- 指定半径指令格式中的 R:R 为圆弧半径,这种指令格式常用来加工非整圆的圆弧,圆弧根据圆心角大小分为两种,规定当加工圆弧的圆心角大于 180°时 R 取负值,否则取正值。如果用来加工整圆,圆弧终点和起点坐标相同,X、Y 和 Z 省略,要指定半径 R 的值为负值,如"G03 R-10;"。若指令为"G02 R10;",加工圆弧的圆心角为 0°,刀具不移动。

- 进给速度:圆弧插补的进给速度等于 F 代码指定的数值,是沿圆弧切向进给的速度,单位是 mm/min。

- 如果同时指定地址 I、J、K、R,则用地址 R 指定的圆弧优先,其他都被忽略。

5. 参考点返回指令

参考点是 CNC 机床上所定义的机械和电气控制所对应的原点。参考点的位置利用参数事先在系统中设置,参考点最多可以设置四个,系统数控接通电源后必须先进行第一参考点返回,否则不能进行其他操作。参考点返回有两种方法:手动参考点返回和自动参考点返回。

在机床开机接通电源或系统进行新的设置后要在机床操作面板上进行手动参考点返回操作;在程序中需要返回参考点或进行自动换刀时使用指令进行自动参考点返回。

自动参考点返回时用到如下指令:

(1)经过中间点的自动返回参考点指令 G28、G30

当系统只有一个参考点时,或需要返回到多个参考点中的第一参考点时,要使用 G28 指令。

指令格式:G28 X__ Y__ Z__; [经过中间点(X,Y,Z)快速返回的参考点]

当系统有多个参考点时,除了返回第 1 参考点要使用 G28 指令外,返回第 2 到第 4 参考点要使用 G30 指令。

指令格式:G30 P2 X__ Y__ Z__; (经过中间点快速返回到第 2 参考点)
　　　　　G30 P3 X__ Y__ Z__; (经过中间点快速返回到第 3 参考点)
　　　　　G30 P4 X__ Y__ Z__; (经过中间点快速返回到第 4 参考点)

说明:

①G28 或 G30 后跟坐标 X__ Y__ Z__是指定的中间点位置(绝对或增量坐标)。

②执行 G28 或 G30 指令,各轴以快速移动速度定位到中间点后再到达参考点。因此,

为了安全,在执行该指令之前,应该清除刀具半径补偿和刀具长度补偿。

③G28、G30指令常用于自动换刀。

④只有在执行自动返回参考点(G28)或手动返回参考点(G27)之后,方可使用G30返回参考点功能。通常当刀具自动交换(ATC)位置与第1参考点不同时,就会设置新的参考点,就要使用G30指令。

(2)从参考点经过中间点返回到指定点的指令G29

指令格式:G29 X __ Y __ Z __;　　(经过中间点自动从参考点返回到目标点)

说明:

①G29后跟坐标X __ Y __ Z __是指定从参考点要返回到的目标点位置(绝对值和增量值坐标)。

②执行G29指令经过的中间点坐标由前面的G28或G30指令所规定,因此这条指令应与G28或G30指令成对使用。

如图4-16所示,加工后刀具已定位到A点,取B点为定义的中间点,C点为执行G29指令时所定义到达的目标点。自动换刀时可以执行G28或G30指令,使刀具首先从A点出发,以快速点定位的方式经过B点或G30指令定义的其他点到达参考点R,如果返回参考点完成时,机床控制面板上显示返回参考点完成的指示灯亮,就可以换刀后执行G29指令让刀具从参考点经过B点再到达C点。

(3)返回参考点检查指令G27

指令格式:G27 X __ Y __ Z __;

说明:

①指令中的X __ Y __ Z __是参考点位置坐标(绝对值或增量值)。执行G27指令的前提是机床通电后必须手动返回一次参考点,必须取消刀具补偿。

②执行G27指令后,刀具以快速移动速度定位返回参考点并检查是否已经正确返回到G27指令指定的参考点位置,如果刀具已经正确返回,机床显示各坐标轴参考点的指示灯亮。

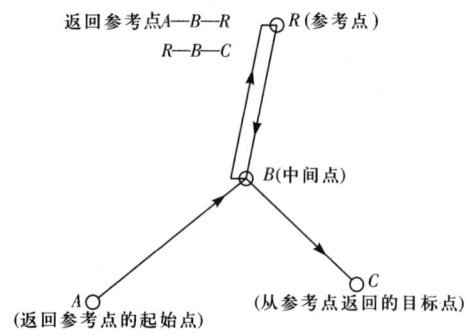

图4-16　返回参考点和从参考点返回

③使用G27指令返回参考点之后,会立即执行下一个程序段。如果不希望立即执行下一个程序段(如换刀时),可插入M00或M01。

执行该指令时,各轴按指令中给定的坐标值快速定位,且系统内部检查检验参考点的行程开关信号。如果定位结束后检测到开关信号发令正确,则参考点的指示灯亮,说明滑板正确回到了参考点位置;如果检测到的信号不正确,系统报警,说明程序中指令的参考点坐标值不对或机床定位误差过大。

6.刀具暂停进给指令

指令格式:G04 X __;或G04 P __;

X和P后跟暂停时间,在暂停时间内刀具不进给,但主轴旋转不受该指令控制。

如"G04 X1000;G04X1.0;G04P1000;"都是指令暂停1 000 ms(1 s)。

单元（四） 刀具补偿指令及其应用

技能目标 >>>

会应用长度和半径补偿指令。

核心知识 >>>

长度和半径补偿建立、取消指令格式。

一、刀具长度补偿指令 G43、G44、G49

适用采用多把刀具自动换刀的加工中心加工。

加工中心一般使用多把刀具加工工件，由于每把刀的长短不一，使得每把刀安装到主轴上时它们的刀位点在轴向不重合。可以选择其中一把刀为基准刀，或使用对刀仪基准刀，将其他刀具的刀位点位置与基准刀刀位点比较，记录其比基准刀长或短的尺寸，输入给机床刀具长度补偿寄存器中，供加工时通过程序调用。为简化编程，编程时按基准刀的刀位点编程，当使用其他刀具加工时，这把刀具刀位点在轴向与基准刀刀位点的尺寸偏差，可以通过长度补偿功能补偿，如图 4-17 所示。加工前将每把刀具相对基准刀具的长度偏置量输入机床刀具系统刀具长度补偿存储器地址 H 中，程序中使用时只要从 H 地址中调用，根据补偿方向指令就可以自动进行长度的正或负的补偿了。所以，长度补偿作用是：

(1) 简化编程，通过调整长度补偿值修正刀具刀位点沿轴向进给的尺寸。实际加工时只要将使用的刀具刀位点与标准刀具刀位点在轴向的偏差值输给机床刀具系统就可以了。

(2) 修正加工误差，微调长度补偿值可以修正轴向加工尺寸偏差。

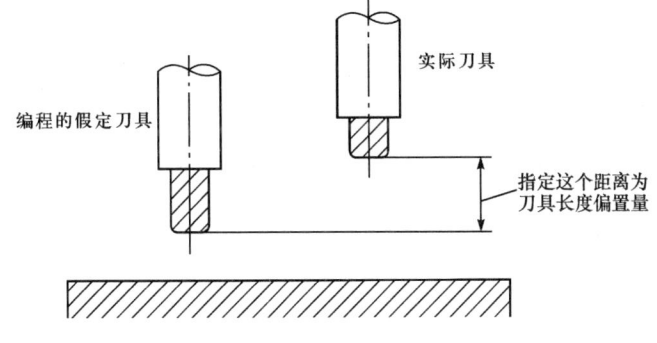

图 4-17 刀具长度补偿

1. 长度补偿的指令格式

长度补偿的指令包括正补偿 G43、负补偿 G44、取消长度 G49 或 H00、长度补偿寄存器地址字 H。

(1) 根据刀具的偏置轴类型，可以使用下面三种刀具补偿方法：

①刀具长度偏置 A：沿 Z 轴补偿刀具长度的差值。

②刀具长度偏置 B：沿 X、Y 或 Z 轴补偿刀具长度的差值。

③刀具长度偏置 C：沿指定轴补偿刀具长度的差值。

(2)指令格式

刀具长度补偿指令格式见表4-6。

表4-6　　　　　　　　　　刀具长度补偿指令格式

补偿方法	指令格式	说　明
刀具长度偏置A	G43 Z＿＿ H＿＿； G44 Z＿＿ H＿＿；	各地址的说明： G43:正向偏置 G44:负向偏置 G17:XOY 平面选择 G18:ZOX 平面选择 G19:YOZ 平面选择 α:被选择轴的地址 H:指定刀具长度偏置值的地址
刀具长度偏置B	G17 G43 Z＿＿ H＿＿； G17 G44 Z＿＿ H＿＿； G18 G43 Y＿＿ H＿＿； G18 G44 Y＿＿ H＿＿； G19 G43 X＿＿ H＿＿； G19 G44 X＿＿ H＿＿；	
刀具长度偏置C	G43 α＿＿ H＿＿； G44 α＿＿ H＿＿；	
刀具长度偏置取消	G49；或 H0；	

2. 刀具长度偏置方向指令

(1)补偿指令的含义

无论是绝对坐标还是增量坐标编程,当指定正补偿 G43 时,用 H 代码中的刀具长度补偿值加到程序中由指令指定的坐标上,当指定负补偿 G44 时会减去补偿值。补偿后的坐标值才是刀具刀位点在轴线方向(偏置方向)的实际移动位置,而不管选择的是绝对坐标还是增量坐标。

以立式数控铣床为例,假设编程坐标系 Z 坐标 O 点在工件上表面,所使用的实际刀具比基准刀具长 3 mm,将该偏差分别输入机床刀具长度补偿寄存器 H,其中令 H01＝3,H02＝－3,如果要实际刀具刀位点向 Z 轴负方向准确移动到 $Z20$ 坐标位置(距离工件上表面 20 mm 高度),采用正、负补偿指令和调用不同 H 地址的偏差值补偿的结果如下：

①偏差值为正 H01＝3

正补偿:G00 G43 Z20 H01；　　(基准刀位点补偿后的坐标位置是 $Z＝20＋3＝23$,距离工件上表面 23 mm)

负补偿:G00 G44 Z20 H01；　　(基准刀位点补偿后的坐标位置是 $Z＝20－3＝17$,距离工件上表面 17 mm)

②偏差值为负 H02＝－3

正补偿:G00 G43 Z20 H02；　　(基准刀位点补偿后的坐标位置是 $Z＝20＋(－3)＝17$,距离工件上表面 17 mm)

负补偿:G00 G44 Z20 H02；　　(基准刀位点补偿后的坐标位置是 $Z＝20－(－3)＝23$,距离工件上表面 23 mm)

那么,当实际刀具比基准刀具长 3 mm,上述四个程序段补偿的目的都是令实际刀具刀位点向 Z 轴负方向 G00 移动到 $Z20$ 点,即距离工件上表面高 20 mm 处,但结果却不同,哪个才是正确的呢？很明显,实际刀具长 3 mm,就需要至少移动 3 mm,补偿指令应该定位基准刀具移动到 $Z23$ 坐标位置,实际刀具才是 $Z20$ 坐标位置(满足距离工件上表面20 mm),所以程序段"G00 G43 Z20 H01；"和"G00 G44 Z20 H02；"都是定义基准刀位点移动到 $Z23$ 坐标位置,才是正确的长度补偿指令。

同样道理,如果实际刀具比基准刀具短 3 mm,就要使基准刀具刀位点多走 3 mm,补偿指令要补偿基准刀位点实际移动到 Z17 坐标位置。

(2)长度补偿应用说明

①当一个加工程序使用多把刀具时,由于各个刀具长度不同,其刀具刀位点与基准刀位点一般都不重合。为简化编程,所编制的加工程序只按一把基准刀具刀位点进行编程控制,实际刀具使用时通过补偿使实际刀具刀位点与基准刀位点重合。

②当实际刀具比基准刀具长 Δ 时,长度补偿指令的目标是让基准刀具在轴向进给时要少移动 Δ;反之,当实际刀具比基准刀具短 Δ,就要多移动 Δ。

③长度正补偿是指令给定的坐标值加上寄存器中的补偿值;长度负补偿是指令给定坐标值减去将寄存器中的补偿值。

④寄存器中存放的补偿值可以为正,也可以为负,正负不同,补偿结果不同。

⑤G43 和 G44 是模态 G 代码,它们一直有效,直到指定同组的 G 代码替代为止。

3. 刀具长度偏置值地址 H

H 为长度偏置存储器地址,其范围为 H00~H99,可由用户设定每个偏置号中的补偿长度值(偏置值),其中 H00 的偏置值恒为零,用户不使用。偏置值的范围为 0~±999.999 mm(公制),0~±99.999 9 in(英制)。

4. 取消刀具长度补偿指令 G49、H00

(1)一般一把刀具加工完后,应该撤销该刀具长度补偿(使用 G49 指令)。

(2)在刀具长度偏置 B 类型中,沿两个或更多个轴执行后,用 G49 指令可以取消沿所有轴的偏置。如果指定 H0,仅取消沿垂直于指定平面的轴的偏置。

例 4-1

如图 4-18 所示,该工件上有 3 个通孔,孔径为 20 mm,尺寸加工精度为 H9,试编写加工程序。

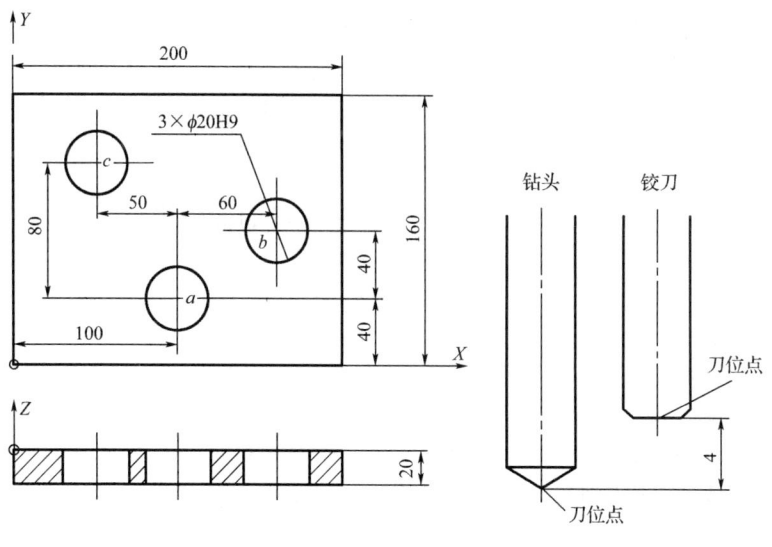

图 4-18 例 4-1 图

由于孔的加工精度为 H9,每个孔需要经过钻—(扩)—铰才能保证加工精度。本加工采用 φ19.8 mm 的钻头(T01)钻孔后,再使用 φ20H9 机用铰刀(T02)铰孔完成。定义钻头为基准刀,铰刀长度比钻头短 4 mm。

由于实际刀具比基准刀具短 4 mm,编程中长度补偿要指令基准刀轴向进给时必须多进给这个补偿量 4 mm,由于进给是从 Z 轴正方向向负方向,多进给就意味着基准刀更接近工件,即 Z 坐标减小。为了方便记忆和编程,习惯上实际刀具比基准刀具短,寄存器 H 中的偏置量一律为正,实际刀具比基准刀具长,偏置量一律为负。

本案例铰刀(T02)比基准刀具短 4 mm,偏置量取正值,赋值为 H02=4。

编程坐标系如图 4-18 所示。按 a—b—c 顺序加工三个孔的程序如下:

O0088
N05 G54 X0 Y0 Z300;   （建立工件坐标系 G54）
N10 T01 M06;   （调用钻头 T01）
N20 G00 X100 Y40 Z50 M03 S200;   （启动主轴,定位 a 孔）
N30 G00 Z3;   （快速接近工件）
N40 G01 Z−30 F80;   （钻 a 孔为通孔）
N50 G00 Z3;   （快速从 a 孔退出）
N60 G00 X160 Y80;   （定位 b 孔）
N70 G01 Z−30 F80;   （钻 b 孔）
N80 G00 Z3;   （快速从 b 孔退出）
N90 G00 X50 Y120;   （定位 c 孔）
N100 G01 Z−30;   （钻 c 孔）
N110 G00 Z3;   （快速从 c 孔退出）
N120 G00 Z300 ;;   （退回到换刀高度）
N130 T02 M06;   （自动换刀使用铰刀）
N140 G00 X100 Y40 Z50 S200 M03;   （启动主轴,定位 a 孔）
N150 G43 Z3 H02;   （调用刀具长度正补偿）
N160 G01 Z−23 F80;   （铰 a 孔）
N170 G00 Z3;   （快速从 a 孔退出）
N180 G00 X160 Y80;   （定位 b 孔）
N190 G01 Z−23 F80;   （铰 b 孔）
N200 G00 Z3;   （快速从 b 孔退出）
N210 G00 X50 Y120;   （定位 c 孔）
N220 G01 Z−23;   （铰 c 孔）
N230 G00 Z3;   （快速从 c 孔退出）
N240 G00 Z300 G49 ;;   （退回到换刀高度,取消长度补偿）
N250 M30;   （程序结束）

这个零件由于钻孔和铰孔的加工轨迹相同,可以将钻孔加工轨迹先编制为一个子程序,再编制主程序,两次调用该子程序进行钻孔和铰孔加工,其区别就是铰孔时要增大刀具的长度补偿。

二、刀具半径补偿指令 G40、G41、G42

数控机床加工的运动实质是程序控制刀具刀位点相对工件的运动轨迹。由于铣刀是圆柱形刀具,数控铣削的刀位点是刀具轴线上的一点,而铣刀切削时一般是周刃切削,周刃切削点与刀位点正好相差半径的距离,为简化编制加工程序,编程时先不必考虑刀具的半径大小,而将铣刀看成是与主轴同轴的一条直线,机床加工时,将实际所使用刀具的半径作为半径补偿值输入数控系统中,当程序运行中出现半径补偿指令时,系统就能自动将半径值补偿到加工运动中,使实际的加工轨迹向左或向右偏离一个半径补偿值的距离。

1. 半径补偿的作用

(1)简化编程,编程时可以不必确定刀具的直径,可以假想刀具是与轴线重合的直线。

(2)修正加工误差,通过微调半径补偿值可以修正刀具径向的加工尺寸误差。

2. 半径补偿的应用

(1)应用方法

实际加工时,要将刀具的半径补偿值输入机床刀具系统半径补偿寄存器地址 D 中,当刀具径向进给加工时,使用半径补偿指令将半径补偿值从寄存器 D 中调出,刀具就会向左或向右偏移一个补偿半径值后再进给加工。

(2)应用功能

①铣削同一个轮廓时,使用不同半径的铣刀,意味着半径补偿值不同,刀具刀位点实际的走刀轨迹也不相同。刀具直径越大,刀位点到加工轮廓的距离越大。

②铣削同一个轮廓时,使用同一把刀具,走刀的方向不同,半径补偿的指令也不同,分为半径左补偿和半径右补偿。

如图 4-19 所示,$a-b-c-d-e-f-g-a$ 是要加工的工件轮廓,O 点是要建立半径补偿的起刀点,a 点是加工轮廓起点。

右补偿:刀具按 $a-b-c-d-e-f-g-a$ 走刀轨迹加工。刀具的轴线一直在加工轮廓的右侧运动,这种补偿走刀方向称为半径右补偿。

左补偿:刀具按 $a-g-f-e-d-c-b-a$ 走刀轨迹加工。刀具的轴线一直在加工轮廓的左侧运动,这种补偿走刀方向称为半径左补偿。

③半径补偿的功能必须按一定的指令格式建立和撤销,必须是在垂直刀具轴线的径向平面运动中建立和撤销才有意义。如图 4-19 所示,在移动到加工工件轮廓起点($O-a$)的运动中建立半径

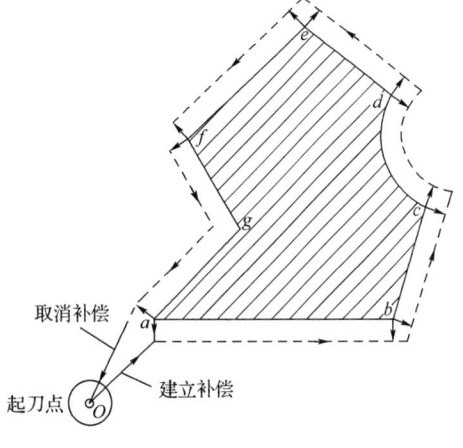

图 4-19 刀具半径补偿

补偿;轮廓加工结束,如果不再使用该刀具,在返回退离工件轮廓的路径($a-O$)的运动中取消半径补偿。

3. 指令格式(以立式铣床加工为例)

(1)建立刀具半径补偿指令格式

G00 或 G01 G41 或 G42 X＿ Y＿ D＿;

其中,G41 为刀具半径左补偿;G42 为刀具半径右补偿。X __ Y __为 G00(G01)指令的位置坐标;D 为系统指定刀具半径补偿值储存的地址字。

(2)取消半径补偿的指令格式

G40 或 D00 X __ Y __;

其中,G40 是取消半径补偿的指令,因为 D00 中存储的半径补偿值永远是 0,所以也可以使用 D00 指令取消半径补偿。

例如"G00 G41 X10 Y30 D02;"表示从当前点 G00 移动到(X10,Y30)点,同时调用 D02 中的补偿值建立刀具半径左补偿加工方式;"G01 G40 X-50;"表示从当前点沿 X 轴直线插补到 X=-50 的点,同时取消当前的刀具半径补偿方式。

4. 说明

(1)实际加工中,当机床电源接通时,CNC 系统所有的刀具补偿都是在取消的方式,如果不建立半径补偿,刀具中心轨迹和编程轨迹一致。

(2)执行有效的半径补偿必须在垂直刀具轴线的坐标面上执行快速定位(G00)、直线插补(G01)或圆弧插补(G02、G03)指令的运动才能实现补偿。如果不是在垂直刀具轴线的平面上建立刀具半径补偿方式,系统出现报警,并且刀具停止移动。

(3)在执行 G40 或 D00 半径补偿取消的程序段中只能使用 G00 或 G01,如果使用圆弧指令(G02、G03),半径补偿取消功能无效,系统报警并且刀具停止移动。

(4)加工同一工件的轮廓,可以选择半径补偿指令 G41 或 G42,但对应加工的是不同的轮廓。图 4-20(a)所示为加工凸台外轮廓的 G41、G42 指令走刀轨迹,图 4-20(b)所示为加工凹槽内轮廓的 G41、G42 指令走刀轨迹。

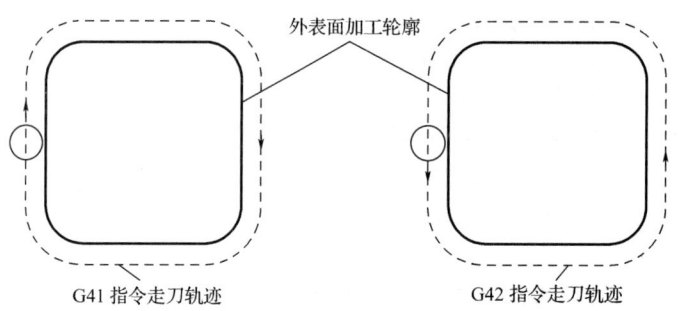

(a)加工凸台外轮廓的 G41、G42 指令走刀轨迹

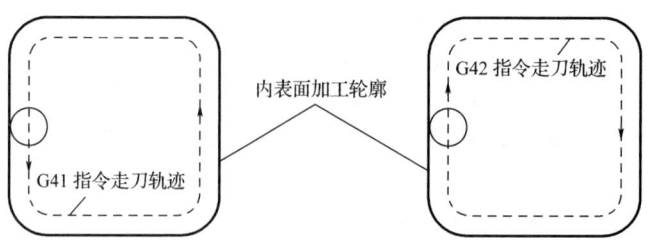

(b)加工凹槽内轮廓的 G41、G42 指令走刀轨迹

图 4-20 G41、G42 指令半径补偿走刀轨迹

(5)刀具半径补偿值是通过操作机床 MDI 面板把刀具半径补偿值赋给 D 地址存储器中的。表 4-7 为刀具半径补偿值的范围。

表 4-7　　　　　　　　　　刀具半径补偿值的范围

输入方法	公制输入	英制输入
刀具半径补偿值	0～999.999 mm	0～99.999 9 in

对应于偏置号 0 即 D0 的刀具补偿值总是 0。不能设定 D0 任何其他偏置量。

(6)半径补偿的偏置平面是由 G17、G18、G19 定义的坐标面,如立式数控铣床半径补偿偏置平面是 G17 定义的与主轴垂直的(XOY)平面。如果不在指定偏置平面内,不能执行半径补偿。如果是四轴或五轴联动控制的加工,刀具轴线可以不垂直与任何坐标面,此时,刀具的半径补偿是根据加工轨迹在各坐标面上的投影进行补偿。

只有在半径偏置取消的方式下才能改变偏置平面,否则,机床报警并且停止。

例 4-2

编程铣床精加工如图 4-21 所示工件轮廓,编程坐标如图所示。可计算出工件轮廓各基点的坐标:$A(-40,-20)$,$B(-40,20)$,$C(0,40)$,$D(40,0)$,$E(20,-20)$。选择 $\phi 20$ mm 的立铣刀,半径补偿值 20 存储在刀具偏置地址码为 D08 的地址中,采用左补偿加工工件的外轮廓,加工走刀轨迹为 $A \rightarrow B \rightarrow C \rightarrow D \rightarrow E \rightarrow A$。设工件的上表面 $Z=0$,已知工件厚度为 25 mm。设定起刀点在偏置平面中的位置为($X-40,Y-60$)。

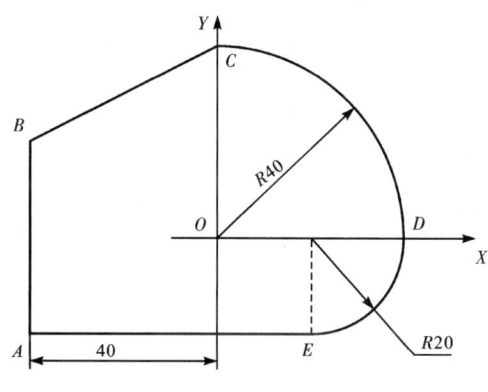

图 4-21　例 4-2 图

程序如下:
O0008
N10 G90 G17 G54 X0 Y0 Z300 G40 G49;　　(系统初始化选择 G17 坐标面建立工件坐标系)
N20 G00 X-40 Y-60 Z10 M03 S1000;　　(刀具轴线定位到起刀点上方 Z10 处)
N30 G00 Z-26;　　(刀位点向下移动到起刀点处)
N40 G01 G41 X-40.0 Y-20.0 D08 F60;　　(直线插补到 A 点同时建立刀具半径左补偿)
N50 Y20.0;　　(A 点至 B 点)
N60 X0 Y40.0;　　(B 点至 C 点)
N70 G02 X40.0 Y0 R40.0;　　(C 点至 D 点)

N80 X20.0 Y-20.0 R20.0;	（D 点至 E 点）
N90 G01 X-40.0;	（E 点至 A 点）
N100 G00 G40 X-40 Y-60;	（退离工件到起刀点并同时取消半径补偿方式）
N110 G00 Z300;	（Z 轴退刀到换刀高度）
N120 M30	（程序结束）

例 4-3

编程数控铣加工如图 4-22 所示工件外轮廓，轴向铣削深度为 10 mm。编程坐标如图所示，刀具偏置号为 D07，补偿方向为工件的左补偿，起刀点坐标为 (0，0)。

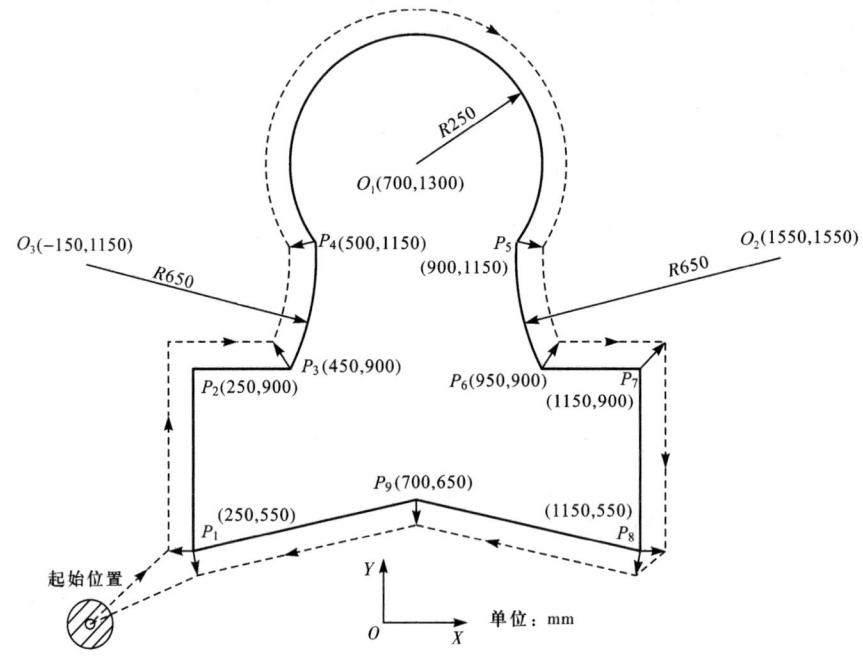

图 4-22　例 4-3 图

程序如下：

O0009

N10 G90 G17 G54 X0 Y0 Z200;	（建立工件坐标系）
N20 M03 S1000 G00 X0 Y0;	（定位到起刀点的正上方）
N30 G00 Z-10;	（轴向快速定位到切削深度）
N40 G41 G01 D07 X250.0 Y550.0 F80;	（从起刀点直线插补到 P_1 点，同时建立刀具半径左补偿）
N50 G01 Y900.0 F150;	（P_1 点至 P_2 点）
N60 X450.0;	（P_2 点至 P_3 点）
N70 G03 X500.0 Y1150.0 R650.0;	（P_3 点至 P_4 点）

N80 G02 X900.0 R-250.0;	(P_4 点至 P_5 点)
N90 G03 X950.0 Y900.0 R650.0;	(P_5 点至 P_6 点)
N100 G01 X1150.0;	(P_6 点至 P_7 点)
N110 Y550.0;	(P_7 点至 P_8 点)
N120 X700.0 Y650.0;	(P_8 点至 P_9 点)
N130 X250.0 Y550.0;	(P_9 点至 P_1 点)
N140 G00 G40 X0 Y0 Z200;	(取消补偿，刀具返回)
N150 M02;	(程序结束)

单元五 固定循环指令及其应用

技能目标

具备中级工工艺编程能力。

核心知识

固定循环指令的编程应用。

一、基本知识

1. 数控铣床孔加工

数控铣床中的固定循环指令主要用于各种内孔及均布孔系的加工，各指令采用固定的动作过程完成孔的加工，利用固定循环指令使在数控铣床上的孔加工编程变得更加简便，所以这些指令可以称为孔加工固定循环指令。数控铣床上孔加工采用的加工方法是钻孔、扩孔、铰孔、攻螺纹等，其中小孔扩孔采用扩孔钻头，大孔采用镗刀同轴扩孔。图 4-23 所示为在数控铣床上加工孔的方法。

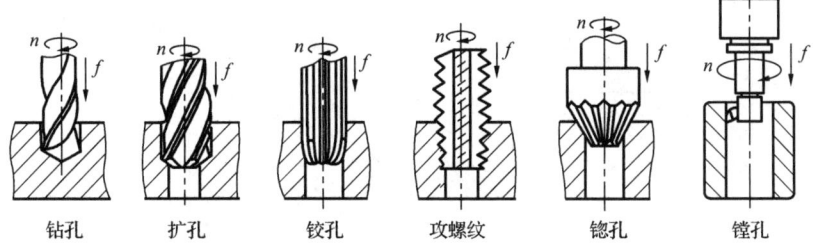

图 4-23 孔的加工方法

2. 固定循环指令代码及功能

固定循环指令代码及功能见表 4-8。

表 4-8　　固定循环指令代码及功能

G代码	功　能	钻孔方式	孔底操作	返回方式
G73	建立高速深孔钻加工方式	间歇进给		快速移动
G74	建立左旋攻螺纹加工方式	连续进给	停刀→主轴正转	连续进给
G76	精镗及镗铣螺纹孔加工方式	连续进给	主轴定向停止	反转,F指定导程速度
G80	取消固定循环加工方式			
G81	建立浅孔或中心钻加工方式	连续进给		快速
G82	建立短孔或锪孔加工方式	连续进给	停刀	快速
G83	建立深长孔加工方式	间歇进给		快速
G84	建立右旋攻螺纹加工方式	连续进给	停刀、主轴反转	反转,F指定导程速度
G85	建立镗孔循环加工方式	连续进给		F指定速度
G86	建立镗孔循环加工方式	连续进给	主轴停止	快速
G87	建立背镗循环加工方式	连续进给		快速
G88	建立镗孔循环加工方式	连续进给	停刀、主轴停止	手动移动
G89	建立镗孔循环加工方式	连续进给	停刀	F指定速度
G98	定义孔加工后刀位点返回到初始平面位置			
G99	定义孔加工刀位点返回到R平面位置			

3. 固定循环的顺序加工动作

如图 4-24 所示,孔加工循环的加工过程是由六个固定顺序的动作完成的,图中的实线动作是按速度 F 进给,虚线是按 G00 速度移动。

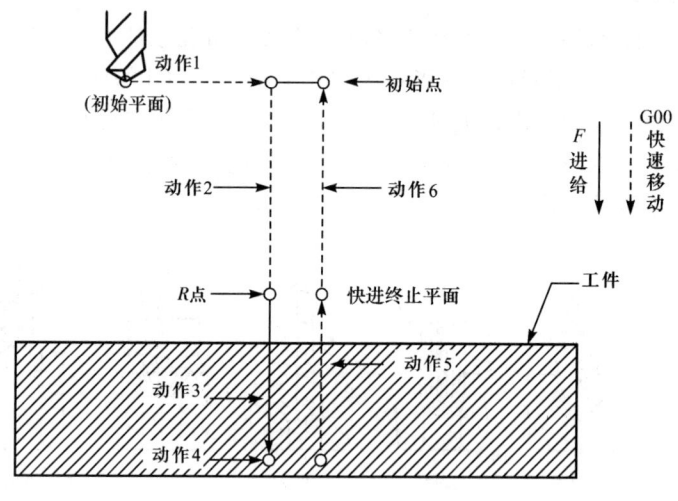

图 4-24　固定循环的动作顺序

动作 1:在初始平面上快速定位所加工的孔中心位置;
动作 2:快速移动接近工件到快进终止平面(R 点)位置;
动作 3:按速度 F 进给加工到孔底;
动作 4:在孔底的动作(进给暂停、主轴停止、主轴反转等动作);

动作5：返回到快进终止平面（R点）位置；
动作6：快速返回到初始平面位置。

4. 编程格式

(1) 建立孔加工固定循环指令的格式

"返回位置指令"+"建立固定循环指令"+ X__Y__Z__R__Q__P__F__K__；

返回位置指令：G98（快速返回到初始平面/初始点位置）或G99（返回到快进终止平面/R点位置）；

建立固定循环指令：只能使用表4-8中的G73、G74、G76、G81、G82、G83、G84、G85、G86、G87、G88、G89中的一个指令。

指令格式中各参数的含义：X、Y指定所加工孔的中心坐标；Z指定孔底Z坐标；R指定快速终止平面的Z坐标；Q指定每次轴向进给加工的深度；P指定加工到孔底后进给暂停的时间（与G04相同）；F指定轴向进给加工速度；K指定相同孔重复加工的个数。

上面指令格式给出的是完整的指令格式，不同的指令可能不必定义所有的参数，按指令中各参数的含义是不变的。

例如，指令"G99 G73 X10 Y10 R5 Z-20 Q5 P2000 F50；"表示采用G73指令功能按50 mm/min的进给速度钻一个孔，X10、Y10是孔中心的坐标，Z-20是孔底的深度坐标，Q5每次钻孔进给5 mm后抬刀一次排屑，P2000是加工到孔底时进给暂停2 s，G98是抬刀退回到Z坐标等于5 mm的R点高度。

(2) 取消孔加工固定循环的指令格式

G80；

5. 固定循环编程注意事项

(1) 定位平面

由平面选择代码G17、G18或G19决定。立铣床的G17可省略。

(2) 重复次数

在K中指定相同孔重复加工次数。这里的相同孔不仅要满足孔的形状、尺寸及加工精度完全相同，还要满足各孔在坐标轴方向的孔间距相同。K仅在被指定的程序段内有效。

(3) 取消固定循环

使用G80或01组G代码，都可以取消固定循环。

二、固定循环指令的应用

1. 钻孔循环指令

钻孔的固定循环指令有G73、G83、G81、G82，用于钻孔、扩孔和铰孔。其中G73、G83用于深孔的加工，G81、G82用于浅孔的加工。

(1) 高速深孔加工循环指令G73

适用于孔的径深比（直径和孔深度之比）大于1且小于5，加工精度不高于9级的孔的钻、扩、铰加工。

指令格式：G98/G99 G73 X__Y__Z__R__Q__F__K__；

说明：

①执行G73循环指令的过程如图4-25所示，机床首先快速定位刀位点于X、Y坐标，并快速下刀到R点，然后以速度F沿着Z轴执行间歇进给，进给一个深度Q后回退一个退刀

距离 d，将切屑带出，再次进给。

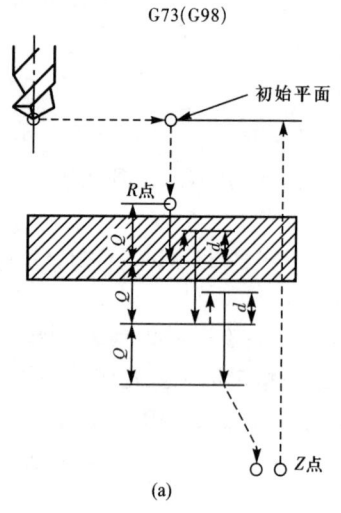 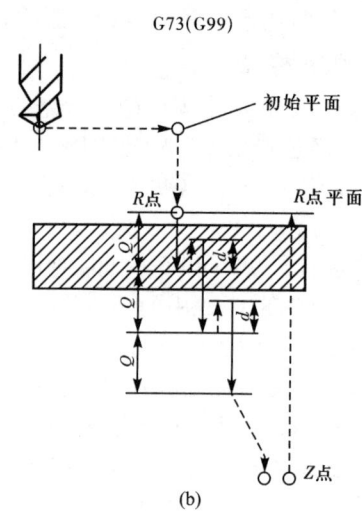

图 4-25 G73 循环过程

②指定刀具长度偏置(G43、G44)时，在定位到 R 点的同时加偏置。
③同一个程序段只能写一个固定循环指令。
④同一把刀加工孔完成后，要用 G80 取消固定循环。
⑤不能在同一程序段中指定 01 组 G 代码和 G73，否则，G73 将被取消。
⑥在固定循环指令格式下，如果有刀具的半径补偿设置将被忽略。

例 4-4

如图 4-26 所示，用高速排屑钻孔循环指令 G73 编程加工两个孔，采用 $\phi16$ mm 钻头加工，编程坐标系如图示。

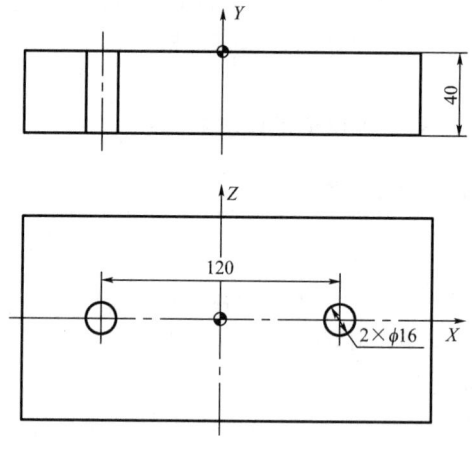

图 4-26 例 4-4 图

O0001
N10 G54 X0 Y0 Z200 M03 S400;　　　（主轴开始旋转）
N20 G00 Z50;　　　（初始平面）

```
N30 G90 G99 G73 X-60 Y0 Z-50 R5 Q10 F50;   (G73加工左边孔后返回到R点)
N40 G98 X60;                                （定位到右边孔,G73加工完返回到初始平面）
N50 G80 G28 X0 Y0 Z200;                     （取消固定循环,返回参考点）
N60 M05;                                    （主轴停止旋转）
```

(2)深孔加工循环 G83

适用于加工精度高于 9 级,径深比大于 5 的钻、扩、铰的孔加工。

指令格式:G98/G99 G83 X__ Y__ Z__ R__ Q__ F__ K__;

可以看出 G83 的指令格式和 G73 是相同的,但是它的加工动作是有区别的。

说明:

① 执行 G83 循环指令的过程与 G73 指令相似,机床首先快速定位刀位点于 X、Y 坐标,并快速下刀到 R 点,然后以速度 F 沿着 Z 轴执行间歇进给,进给一个深度 Q 后回退到孔外的 R 点高度将切屑带出,再次进给。

② G73 和 G83 都用于深孔加工,由于 G83 每次进给一个深度 Q 后都退回 R 点,有利于排屑,冷却效果比 G73 好,适合更深及加工精度高的孔加工。

例 4-5

加工如图 4-27 所示的三个相同孔。

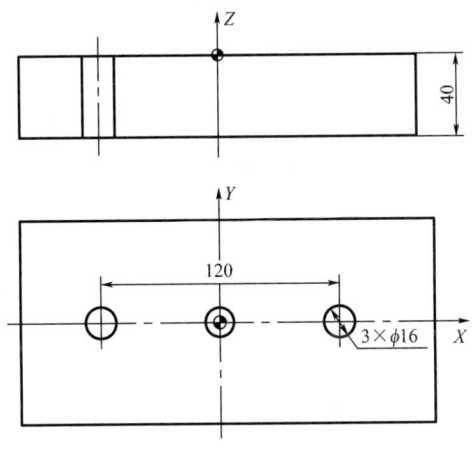

图 4-27　例 4-5 图

```
O0002
N10 G54 X0 Y0 Z100 M3 400;        （建立工件坐标系,主轴开始旋转）
N20 G00 Z50;                       （初始平面）
N30 G90 G99 G83 X-60 Y0 Z50 R3 Q8 F40;   （定位左孔,G83钻孔,然后返回到R点）
N40 G91 X60 K2                     （按增量坐标沿 X 轴正方向每次增大 60 mm,
                                    G83加工相同的孔,重复加工K=2,加工完
                                    中间和右边孔后,返回到R点）
N50 G90 G80 G00 X0 Y0 Z100;        （取消循环,抬刀到换刀高度）
N60 M30;                           （程序结束）
```

(3)浅孔及中心孔的加工循环 G81

适用于加工径深比小于 2 的钻、扩、铰孔及中心孔钻孔加工。

指令格式:G98/G99 G81 X＿Y＿Z＿R＿F＿K＿;

说明:

该指令执行后,刀具按 F 进给速度一次加工到孔底位置,然后从孔底快速退回到 G98 或 G99 指定的高度。

(4)浅孔钻孔加工循环 G82

同 G81 适用于浅孔及中心孔加工,与 G81 区别是切削进给执行到孔底时,执行暂停 P,然后刀具再从孔底快速移动退回。特别适用于锪平孔的加工。

指令格式:G98/G99 G82 X＿Y＿Z＿R＿P＿F＿K＿;

说明:该指令执行后,刀具按 F 进给速度一次加工到孔底位置,然后暂停时间 P(ms),再快速退回到 G98 或 G99 指定的高度。

2. 攻螺纹循环指令

攻螺纹固定循环指令一般用于使用丝锥加工直径小于 25 mm 的孔螺纹,由于螺纹分为左旋和右旋螺纹,所以攻螺纹指令分为左旋攻螺纹指令 G74 和右旋攻螺纹指令 G84。

指令格式:G98/G99 G74/G84 X＿Y＿Z＿R＿P＿F＿K＿

执行攻螺纹循环指令后,刀具在初始平面高度快速到 X、Y 坐标定义孔中心位置,快速向下移动接近工件到 R 点高度,按速度 F 采用左旋 G74 或右旋 G84 攻螺纹到 Z 坐标指定深度,主轴暂停时间 P,反向旋转按速度 F 退出孔到 R 点高度(G99)或初始平面高度(G98)。

例 4-6

加工一个 M12 的左旋孔螺纹,光孔孔底 Z 坐标为 −20,螺纹深度为 15 mm(螺纹终止线 Z 坐标为 −15),定义孔中心为编程坐标系原点,孔上平面 Z 为 0。刀具钻头 T01 为基准刀具,左旋丝锥 T02,长度比基准刀短 5.35 mm,储存在 H02=5.35 中。

```
O0005
N10 G54 X0 Y0 Z100 M03 S400;            (建立工件坐标系,主轴正转)
N20 T01 M06;                            (调用钻头)
N30 G00 Z50;                            (定位到初始平面高度)
N40 G98 G73 X0 Y0 Z-20 R4 Q6 F50;       (钻孔)
N50 G80 G00 X0 Y0 Z200;                 (取消循环)
N60 T02 M06;                            (自动换刀调用丝锥)
N100 G00 G43 Z50 H02 M04 S300;          (定位到初始平面高度并建立长度补偿,主轴反转)
N120 G98 G74 X0 Y0 Z-15 R3 P1500 F40.;  (攻螺纹后返回到初始平面高度)
N130 G80 G40 G00 X0 Y0 Z200;            (取消循环和长度补偿)
N190 M05;                               (主轴停止旋转)
```

3. 镗孔加工循环

在数控铣床上可以镗孔和镗螺纹,其循环指令有 G76、G85、G86、G87。

(1)精镗孔和镗螺纹孔的循环指令 G76

指令格式：G98/G99 G76 X＿Y＿Z＿R＿Q＿P＿F＿K＿;

其中，Q 指定径向偏移量；P 指定在孔底暂停时间。

适用精镗孔和镗内螺纹孔。其加工过程如图 4-28 所示，刀具轴线与孔中心在初始平面定位，快速向下移动到 R 点高度，以速度 F 镗孔到孔底 Z，暂停时间 P，同时主轴准停（定向停止）、刀具沿刀尖向轴线方向偏移 Q，刀尖退离加工面，然后向上快速退出孔至 R 点或初始平面。

如果是镗螺纹孔，速度 F 必须等于导程。

G76 循环加工到孔底时，主轴开始处于暂停状态，刀尖先径向退离加工面，再从孔中退出。这样在回退时可以保证刀具不接触孔的表面，保证加工质量。

(2)镗孔循环 G85、G86

该循环用于镗孔。G86 与 G85 区别是 G86 镗孔到孔底，主轴自动暂停后再退刀返回，G85 没有主轴停止动作。

指令格式：G98/G99 G85/G86 X＿Y＿Z＿R＿F＿K＿;

G85/G86 镗孔过程都是先在初始平面定位刀具与孔轴线同轴，再快速向下到 R 点高度，然后按速度 F 镗扩孔到孔底。加工到孔底后，G85 指令下刀具快速向上移动到 R 点或初始平面高度，G86 指令下主轴先停止，然后再向上移动到 R 点或初始平面高度。

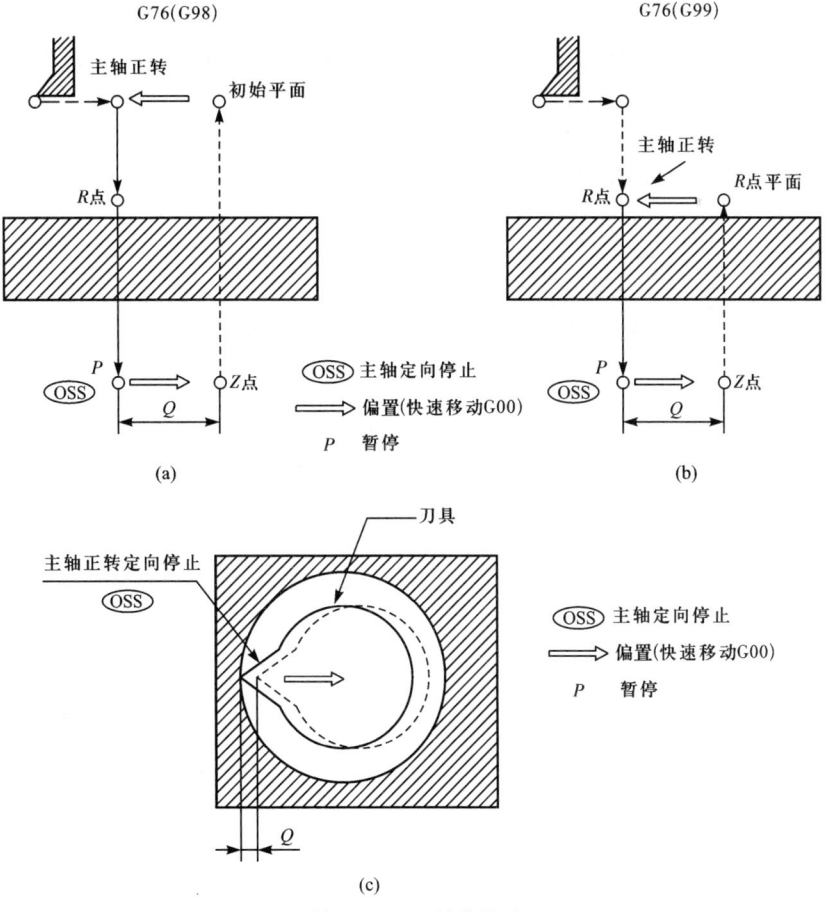

图 4-28　G76 镗孔循环

(3)反向精镗孔循环 G87

该指令适合精密镗削通孔,与 G76 的区别是镗孔加工的过程是由孔底向上镗削,此时刀杆受拉力,可防止震动。当刀杆较长时使用该指令可提高孔的加工精度。

指令格式:G98 G87 X__ Y__ Z__ R__ Q__ P__ F__ K__ ;

其中,Q 指定径向偏移量;P 指定在孔底暂停时间。

执行 G87 循环指令,如图 4-29 所示,刀具轴线在初始平面快速定位孔中心(X,Y)后,主轴停止,刀具沿径向向刀尖反方向偏移距离 Q,快速向下定位到 R 点位置(注意:是孔底的下端),刀具再向刀尖方向上偏移回距离 Q,主轴正转开始从 R 点向上镗孔到 Z 点,主轴再次停止,刀具再向刀尖的相反方向移动距离 Q,然后继续向上返回到初始平面位置。

因为 R 点在孔底下端,该指令只能用 G98 的方式。

其他参见 G73 指令说明。

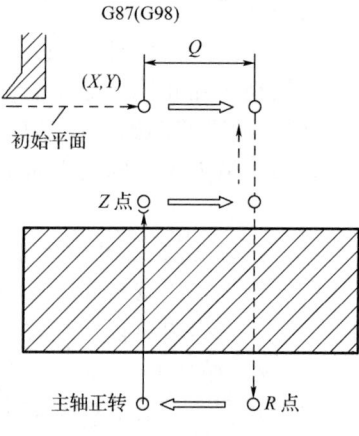

图 4-29 G87 循环过程

例 4-7

如图 4-30 所示,在数控铣床上加工孔,工艺过程是钻头钻 $\phi30$ mm 预备孔,粗扩孔 $\phi75$ mm 半精镗孔到 $\phi79.5$ mm,再反向精镗到图示尺寸。下面按图示所标注的编程坐标系,编写反向精镗孔的加工程序。定义初始平面高度 $Z=50$,反向镗孔结束位置 $Z=1$,R 点 Z 坐标位置 $Z=-102$。编制程序如下:

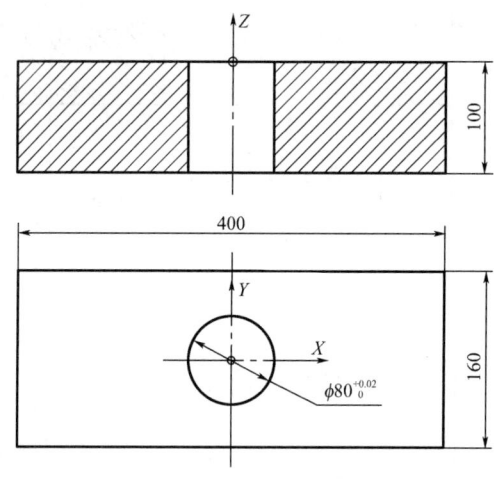

图 4-30 例 4-7 图

O0006
N10 G54 X0 Y0 Z200 M03 S500;   (主轴开始旋转)
N15 G00 Z50;   (定位到初始平面高度)
N20 G90 G98 G87 X0 Y0 Z1 R-102 Q2000 P1000 F50; (G87 反向精镗循环指令)
N30 G80 G00 X0 Y0 Z200;   (返回换刀高度,取消循环)
N40 M05;   (主轴停止旋转)

单元(六) 加工中心基本编程应用

技能目标

具备中级工工艺编程能力。

核心知识

数控铣及加工中心常用的编程指令应用。

例 4-8

加工中心铣削如图 4-31 所示零件，精毛坯为 400 mm×160 mm×30 mm，编程坐标系如图 4-31 所示。

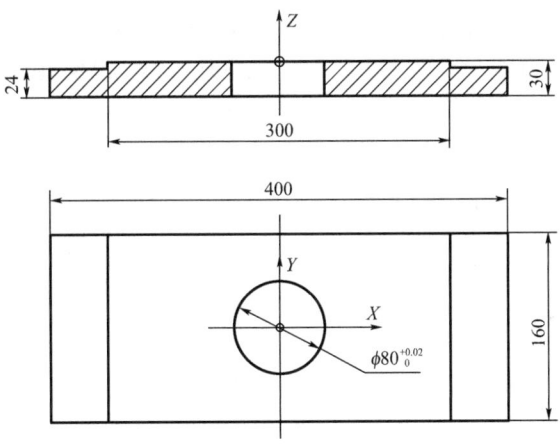

图 4-31　例 4-8 图

1. 选择刀具

T01（刀补地址码 H01，D01）为 $\phi 60$ mm 的盘铣刀用来加工两侧的缺口槽。

T02（刀补地址码 H02）为 $\phi 40$ mm 的钻头钻预备孔。

T03（刀补地址码 H03）可调式镗刀，扩孔到 $\phi 45$ mm、$\phi 50$ mm、$\phi 55$ mm、$\phi 60$ mm、$\phi 65$ mm、$\phi 70$ mm、$\phi 75$ mm、$\phi 79.5$ mm。

T04（刀补地址码 H04）镗刀精加工零件图示尺寸。

2. 加工工艺过程（步骤）

(1) 精毛坯使用精密平口钳安装在立式加工中心工作台上，四把刀具按刀具号对应安装在刀库的刀位上。

(2) T01 铣两侧缺口。

(3) T02 钻孔。

(4) T03 扩孔 8 次到 $\phi 79.5$ mm。

(5) T04 精镗到最终尺寸（编程尺寸为 $\phi 80.01$ mm）。

3. 编程

O0223

N5 G90 G54 X0 Y0 Z200；	（调用工件坐标系）
N10 T01 M06；	（调用 φ60 mm 的盘铣刀）
N20 G43 G00 X-150 Y-200 Z5 H01 M03 S800；	（刀具快速下移到工件左前角的上方,建立长度正补偿）
N25 G00 Z-6；	（轴向移动到加工深度）
N30 G41 G01 X-150 Y-80 F100 D01；	（直线插补到左槽加工起点,建立半径左补偿）
N35 Y81；	（加工左侧槽）
N40 G00 X150；	［快速移动到右侧槽加工起点(X150,Y81)］
N45 G01 Y-82；	（加工右侧槽）
N50 G49 Z5；	（抬刀到工件上方,并取消长度补偿）
N55 G00 G40 X0 Y0 Z200；	（快速抬刀到换刀点高度并取消半径补偿,槽加工完毕）
N60 T02 M06；	（调用 φ40 mm 的钻头）
N65 G00 G43 X0 Y0 Z50 H02 M03 S300；	（下移到初始高度并建立长度正补偿）
N70 G98 G73 X0 Y0 Z-50 R5 Q8 F50；	（高速固定循环钻 φ40 mm 孔）
N75 G80 G00 Z200 H00；	（快速上移到换刀点高度并取消长度补偿和固定循环）
N80 T03 M06；	（换镗刀扩孔,初始调整镗刀直径到 φ45 mm）
N85 G00 G43 X0 Y0 Z50 H03 M03 S800；	（快速下移初始平面高度建立刀具长度正补偿）
N90 G98 G85 X0 Y0 Z-35 R5 F100；	（第一次扩孔镗到 φ45 mm）
N95 M00；	（程序暂停,调整镗刀直径到 φ50 mm 后再按机床循环加工按钮）
N100 G98 G85 X0 Y0 Z-35 R5 F100；	（扩孔到 φ50 mm）
N105 M00 ；	（调整镗刀直径到 φ55 mm）
N110 G98 G85 X0 Y0 Z-35 R5 F100；	（扩孔到 φ55 mm）
N115 M00；	（调整镗刀直径到 φ60 mm）
N120 G98 G85 X0 Y0 Z-35 R5 F100；	（扩孔到 φ60 mm）
N125 M00；	（调整镗刀直径到 φ65 mm）
N130 G98 G85 X0 Y0 Z-35 R5 F100； φ	（扩孔到 φ65 mm）
N135 M00；	（调整镗刀直径到 φ70 mm）
N140 G98 G85 X0 Y0 Z-35 R5 F100；	（扩孔到 φ70 mm）
N145 M00；	（调整镗刀直径到 φ75 mm）
N150 G98 G85 X0 Y0 Z-35 R5 F100；	（扩孔到 φ75 mm）
N155 M00；	（调整镗刀直径到 φ79.5 mm）
N160 G98 G85 X0 Y0 Z-35 R5 F100；	（扩孔到 φ79.5 mm）
N165 G80 G49 G00 Z200；	（取消长度补偿和固定循环）
N170 T04 M06；	（换精加工镗刀,已经调整镗刀直径到 φ80.01 mm）
N175 G00 G43 Z50 M03 S1500；	（建立刀具长度正补偿,下移到初始平面高度Z50）
N180 G98 G76 X0 Y0 Z-35 R5 Q500 P1000 F60；	（精镗孔到 φ80.01 mm）
N185 G00 G80 G49 Z200；	（取消循环及长度刀具补偿,上移到换刀高度）
N190 M30；	（程序结束）

例 4-9

如图 4-32 所示,板的厚度为 16 mm,使用 FANUC 加工中心机床,用固定循环指令加工 10 个螺纹通孔。

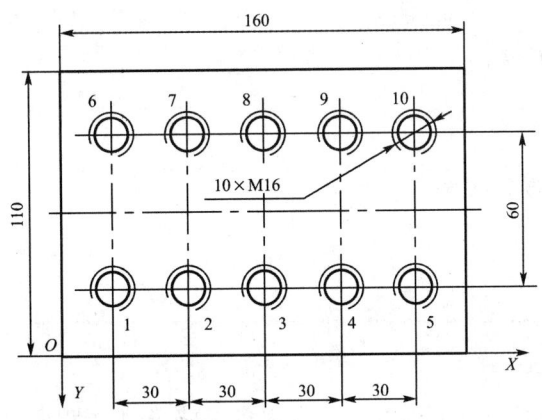

图 4-32 例 4-9 图

定义编程坐标系原点在工件上平面的左下角,如图 4-32 所示,工件上表面 Z 坐标为 0。加工过程是先采用 G73 指令钻 ϕ14.5 mm(钻头 T01、H01)螺纹小径孔,用 G84 指令加工 M16 螺纹(丝锥 T02、H02)。定义初始平面高度 $Z=100$,R 点高度为 4,为保证加工出完整的通孔,加工到孔底的位置为 $Z=$ 板厚度 16+刀具半径$=-24$ mm。加工程序如下:

O0222	
N05 G54 X0 Y0 Z200;	(调用所建立的工件坐标系 G54)
N10 T01;	(选 1 号刀)
N20 M06;	(自动换刀)
N30 M03 S800;	(主轴开始旋转)
N40 G90 G00 G43 Z100 H01;	(移动到初始平面高度,建立刀具长度正补偿)
N50 G99 G73 X20 Y−25 Z−24 R4 Q8 F120;	(建立加工循环,定位孔 1,钻孔,然后返回到 R 点)
N60 G91 X30 K4;	(增量坐标定位孔 2,加工孔 2~孔 5)
N70 Y−60;	(定位孔 10,加工孔 10 后返回到 R 点高度)
N80 X−30 K4;	(坐标定位孔 9,加工孔 9~孔 6 后返回到 R 点)
N90 G90 G80 G00 Z100 H0;	(取消循环和刀具长度补偿,返回到初始高度)
N100 T02;	(选 2 号刀)
N110 M06;	(自动换刀)
N120 M03 S400;	(主轴开始旋转)
N130 G90 G00 G43 Z100 H02;	(移动到初始平面高度,建立刀具长度正补偿)
N140 G99 G84 X20 Y−25 Z−24 R4 F60;	(建立加工循环,定位孔 1,攻螺纹,然后返回到 R 点)
N150 G91 X30 K4;	(增量坐标定位孔 2,攻螺纹孔 2~孔 5)
N160 Y−60;	(定位孔 10,攻螺纹孔 10 后返回到 R 点)
N170 X−30 K4;	(坐标定位孔 9,攻螺纹孔 9~孔 6 后返回到 R 点)
N180 G90 G40 G80 G00 Z100;	(取消刀具长度补偿和加工循环,返回到初始平面)
N190 M30;	(程序结束)

单元七 图形变换指令及其应用

技能目标

具备编程应用能力。

核心知识

子程序结构；宏程序变量编程。

一、子程序

1. 主程序和子程序

数控铣削中使用子程序的场合比数控车削多，数控铣削子程序的应用与数控车削相同。

当主程序调用子程序时，这个子程序被认为是一级子程序。子程序内还可以调用其他子程序(二级子程序)，以此类推，最多可以嵌套4级。

主程序中可以重复地调用子程序，最多999次。

2. 主程序、子程序编程应用

例 4—10

如图 4-33 所示，在某零件上钻削 16 个 ϕ10 mm 孔，选用 ϕ10 mm 钻头钻孔，试编写加工各孔的程序。

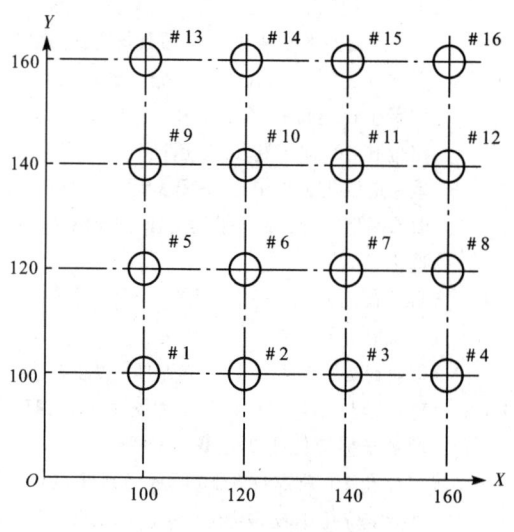
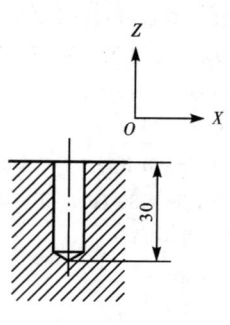

图 4-33 例 4-10 图

主程序：
O0001   （主程序号）
N10 G90 G54 X0 Y0 Z200；   （调用所建立的G54工件坐标系）
N20 G00 Z20；   （快速至初始平面高度）
N30 M03 S300；   （启动主轴）
N40 G00 X100 Y100；   （定位到孔1）
N50 M98 P1000；   （调用子程序加工孔1、2、3、4）
N60 G90 G00 X100 Y120；   （定位到孔5）
N70 M98 P1000；   （调用子程序加工孔5、6、7、8）
N80 G90 G00 X100 Y140；   （定位到孔9）
N90 M98 P1000；   （调用子程序加工孔9、10、11、12）
N100 G90 G00 X100 Y160；   （定位到孔13）
N110 M98 P1000；   （调用子程序加工孔13、14、15、16）
N120 G90 G80 G00 Z200；   （取消孔固定循环）
N130 M30；   （程序结束）
子程序：
O1000   （子程序号）
N10 G99 G82 Z−30 R5 P2000 F50；   （钻孔，返回R平面）
N20 G91 X20 K3；   （沿X轴方向每增大20 mm钻另外三个孔，返回R平面）
N30 M99；   （子程序结束）

二、宏程序

数控铣削加工中宏程序的应用与数控车相同，宏程序的含义、结构等详见模块三中的相关内容。这里主要学习数控铣削中宏程序的逻辑应用。

例 4-11

编制宏程序，计算数值1～10之和。
（1）应用条件转移"IF［判别式］GOTOn"语句编写程序
O0001
N10 #1=0；   （#1为求和变量，先赋值为0）
N20 #2=1；   （#2为数值变量，先取1）
N30 IF[#2 GT 10] GOTO70；   （#2取值1～10，当#2取值大于10时，无条件转移到N70程序段）
N40 #1=#1+#2；   （求和计算）
N50 #2=#2+1；   （数值变量每次增大1）
N60 GOTO30；   （无条件转移到N30程序段）
N70 M30；   （程序结束）

(2)应用循环转移"WHILE［判别式］DOm"语句编写程序

O1020；
N10 #1=0；　　　　　　　　（#1为求和变量，先赋值为0）
N20 #2=1；　　　　　　　　（#2为数值1～10变量，先取1）
N30 WHILE DO1；　　　　　（当#2取值小于10时，执行DO1到END1之间的程序段，否则执行END1下面的程序段）
N40 #1=#1+#2；　　　　　　（求和计算）
N50 #2=#2+1；　　　　　　　（数值变量每次增大1）
N60 END1；　　　　　　　　（无条件转移到N30程序段）
N70 M30；　　　　　　　　 （程序结束）

三、图形变换加工编程

图形变换是计算机图形学图形图像处理的技术方法，在CAD软件中图形变换是必备的图形处理功能。主要的图形变换形式有图形的平移、复制、缩放、阵列、镜像、旋转等，图形变换的转换原理是图形在一种状态下的数学模型（数组模型）经过矩阵变换计算变成新的数学模型所显示的图形。在计算机图形学中这种图形变换可以是二维图形，也可以是三维图形，但在数控加工中图形变换是二维图形的变换，因为三维变换需要强大的计算机系统的数值计算和控制系统支撑。尽管计算机图形学描述的图形变换有多种形式，但数控机床加工中主要使用镜像和旋转功能。下面以立式铣床加工为例介绍图形变换的编程格式与应用（立式铣床工作台平面由XOY坐标面确定）。

1. 镜像加工编程

（1）指令格式

G51.1 X＿；

M98/G65 P＿；

G50.1 X＿；

其中，G51.1用来建立镜像；G50.1用来取消镜像；M98/G65用于调用所要变换的图形镜像加工子程序。

（2）说明

X、Y、Z镜像轴在指令中只能用一个，如"G51.1 X20；"是以$X=20$直线为镜像对称轴，"G51.1 Y-18；"是以$Y=-18$直线为镜像对称轴。同样，取消镜像的指令用"G50.1 X20；""G50.1 X-18；"后面跟的所取消的镜像对称轴与G51.1一致。"M98 P＿；"调用的是镜像对象加工的子程序，"G65 P＿；"调用的是镜像加工宏程序。

例 4-12

用镜像功能编制加工图 4-34 所示零件中两个正方形凸台的程序,编程原点在上平面上的左前角。

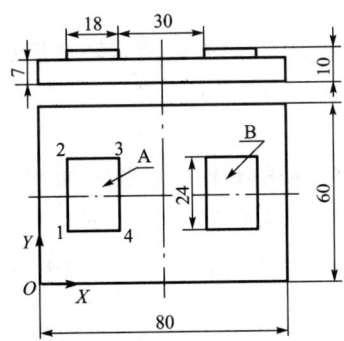

图 4-34 例 4-12 图

使用 φ20 mm 立铣刀,先加工凸台 A,走刀轨迹为 1—2—3—4—1,然后镜像加工凸台 B。将凸台 A 的加工程序作为子程序。

程序如下:

O0001	(主程序号)
N10 G90 G54 G00 X0 Y0 Z50;	[建立坐标系,刀具移至(0,0,50)处]
N20 S700 M03;	(主轴正转启动)
N30 M98 P0500;	(调用子程序加工凸台 A)
N40 G51.1 X40;	(以 $X=40$ mm 直线为对称轴建立镜像加工)
N50 M98 P0500;	(调用子程序加工凸台 B)
N60 G50.1 X40;	(取消以 $X=40$ mm 直线为对称轴的镜像加工)
N70 G00 Z100;	(快速抬刀 Z100)
N80 M30;	(主轴停,加工结束)
O0500	(加工 A 凸台的子程序)
N10 G00 G00 X0 Y−22;	(移动到工件外围准备下刀的位置)
N20 Z−3;	(快速下刀到起刀点,加工深度 $Z=-3$ mm)
N30 G41 G01 X7 Y18 D01 F80;	(建立半径左补偿,直线插补到 1 点)
N40 Y42;	(从 1 点加工到 2 点)
N50 X25;	(加工到 3 点)
N60 Y18;	(加工到 4 点)
N70 X7;	(加工到 1 点)
N80 G00 Z10;	(快速抬刀 Z10)
N90 G40 X0 Y0;	(取消半径补偿)
N100 M99;	(返回主程序)

2. 旋转加工编程

(1)指令格式

G68 X__ Y__ R__；

M98/G65 P__；

G69；

其中，G68 用来建立旋转变换；G69 用来取消旋转变换；M98/G65P 调用所要旋转变换的图形加工子程序。

(2)说明

G68 后 X、Y 是加工图形旋转变换的旋转中心坐标，如果 X、Y 省略，G68 指令认为刀位点当前的位置即旋转中心。R 为旋转角度(单位为度)，逆时针为正，顺时针为负。G69 取消旋转。M98 P__；调用的是旋转对象加工的子程序，G65 P；调用镜像加工的子程序是宏程序。

例 4-13

如图 4-35(a)所示，在数控铣床上铣零件上两个对称分布的槽孔适合采用旋转加工指令编程。图上可知槽孔的宽度可以采用直径为 10 的键槽立铣刀直接加工，旋转中心坐标在编程坐标系原点。

如何编写加工一个槽孔的子程序？如图 4-35(a)所示，两个槽孔加工轨迹坐标都需要三角函数计算，比较麻烦。如果假设有一个槽孔在 Y 轴上，如图 4-41(b)所示，加工轨迹起点 a 和终点 b 的坐标就很容易确定了，即 a(X0,Y40)，b(X0,Y90)。在实际加工中并不加工这个假想孔，只需用子程序采用旋转变换顺时针和逆时针各旋转 30°就可以加工对称的两个槽孔。

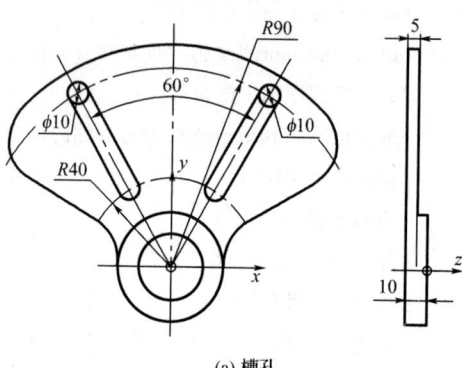
(a) 槽孔

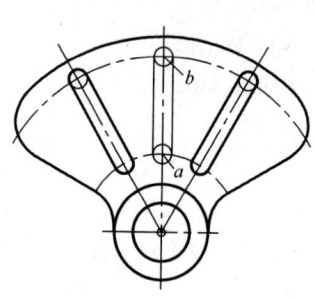
(b) 假想按槽孔在 Y 轴上加工编程

图 4-35 例 4-13 图

编制的铣床铣削加工程序如下：

O0002   (主程序)
N10 G90 G54 X0 Y0 Z200；
N20 M03 S800；
N30 G00 Z5；
N40 G68 X0 Y0 R30；   (建立旋转变换加工左边的槽孔)
N50 M98 P0021；   (调加工 Y 轴上假想槽孔子程序，完成左边槽孔的加工)

```
N60 G69;                        (取消旋转变换)
N70 G68 X0 Y0 R-30;             (建立旋转变换加工右边的槽孔)
N80 M98 P0021;                  (调加工Y轴上假想槽孔子程序,完成右边槽孔的
                                 加工)
N90 G69;                        (取消旋转变换)
N100 G00 Z200 M30;              (程序结束)
O0021                           (加工Y轴上假想槽孔的子程序)
N10 G00 X0 Y40;                 (定位到a点的上方)
N20 G01 Z-8 F50;                (直线向下钻孔到第一层切削深度)
N30 Y90;                        (从a点加工到b点)
N40 Z-10.5;                     (向下钻孔深度2.5 mm,钻通工件)
N50 Y40;                        (从b点加工到a点,完成槽孔加工)
N60 G00 Z5;                     (抬刀到工件表面以上5 mm)
N70 M99;                        (子程序结束)
```

思考与练习

一、选择填空题

1. 加工中心按照主轴在加工时的空间位置分类,可分为立式加工中心、(　　)。
   A. 复合加工中心　　　　　　　　B. 五面加工中心
   C. 卧式加工中心和万能加工中心　　D. 单体加工中心

2. 加工中心的自动换刀的指令是(　　)。
   A. G06　　　B. G08　　　C. M06　　　D. M08

3. 加工中心的刀具调用由(　　)管理。
   A. 软件　　　B. PLC　　　C. 硬件　　　D. ATC

4. 刀具补偿的作用是(　　)。
   A. 提高加工效率　　　　　B. 提高编程效率
   C. 提高加工精度　　　　　D. 提高编程精度

5. 在运算指令中,#i=COS[#j]代表(　　)。
   A. 取极大值　　B. 反余弦(度)　　C. 求方差　　D. 余弦函数

6. 加工曲面时,三坐标同时联动的加工方法称为(　　)加工。
   A. 3维　　　B. 2.5维　　　C. 7.5维　　　D. 0.5维

7. 自循环指令,"WHILE[条件表达式]DOm…ENDm;"表示当条件表达式满足时,就执行(　　)程序段。
   A. END后　　B. WHILE之前　　C. WHILE和END中间　　D. 结尾

8. (　　)是由于采用了近似的加工运动或者近似的刀具轮廓而产生的。
   A. 质量误差　　B. 体积误差　　C. 原理误差　　D. 形状误差

9. 刀具进入正常磨损阶段后,磨损速度(　　)。
   A. 增大并趋于不稳定　　B. 不变　　C. 减小且趋于稳定　　D. 无法确定

10. 数控机床有不同的运动形式,需要考虑工件与刀具相对运动关系及坐标方向,编写

程序时,采用( )的原则编写程序。
    A. 刀具固定不动,工件移动
    B. 铣削加工刀具固定不动,工件移动;车削加工刀具移动,工件不动
    C. 分析机床运动关系后再根据实际情况
    D. 工件固定不动,刀具移动
11. 暂停2 s,下列指令正确的是( )。
    A. G04 P2000   B. G04 P200   C. G04 P20   D. G04 P5
12. 高速切削时应使用( )类刀柄。
    A. BT40   B. CAT40   C. JT40   D. HSK63A
13. 在数控铣床上用φ20 mm铣刀执行程序"G02 X74 Y32 I20 F180;"后,其加工圆弧的直径尺寸是( )mm。
    A. 20   B. 30   C. 40   D. 50
14. G01指令在遇到( )指令后,仍然有效。
    A. G00   B. G01   C. G04   D. G03
15. 在铣削一个XOY平面上的圆弧时,圆弧起点为(30,0),终点为(−30,0),半径为50 mm,圆弧起点到终点的旋转方向为顺时针,则铣削圆弧的指令为( )。
    A. G17 G90 G02 X−30 Y0 R50 F50;
    B. G17 G90 G03 X−300 Y0 R−50 F50;
    C. G17 G90 G02 X−30 Y0 R−50 F50;
    D. G18 G90 G02 X30 Y0 R50 F50;
16. 程序段"G00 G01 G02 G03 X50 Y70 R30 F70;"最终执行( )指令。
    A. G00   B. G01   C. G02   D. G03
17. 设H01=6 mm,则执行"G43 G01 Z−15;"程序段后的实际移动量是( )。
    A. 9 mm   B. 21 mm   C. 15 mm   D. 11 mm
18. 数控编程时,应首先设定( )。
    A. 机床原点   B. 固定参考点   C. 机床坐标系   D. 编程坐标系
19. 刀具长度补偿使用地址( )。
    A. H   B. T   C. R   D. D
20. 钻较深孔采用的指令是( )。
    A. G81   B. G82   C. G83   D. G84

二、简答题

1. 数控铣床是如何分类的?
2. 数控铣削加工的特点是什么?
3. 数控铣床的安全操作及机床保养应注意的问题有哪些?
4. 数控铣削加工工序划分的原则是什么?
5. 什么是刀具的长度补偿?有哪些指令?
6. 什么是刀具的半径补偿?有哪些指令?
7. 说明孔加工固定循环的固定动作顺序。
8. 铣刀分为哪几种类型?各自加工特点是什么?
9. 什么是顺铣?什么是逆铣?各适用于什么场合?
10. 数控铣床切削加工走刀的方式有哪些?
11. 数控铣削适合哪些表面的加工。
12. 图形变换加工的类型有哪些?写出镜像和旋转加工的指令格式。

三、编程题

1. 如图 4-36 所示零件,编制其数控加工中心加工工序卡和程序。

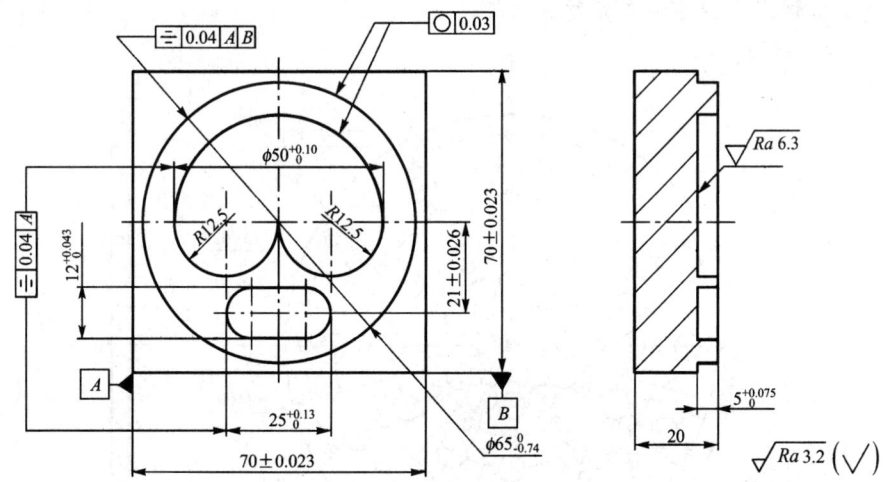

图 4-36　编程题 1 图

2. 如图 4-37 所示零件,编制加工中心加工工序卡和程序。

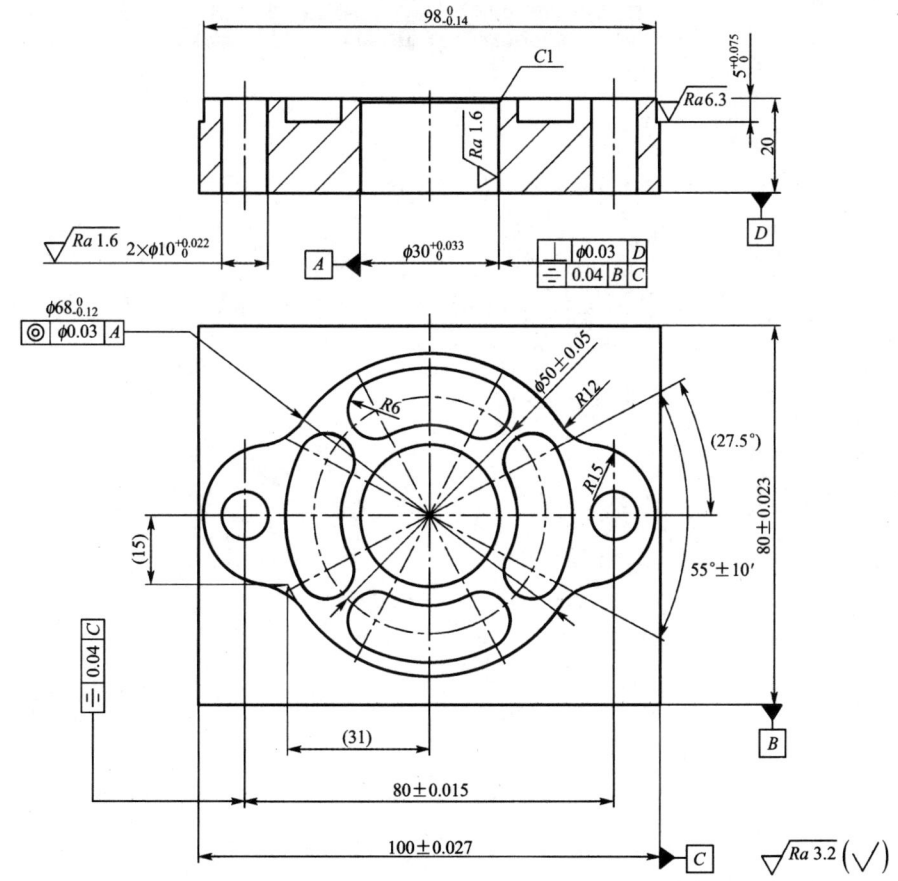

图 4-37　编程题 2 图

3. 用加工中心加工如图 4-38 所示零件上的孔系,编写其加工程序。提示:将加工 Y 轴正轴上 1、2、3 三个 φ10 mm 孔和 a、b、c 三个 φ5 mm 的孔分别编制为子程序,再在主程序中采用旋转加工调用子程序加工完所有的阵列孔。

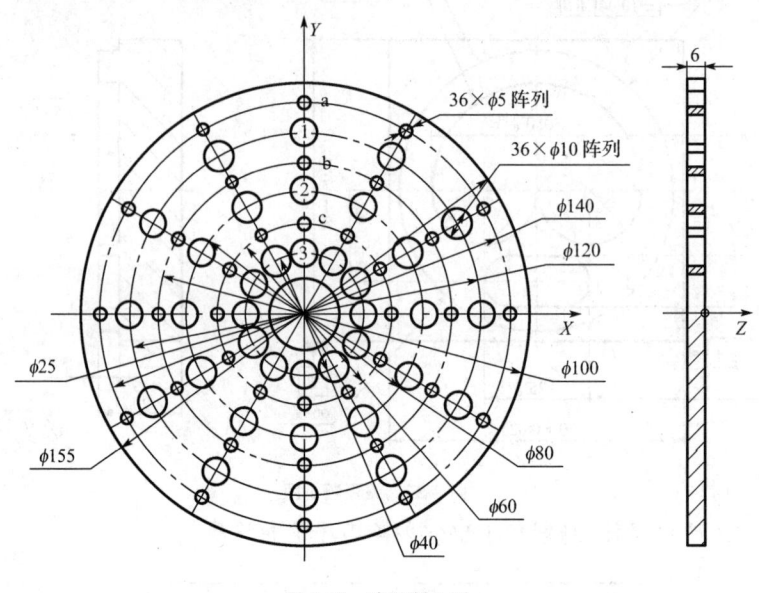

图 4-38　编程题 3 图

模块五 模具数控铣削编程应用

单元（一） 数控铣床加工工艺与程序设计

技能目标 >>>

具备数控铣床上准确选择刀具、正确安装工件、合理选择加工顺序及完整编制加工程序的能力。

工作任务 >>>

如图 5-1 所示模板零件，单件生产，编制其数控铣削工艺卡及加工程序。

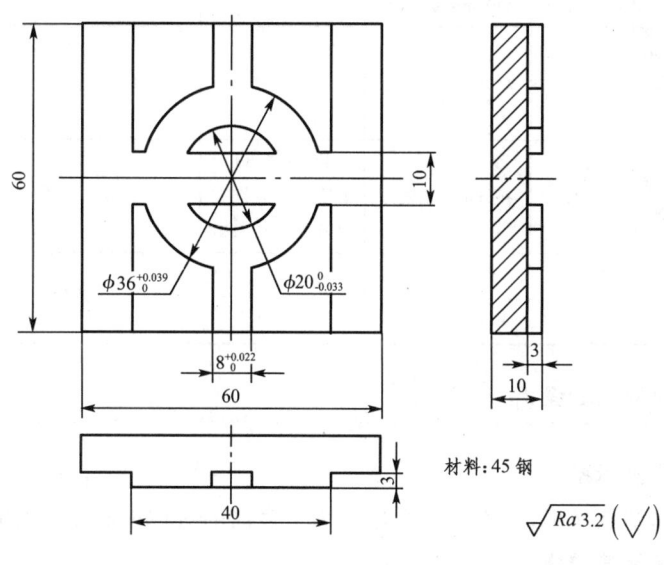

图 5-1 模板零件图

一、工艺准备

1. 分析零件图并确定毛坯类型

零件图上的环槽和宽度为 8 mm 的直槽有公差要求，编程尺寸采用其上、下极限尺寸的平均值，其公差通过调整半径补偿来保证；表面粗糙度用半精加工就可以保证；零件材料为中碳钢，加工性能好，选择 66 mm×66 mm×16 mm 锯床下料的钢板为毛坯。

2. 选择工艺装备

采用立式数控铣床可以完成该零件的全部加工内容。选择加工刀具时注意规格尺寸：用盘状面铣刀铣六面；选择 ϕ10 mm 立铣刀加工 10 mm 宽的直槽；选择 ϕ6 mm 键槽铣刀加工 8 mm 宽的环槽和直槽，注意测量键槽铣刀直径的实际尺寸，以便设置正确的刀具补偿来保证 8 mm 宽槽的公差要求。量具选择游标卡尺，夹具选择平口钳。

3. 确定加工过程

(1) 多次安装铣出精毛坯，尺寸为 60 mm×60 mm×10 mm。

(2) 平口钳安装铣 10 mm 宽的两侧直槽和中间直槽，铣 8 mm 宽的环槽和直槽。

4. 确定切削用量

切削用量根据半精加工一次走刀完成来选择。其中 Z 轴方向吃刀深度为 3 mm。

5. 填写数控铣削工艺卡

数控铣削工艺卡见表 5-1。

表 5-1　　　　　　　　　　数控铣削工艺卡

零件名称	零件代号	加工设备	数控系统	设计人	日　期
模板 002	M002	立式数控铣床	FANUC 0i		

加工步骤	加工内容	刀具号	刀具名称	半径补偿	主轴转速/ (r·min^{-1})	进给速度/ (mm·min^{-1})	加工控制方法
1	铣六面	T01	ϕ50 mm 面铣刀		500	50	手动
2	铣 10 mm 宽的两侧直槽和中间直槽	T02	ϕ10 mm 立铣刀	D02=5	1 500	80	O0011
3	铣 8 mm 宽的环槽和直槽	T03	ϕ6 mm 键槽铣刀	D03=2.89 (刀具实际半径尺寸=3−0.11)	1 600	50	O0012
审　核			年　月　日	(单位)			
批　准			年　月　日				

二、编制加工程序

1. 确定编程坐标系

为便于计算基点坐标，编程坐标系原点为上表面的对称中心处，如图 5-2 所示。

2. 加工精度保障措施

由于环槽的公称尺寸等于 8 mm，其公差经尺寸链计算为 0.033 mm，偏差经计算上极限偏差为 +0.033 mm，下极限偏差为 0，而尺寸为 8 mm 的直槽的上极限偏差为 +0.022 mm，下极限偏差为 0，所以两槽的公差按 0.022 mm 控制，通过半径补偿微调保证。半径补偿值在加工时要输入机床刀具系统。

3. 计算基点坐标

根据图纸给定的尺寸和经尺寸链计算的尺寸可以直接计算。

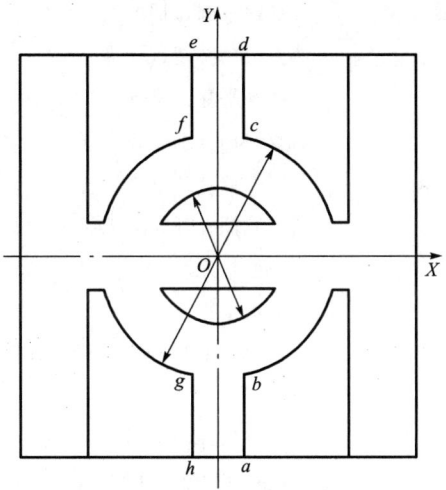

图 5-2 保证 φ36 mm 圆的走刀路径

4. 编写加工程序

(1) 加工步骤 2 的加工程序

O0011

N10 G90 G54 G40 G00 X−30 Y−40 Z50;　　(建立坐标系)

N20 M03 S1500;　　(主轴正转)

N30 G00 G41 X−20 Y−40 D02;　　(左补偿快移刀具至左边,准备加工左侧直槽)

N40 G01 Z−3 F50;　　(Z 轴方向进给到−3 mm 处)

N50 Y40 F80;　　(侧刃加工左边直槽)

N60 G00 X20;　　(快速移动到右边,准备加工右侧直槽)

N70 G01 Y−40 F80;　　(加工右侧直槽)

N80 G00 G40 Z5;　　(抬刀取消刀具补偿)

N90 X40 Y0;　　(快移到准备加工中间 10 mm 宽的直槽起点上方)

N100 G01 Z−3 F50;　　(Z 轴方向进给到切削深度)

N110 X−40 F80;　　(加工中间直槽)

N120 G00 Z50;　　(抬刀至安全位置)

N130 M30;　　(主轴停,程序结束)

(2) 加工步骤 3 的加工程序

走刀轨迹说明:第一刀加工外环,走刀轨迹为 a—b—c—d—e—f—g—h,如图 5-2 所示;第二刀加工 φ20 mm 圆。

O0012

N10 G90 G54 G40 G00 X0 Y0 Z50;　　(建立坐标系)

N20 M03 S1600;　　(主轴正转)

N30 G00 X4 Y−40;　　(刀具快速移到 a 点的正前方)

N40 G01 Z−3 F50;　　(Z 轴方向切入工件深 3 mm)

N50 G01 G41 Y30 D03;　　(建立半径左补偿,直线插补到 a 点)

N60 Y−17.55;　　(直线插补到 b 点)

N70 G03 X4 Y17.55 R18;　　　　　（逆时针圆弧插补到 c 点）
N80 G01 Y40;　　　　　　　　　（直线插补超过 d 点）
N90 X—4;　　　　　　　　　　　（插补平移刀具到 e 点的正后方）
N100 Y17.55;　　　　　　　　　（直线插补到 f 点）
N110 G03 X—4 Y—17.55 R18;　　（圆弧插补到 g 点）
N120 G01 Y—40;　　　　　　　　（直线插补到 h 点正前方 Y=—40 mm 处）
N130 G00 Z5;　　　　　　　　　（快速抬刀）
N140 G40 X0 Y0;　　　　　　　　（取消半径补偿）
N150 G42 X10 Y0;　　　　　　　（移动刀具以建立半径右补偿到加工 ϕ20 mm 圆的起点正上方）
N160 G01 Z—3;　　　　　　　　 （直线插补切入工件深 3 mm）
N170 G03 I—10;　　　　　　　　（逆时针圆弧插补加工 ϕ20 mm 圆，公差由刀具补偿保证）
N180 G00 G40 Z50;　　　　　　　（快速抬刀以消除半径补偿）
N190 M30;　　　　　　　　　　　（程序结束）

单元（二） 加工中心加工工艺与程序设计

技能目标

具备数控铣床上准确选择刀具、正确安装工件、合理选择加工顺序及完整编制加工程序的能力。

工作任务

如图 5-1 所示的模板零件，单件生产，编制其加工中心加工工艺卡及加工程序。
本任务的目的是比较加工中心与数控铣床上加工工艺及编程的区别。

一、工艺准备

与数控铣床比较，加工中心除了增加刀库和自动换刀装置外，没有其他区别。工序卡设计中，除机床选择不同外，加工中心加工的刀具选择、工序卡设计与数控铣床相同。加工中心工艺编程的主要特征是加工中心一次安装使用多把刀具的加工过程都可以编制在一个加工程序中。加工中心加工工序参见表 5-1，只需要在控制方式中将 O0011 和 O0012 两个加工程序合并为一个程序。

二、编制加工程序

1. 确定编程坐标系

如图 5-2 中所标记的坐标系。

2. 确定加工过程及走刀路线

与单元一工作任务相同。

3. 编写加工程序

说明：对于加工中心加工中所使用的刀具，应在加工前先对刀确定其长度补偿值，并将每把刀具的长度补偿值输入机床系统 H 储存器中。加工中可以采用一个程序，通过自动换刀完成表 5-1 中除铣六面外的其他全部加工内容。

由于在加工中心上使用多把刀具自动加工，所以为避免编程出现错误，要在编程前要填好刀具表。根据表 5-1，本任务所采用的加工中心刀具见表 5-2。

表 5-2　　　　　　　　　　　　　加工中心刀具

零件名称	模板	零件材料	45 钢	机床型号	
刀具号	刀具规格及名称		长度偏置地址		半径偏置地址
T01	ϕ10 mm 立铣刀		H01		D01
T02	ϕ6 mm 立铣刀		H02		D02

将单元一工作任务中的两个程序 O0011 和 O0012 合并为一个适合加工中心加工的程序 O0010。

O0010
N10 T01;   （选 1 号刀）
N20 M06;   （自动换刀）
N30 G90 G54 G40 G00 X-30 Y-40 Z50;   （建立工件坐标系）
N40 M03 S1500;   （主轴正转）
N50 G00 G41 X-20 Y-40 D01;   （左补偿快移刀具至左边，准备加工左侧直槽）
N60 G01 G43(G44) Z-3 F50 H01;   （Z 轴方向进给到-3，根据对刀选择长度补偿 G43/G44）
N70 Y40 F80;   （侧刃加工左侧直槽）
N80 G00 X20;   （快速移动到右边，准备加工右侧直槽）
N90 G01 Y-40 F80;   （加工右侧直槽）
N100 G00 Z5;   （抬刀）
N110 G40 X40 Y0;   （取消刀具半径补偿，快移到准备加工中间 10 mm 宽直槽的起点上方）
N120 G01 Z-3 F50;   （Z 轴方向进给到切削深度）
N130 X-40 F80;   （加工中间直槽）
N140 G00 Z50 H0;   （抬刀至安全位置，取消刀具补偿）
N150 T02;   （选 2 号刀加工圆环）
N160 M06;   （自动换刀）
N170 G00 G43 X0 Y0 Z50 H02;   （移动调用刀具长度补偿）
N180 M03 S1800;   （主轴正转）
N190 G00 X4 Y-40;   （刀具快速移到 a 点的正前方）
N200 G01 Z-3 F50;   （Z 轴方向切入工件深 3 mm）
N210 G01 G41 Y30 D02;   （建立半径左补偿，直线插补到 a 点）
N220 Y-17.55;   （直线插补到 b 点）

N230 G03 X4 Y17.55 R18；　　　　　（逆时针圆弧插补到 c 点）
N240 G01 Y40；　　　　　　　　　（直线插补超过 d 点）
N250 X－4；　　　　　　　　　　　（插补平移刀具到 e 点的正后方）
N260 Y17.55；　　　　　　　　　　（直线插补到 f 点）
N270 G03 X－4 Y－17.55 R18；　　（圆弧插补到 g 点）
N280 G01 Y－40；　　　　　　　　（直线插补到 h 点正前方 Y＝－40 mm 处）
N290 G00 Z5；　　　　　　　　　　（快速抬刀）
N300 G40 X0 Y0；　　　　　　　　（取消半径补偿）
N310 G42 X10 Y0；　　　　　　　　（移动刀具，建立半径右补偿到加工 $\phi 20$ mm 圆的起点正上方）
N320 G01 Z－3；　　　　　　　　　（直线插补切入工件深 3 mm）
N330 G03 I－10；　　　　　　　　（逆时针圆弧插补加工 $\phi 20$ mm 圆，公差由刀具补偿保证）
N340 G00 Z50；　　　　　　　　　（快速抬刀）
N350 G00 G40 X0 Y0 H0；　　　　　（取消刀具长度和半径补偿）
N360 M30；　　　　　　　　　　　（程序结束）

单元三　宏程序加工工艺与程序设计

技能目标 >>>

具备使用宏程序、镜像指令进行加工中心编程的能力。

工作任务 >>>

如图 5-3 所示凸模零件，材料为 40Cr 钢，单件生产，编制其加工中心加工工艺卡及加工程序。

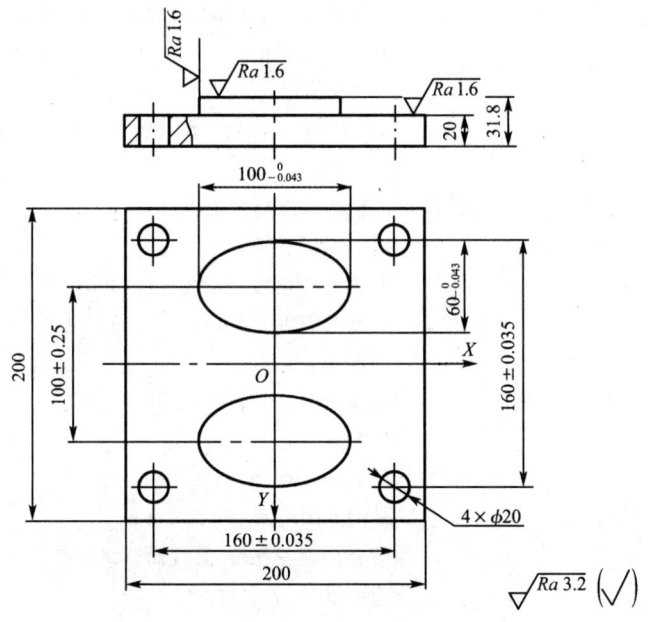

图 5-3　凸模零件图

一、工艺准备

1. 分析零件图、确定毛坯类型

该零件的主体是两个完整的椭圆,其定位尺寸有精度要求,长轴和短轴都有尺寸公差要求;凸模椭圆表面的粗糙度要求为 $Ra\ 1.6\ \mu m$,整个零件表面都需要机械加工。选择毛坯为 210 mm×210 mm×36 mm 板料。

2. 选择工艺装备

采用立式加工中心可以完成全部加工内容。选择加工刀具时注意规格尺寸:用盘状面铣刀铣六面;选 $\phi 20$ mm 立铣刀加工椭圆;选择 $\phi 18$ mm 钻头和 $\phi 20$ mm 扩孔钻加工四个通孔。量具选择游标卡尺,夹具选择平口钳。

3. 确定加工过程

(1) 多次安装粗、精铣毛坯,尺寸为 200 mm×200 mm×31.8 mm。
(2) 在平口钳上安装工件,粗、精铣两个椭圆。
(3) 钻、扩加工四个通孔。

4. 填写加工中心加工工序卡

加工中心加工工序卡见表 5-3。

表 5-3　　　　　　　　　　加工中心加工工序卡

零件名称	零件材料	加工设备	数控系统	设计人	日　期
凸模	40Cr 钢	立式加工中心	FUNAC 0i		
工序号	加工内容	刀具号	刀具名称	主轴转速/$(r \cdot min^{-1})$	进给速度/$(mm \cdot min^{-1})$	加工控制方法
1	粗、精铣六面,上表面精铣至 $Ra\ 1.6\ \mu m$	T01	$\phi 120$ mm 面铣刀	500	50	手动
2	粗铣两个椭圆凸台	T02	$\phi 20$ mm 立铣刀	1 500	180	O0020
	精铣两个椭圆凸台	T02	$\phi 20$ mm 立铣刀	3 000	80	O0020
3	钻、扩四个 $\phi 20$ mm 通孔的预备孔	T03	$\phi 18$ mm 钻头	400	30	O0020
4	扩四个 $\phi 20$ mm 通孔	T04	$\phi 20$ mm 扩孔钻	800	30	O0020
审　核			年　月　日	(单位)		
批　准			年　月　日			

二、编程准备

1. 铣六面

采用手动进给完成铣毛坯六面。

2. 建立编程坐标系

椭圆及四个通孔采用一个程序自动加工完成,编程坐标系原点为上平面中心处。

3. 选择刀具

本任务所用刀具见表 5-4。

表 5-4　　　　　　　　　　加工中心刀具

零件名称	凸模	零件材料	40Cr 钢	机床型号	
刀具号	刀具规格及名称		长度偏置地址		半径偏置地址
T01	φ120 mm 面铣刀				
T02	φ20 mm 立铣刀		H02		D02
T03	φ18 mm 钻头		H03		
T04	φ20 mm 扩孔钻		H04		

4. 椭圆凸台加工工艺过程

(1)用 φ20 mm 立铣刀进行粗、精加工,形成图 5-4 所示的矩形凸台。

(2)用 φ20 mm 立铣刀按图 5-4 所示的走刀轨迹加工一个椭圆(半精加工椭圆子程序 O1112),留精加工余量 2 mm,再镜像加工另一个椭圆。

(3)用 φ20 mm 立铣刀去除未加工到的部分(图 5-4 中的阴影部分),需沿 X 轴方向四次直线插补完成,上、下边各走刀一次,中间走刀两次,走刀轨迹如图 5-4 所示。最后形成留有 2 mm 均匀余量的椭圆,如图 5-4 所示。

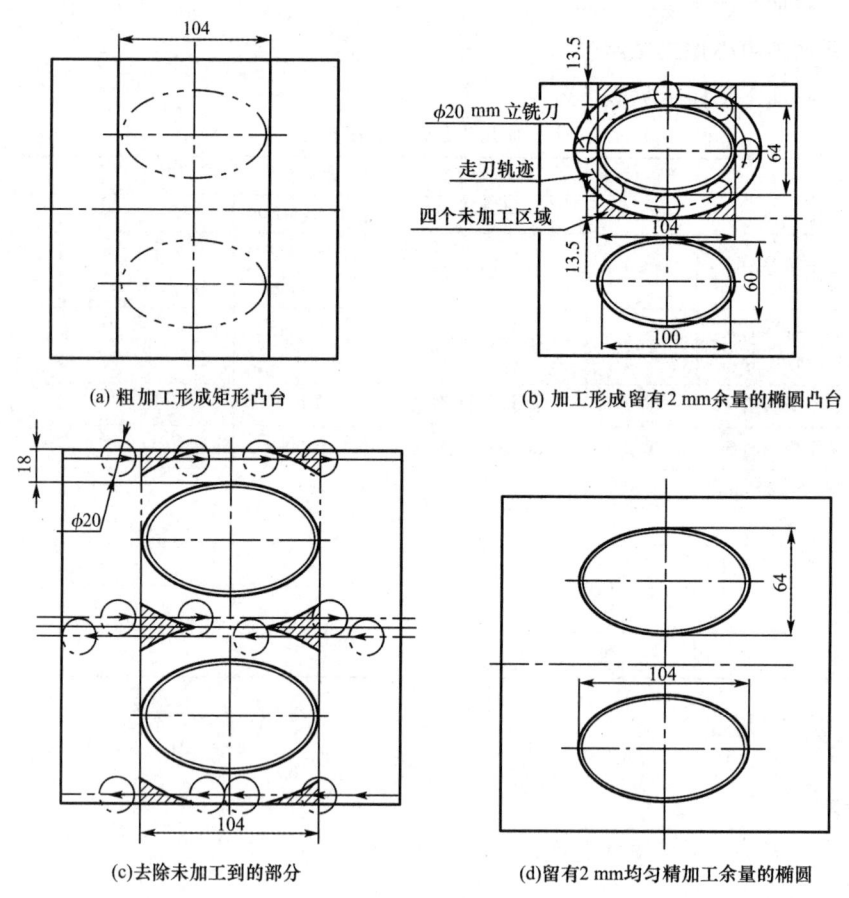

(a)粗加工形成矩形凸台　　(b)加工形成留有2 mm余量的椭圆凸台

(c)去除未加工到的部分　　(d)留有2 mm均匀精加工余量的椭圆

图 5-4　椭圆凸台加工工艺过程

(4)精加工椭圆凸台(精加工椭圆子程序 O1113)到图纸要求。

> **注意**
> 灵活使用镜像加工工艺,减少编程工作量。

5. 四个通孔加工工艺过程

先使用 $\phi18$ mm 钻头钻四个孔,再使用 $\phi20$ mm 扩孔钻头扩到 $\phi20$ mm 尺寸。

6. 建立椭圆宏指令编程的函数关系式

编程坐标系下建立上边椭圆的函数方程为 $x^2/50^2+(y-50)^2/30^2=1$;椭圆的参数方程为 $x=50\cos\alpha, y=30\sin\alpha+50$,其中 α 为角度变量。

三、编写加工程序

O0020	(主程序)
N10 T02;	(选取2号刀)
N20 M06;	(自动换刀)
N30 G00 G54 G40 X0 Y0 Z100;	(建立工件坐标系并初始化刀具补偿)
N40 M03 S1500;	(主轴正转)
N50 G43 Z20 H02;	(快速移动到 $Z=20$ mm 高度,建立刀具长度正补偿)
N60 G00 X94 Y122;	(快速定位到起刀点)
N70 Z2;	(快速移动接近工件)
N80 G01 Z−5 F180;	(插补进给第一次切深 5 mm)
N80 M98 P0021;	(调用直槽的子程序)
N90 G51.1 X0;	(以 $X=0$ 镜像加工,准备加工左边直槽)
N100 M98 P0021;	(调用子程序对称加工左边的直槽)
N110 G50.1 X0;	(取消镜像加工)
N120 G00 G42 X52 D02;	(刀具半径右补偿)
N130 Y50 Z30;	(定位到上面椭圆的加工起点上方)
N140 G43 Z5 H02;	(快速进给到 $Z=5$ mm 高度,同时调用刀具长度正补偿)
N150 G65 P1112;	(调用半精加工下面椭圆的子程序)
N160 G51.1 Y0;	(以 X 轴为对称轴镜像半精加工上面的椭圆)
N170 G65 P1112;	(宏程序子程序用 G65,椭圆加工子程序)
N180 G50.1 Y0;	(取消镜像加工)
N190 G65 P1113;	(调用精加工椭圆子程序)
N200 G51.1 Y0;	(以 X 轴为对称轴镜像精加工另一个椭圆)
N210 G65 P1113;	(调用椭圆精加工子程序)
N220 G50.1 Y0;	(取消镜像加工)
N230 G40 X−125 Y0;	(取消半径补偿)
N240 M98 P2110;	[调用清理图 5-4(c)边角未加工到地方的子程序]
N250 G00 Z100 H0;	(抬刀取消长度补偿)
N260 M30;	(程序结束)

```
O0021                           (加工右侧直槽的子程序)
N10 G01 Z-5 F180;               (插补进给第一次切深 5 mm)
N20 M98 P0011;                  (调用 O0011 加工右边直槽一个切深的子程序)
N30 G01 Z-10;                   (第二次切深到 10 mm)
N40 M98 P0011;                  (调用子程序 O0011 加工右边直槽)
N50 G01 Z-11.8;                 (第三次切深到 11.8 mm)
N60 M98 P0011;                  (调用子程序完成右边的直槽)
N70 G00 Z50;                    (抬刀)
N80 M99;                        (返回主程序)

O0011                           (右侧直槽切掉一层的子程序)
N10 G91 G01 Y-120 F100;         (相对坐标向 Y 负向直线插补)
N20 X-16;                       (沿 X 轴负方向平移插补一个行距 16 mm)
N30 Y122;                       (向 Y 轴正方向直线插补)
N40 X-16;                       (向 X 轴负方向直线插补到 X=52 mm)
N50 Y-120;                      (向 Y 轴负方向直线插补)
N60 G90 G00 Z2;                 (绝对坐标抬刀到工件表面之上)
N70 M99;                        (返回主程序)

O1112                           (椭圆半精加工子程序)
N10 M03 S2000;
N20 #1=-2;                      (背吃刀量步距)
N30 WHILE [#1GE-11.8] DO1;      (判断台阶高度)
N40 #2=0;                       (椭圆参数方程角度变量)
N50 G01 Z[#1] F200;             (吃刀量)
N60 WHILE [#2LE360] DO2;        (判断角度变量)
N70 #3=52*COS[#2];              (X 轴的走刀)
N80 #4=32*SIN +50;              (Y 轴的走刀)
N90 G01 X Y F200;               (加工椭圆)
N100 #2=#2+0.5;                 (角度变量的增大幅度为 0.5°)
N110 END2;                      (DO2 结束)
N120 #1=#1-2;                   (吃刀量的增大幅度为-2 mm)
N130 END1;                      (DO1 结束)
N140 G01Z5;                     (抬刀到工件表面之上)
N150 M99;                       (子程序结束并返回主程序)

O1113                           (椭圆精加工子程序)
N10 M03 S3000;
N20 #1=-2;                      (背吃刀量步距)
N30 WHILE [#1GE-11.8] DO1;      (判断台阶高度)
N40 #2=0;                       (椭圆参数方程角度变量)
N50 G01 Z[#1] F200;             (吃刀量)
N60 WHILE [#2LE360] DO2;        (判断角度变量)
N70 #3=49.989*COS[#2];          (X 轴的走刀)
```

N80 #4=29.989*SIN[#2]+50；	（Y轴的走刀）
N90 G01 X[#3] Y[#4] F200；	（加工椭圆）
N100 #2=#2+0.1；	（角度变量的增大幅度为0.1°）
N110 END2；	（DO2结束）
N120 #1=#1-2；	（吃刀量的增大幅度为-2 mm）
N130 END1；	（DO1结束）
N140 G01Z5；	（抬刀到工件表面之上）
N150 M99；	（子程序结束并返回主程序）
O2110	（清理未加工到区域的子程序）
N10 G00 G41 X120 Y-100 D02；	（建立半径左补偿）
N20 G00 X120 Y-96；	（移动到起点上方）
N30 G01 Z-3.5 F100；	（第一次切深）
N40 M98 P2101；	（调用切除一层的子程序）
N50 G01 Z-7；	（第二层切深）
N60 M98 P2101；	（调用切除一层的子程序）
N70 G01 Z-10.5；	（第三层切深）
N80 M98 P2101；	（调用切除一层的子程序）
N90 G01 Z-11.8 F60 S3000；	（最后一层精加工）
N100 M98 P2101；	（调用切除一层的子程序）
N110 G00 Z5；	（抬刀）
M120 M99；	（子程序结束）
O2101	（切除一层的子程序）
N10 X-120；	（沿着X轴方向清理上边缘未加工到的区域）
N20 Y-4；	（移动到中间位置）
N30 X120；	（清理上边椭圆下面未加工的区域）
N40 Y4；	（向下移动一个距离）
N50 X-120；	（清理下边椭圆上部未加工到的区域）
N60 Y96；	（向下移动）
N70 X120；	（清理下边椭圆下面未加工的区域）
N80 G00 Z5；	（抬刀）
N90 G00 X120 Y-96；	（移动到切除下一层的起点上方）
N100 M99；	（子程序结束）

单元（四） 数控铣床基本操作

技能目标 >>>

掌握数控铣床的基本操作技能。

工作任务 >>>

操作FANUC系统数控铣床。

一、熟悉数控铣床的操作面板

FANUC 系统数控铣床的操作面板一般分为四个区域：显示区、MDI 面板、功能键选择区、控制面板，如图 5-5 所示。

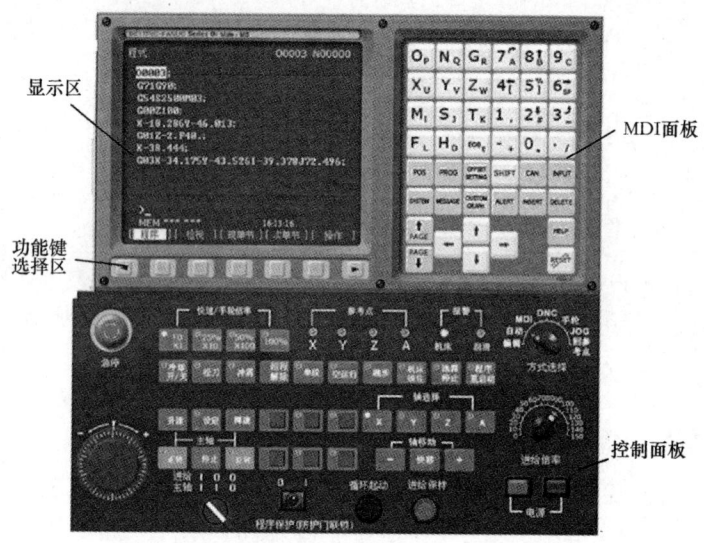

图 5-5　FANUC 系统数控铣床的操作面板

1. 显示区

显示区的屏幕是人机对话的可视媒介，可显示加工程序、加工轨迹、坐标系、刀具代号、进给坐标及功能菜单等。

2. 功能键选择区

屏幕下方共有七个功能键，每个功能键都是屏幕显示的菜单开关，通过功能键可以进入程序的选择、编辑、加工仿真模式等。

3. MDI 面板

可在 MDI 输入区中手动进行程序的输入、编辑、仿真，可以选择坐标系，进行刀具的管理等。

4. 控制面板

控制面板通过上面的按钮、旋钮控制机床系统功能及控制机床运动部件运动，主要包括系统启动与停止、急停、进给速度及主轴运动倍率调整、机床系统工作方式选择及冷却液手动控制等。

二、开机与关机基本操作

1. 开机操作

（1）机床通电

机床开机前，应先检查机床的主轴及导轨的润滑油油位是否在正常线以上，使用压缩空气的机床还应打开气泵或管路开关。机床总电源旋合，机床通电完成后查看对应的压力表，确认压力在要求的范围内;检查操作面板上所有开关是否处于正确位置;确定机床各个移动方向没有障碍物的干涉。

(2)系统通电

按下控制面板上绿色的系统启动按钮,控制面板上所有的指示灯亮3 s,系统通电完成。

(3)机床返回参考点(回零)操作

一般配置了相对位置编码器的数控机床,开机后必须进行手动返回参考点操作,以确认基准位置。要先对 Z 轴回参考点,然后对 X、Y 轴回参考点。

①将方式选择旋钮旋至"回参考点"位置,在 MDI 面板按显示机床坐标的"POS"键。

②在控制面板按"Z"键后,其指示灯亮,再按"+"键,这时机床主轴向上快速移动到离工作台最远的位置停止,此过程中回参考点指示灯由闪烁到亮,表示 Z 坐标回零正确。

③用同样方式对 X、Y 轴进行回零操作。

提 示

在进行回零操作时,可能某一坐标方向会出现超程报警,必须解除报警后才能进行下一步操作。

解除超程报警的方法:按住系统复位按钮的同时按 MDI 面板上的"RESET"键,可以解除报警。

避免超程报警的方法:回零前先查看屏幕上显示的当前坐标位置,通过手动进给方式使 X、Y、Z 坐标全部移到 −80～−40 mm(远离零点)处后再进行回零操作。由于回零操作时机床由静止到很大的 G00 速度,加速度很大,如果机床某一轴回零前距离参考点很近,加速度的惯性就会使机床移动到零点时不能停止而超程。

2. 关机操作

(1)关闭机床面板上的系统电源。

(2)关闭机床电控柜上的总电源。

(3)关闭空气压缩阀门。

3. 手动进给操作

通过操纵控制面板,使机床工作台沿 X、Y、Z 轴方向分别进给。

(1)将控制面板上的方式选择旋钮旋至"MDI"位置。

(2)在控制面板上选择要进给操作的坐标轴"X"、"Y"或"Z"。

(3)按"+"或"−"键,使工作台沿该坐标的"+"向或"−"向以 G00 速度运动,并可以通过控制面板上进给速度倍率旋钮调整速度大小。

注 意

什么是设定的速度?机床手动进给速度在没设定时是 G00 速度,很快。在手动进给操作前,可以通过调节进给倍率旋钮来增大或减小进给速度。进给倍率可以选择1%或10%的增、减速倍率。

4. 手轮进给操作

手轮进给操作与手动进给操作相同，只是不是操作控制面板，而是操作一个手轮。手轮操作时要先将控制面板上的方式选择旋钮旋至"手轮"位置。手动顺时针旋转时沿选定坐标的正向进给，逆时针旋转时沿选定坐标的负向进给。手轮最适合手动对刀操作。

5. 程序输入与轨迹仿真操作

（1）将工作方式旋钮旋至"编辑"位置。在 MDI 面板上按"PROG"键，屏幕进入程序编辑状态。在编辑方式下，从 MDI 面板上手动直接输入、修改程序。

> **提示**
> 程序输入还可以通过机床的 RS-232C 接口，使用计算机或其他传输设备传输。也可以使用 IC 卡或 IF 卡作为存储介质，插入机床的对应接口传输程序，还可以通过以太网传输程序。

（2）程序输入后要通过轨迹仿真检验。在 MDI 面板上按"CSTM/GR"键，屏幕进入程序仿真界面，用功能键选择"图形仿真"模式。

（3）在控制面板上按"机床锁住"和"空运行"按钮。

（4）按下"循环启动"按钮，开始进行机床仿真，可以查看加工轨迹。

> **注意**
> ● 程序仿真必须锁住机床使其空运行，其目的是不让机床运动部件进给运动，只是检验程序。如果机床不被锁住，那么程序就会指示机床按程序运行。如果程序有问题，将出现事故。
> ● 程序通过了仿真检验，但在进入自动加工前需要再做一次机床回参考点操作，以重新确定机床坐标系，否则机床加工时会出现坐标混乱现象，造成撞刀等事故。

三、加工操作

1. 安装工件和刀具

（1）安装工件

安装工件要定位准确、夹紧可靠，保证上平面与工作台平行，必要时可通过百分表打表找正。

（2）安装刀具

刀柄与刀具安装后，要将刀柄圆锥端插入铣床的主轴孔中。方法是先使机床在 MDI 或手轮工作方式下，刀柄圆锥端向上，一只手握住刀柄下端，让刀柄锥对准主轴孔，另一只手按住主轴头上的气压按钮，同时左手将刀柄锥送入主轴孔，然后右手松开气压按钮，左手确保刀柄被主轴孔吸住再松手。

2. 试切对刀建立工件坐标系

> **提示**
> 编程时要在工件上确定编程坐标系原点。工件在机床上安装后,该原点在机床坐标系中的位置必须让机床系统知道。通过对刀,可以测量工件安装后该原点在机床坐标系中的 X、Y、Z 坐标值,然后输入到机床系统中,这样,系统就会自动建立起工件编程坐标系与机床坐标系的对应关系。程序执行时,系统自动将程序中的定位坐标计算转换为机床坐标系中的坐标。

采用 MDI 使主轴正转为 S800,在控制面板上将工作方式设为手轮方式。

手轮进给开始可选择快速倍率,当刀具接近工件时选择慢速倍率,靠近工件马上切削时选择最慢的进给倍率。试切只要刀具与工件接触,有细微切屑产生即可,切忌不要进给太深。

下面以图 5-6(a)为例说明对刀的过程(已知编程坐标系原点为零件上平面中心 O 点)。将工件在机床上安装后,通过试切对刀测量其编程坐标系原点在机床坐标系下的坐标值,通过系统将其转化为机床坐标系下的一个局部坐标系,指令为 G54~G59 工件坐标系中的一个,步骤如下:

(1)确定原点 O 在机床坐标系中的 X 坐标 X_0。如图 5-6(a)所示,手轮进给使刀具侧刃接触 AB 边所在的左立面,刀具停止进给保持不动,记录下屏幕显示的当前点的 X 坐标值(这里设其值为 X_a);同样移动刀具到工件右侧,微切 CD 所在的右立面,记下刀具接触右立面的 X 坐标值 X_b,则 $X_0=(X_a+X_b)/2$。

(2)确定原点 O 在机床坐标系中的 Y 坐标 Y_0。方法同步骤(1),测得 AD 所在前立面的 Y 坐标值为 Y_c,BC 所在后立面的 Y 坐标值为 Y_d,则 $Y_0=(Y_c+Y_d)/2$。

(3)确定原点 O 的 Z 坐标 Z_0。移动刀具,使刀具的到位点(立铣刀端面与轴线的交点)接触工件的上表面,记下其 Z 坐标值 Z_0。

(4)在 MDI 面板上按"POS"键,屏幕进入坐标系界面,选择工件坐标系,将得到的 X_0、Y_0、Z_0 输入 G54 或 G55、G56 工件坐标系对应的坐标中。至此,对刀建立工件坐标系的操作结束。

> **注意**
> 如果对刀在系统中建立的工件坐标系是 G54,那么在加工程序的开始也必须调用 G54 这个工件坐标系,它们是一一对应的关系。

思考:如图 5-6(b)所示,若编程坐标系原点为零件上平面左前方的定点 A,则如何通过对刀确定 A 点在机床坐标系中的 X、Y、Z 坐标值呢?

必须先测定刀具的半径 R。刀具分别接触左立面和前立面时记录其机床坐标系下的 X 和 Y 坐标,但它们不是 A 点的 X_a、Y_a 坐标,它们相差一个刀具的半径值。所以 A 点在机床坐标系的坐标值是 $X_a=X-R$,$Y_a=Y-R$。而 Z 坐标对刀方法是相同的。

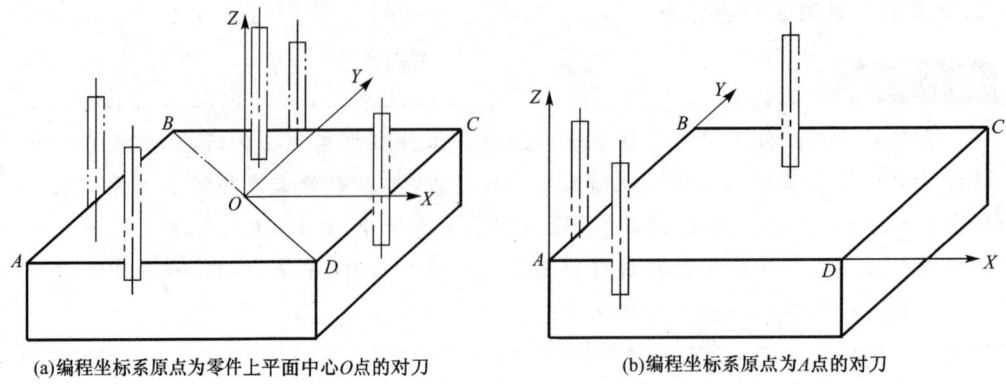

(a)编程坐标系原点为零件上平面中心O点的对刀　　　　(b)编程坐标系原点为A点的对刀

图 5-6　试切对刀法

试切对刀精度的高低与操作者的操作水平有关,一般只用于加工精度不高的场合。对于精度要求高的精加工,可采用对刀仪进行对刀。常用的对刀仪有机械式或光电式寻边器(用于侧面对刀),光电式 Z 轴方向对刀仪用于 Z 轴方向对刀。对刀仪的对刀原理与试切对刀原理相同,只是不需要刀具微切工件,靠对刀仪与工件接触或刀具与对刀仪接触来完成对刀。

3. 首件加工

在对刀建立工件坐标系、程序检查及仿真加工结束后,需要对首件进行完整试加工。首件加工时,可采用较小的切削参数单步运行程序进行加工,并根据加工过程中机床、刀具和工件的实际状况进行调整,以保证较好的切削效果。

首件加工完成后,要对其进行全尺寸检测,并根据检测结果调整加工程序和加工参数,直至加工的工件符合要求。

4. 正式加工

在仿真、首件加工后确定程序没有问题的情况下,可以进行批量加工。

四、CAD/CAM-DNC 通信加工

CAD/CAM 指计算机辅助设计与制造,应用 CAD/CAM 软件自动编程在数控铣削加工中得到了广泛应用,它特别适合铣削复杂型腔曲面的自动编程和直接控制加工。DNC 指直接数字控制(加工技术),这种技术的实质是能够将 CAD/CAM 自动生成的加工程序直接传输给机床实现程序边传输、边加工的工作状态。这种技术的应用是使用 DNC 通信软件,DNC 通信软件主要具有以下功能:NC 数据管理,主要包括数控数据的显示、插入、修改、删除、更新、锁定(不允许更改)和打印等操作;传输,将 NC 数据(加工程序)实现在计算机和机床之间的传送;控制执行,运行数控加工程序,随时从机床存储区或直接从计算机中获得机床工作状态信息,控制机床运动部件运动以进行数控加工。

下面以应用华中数控串行接口通信软件为例说明 CAD/CAM-DNC 通信加工的基本操作。

1. 硬件的连接操作

（1）通信电缆的连接

通信电缆的两头分别连接到数控机床（CNC）和计算机（PC）的两端，如图5-7所示。

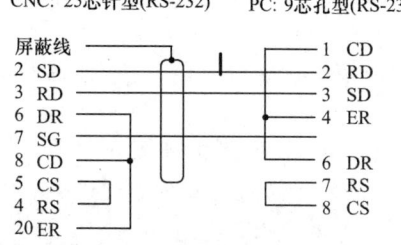

图 5-7 通信电缆的连接

（2）机床串行接口的连接

数控机床外部常见的数据接口是9孔和25针串行接口，如图5-8所示。

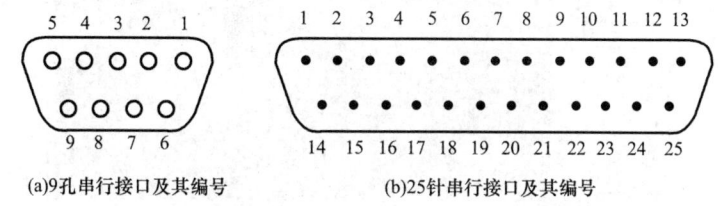

图 5-8 数据接口

①华中系统串行接口的连接 华中系统数控机床的DNC接口采用两个9孔串行接口，其中一个与计算机的COM1或COM2接口相连，另一个与机床内数控系统的通信接口相连。华中系统数控机床两个9孔串行接口的连接如图5-9所示，除了编号为1和9的孔以外，其他孔一一对应进行焊接。

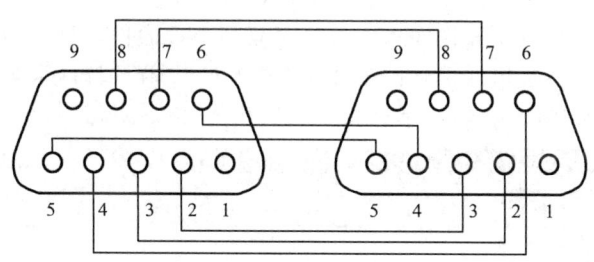

图 5-9 华中系统串行接口的连接

②FANUC系统串行接口的连接 FANUC系统数控机床的DNC采用一个9孔串行接口与计算机的COM1或COM2接口相连，一个25针串行接口与机床数控系统的通信接口相连。9孔和25针串行接口的连接如图5-10所示。

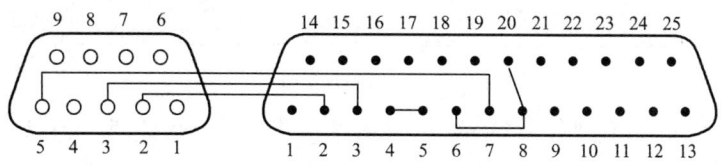

图 5-10 FANUC系统串行接口的连接

③SIEMENS系统串行接口线路的连接　SIEMENS系统数控机床的DNC采用的连接方式与华中系统相同。

2. 软件传输操作

DNC传输软件有许多种,下面以华中数控串行接口通信软件为例说明传输软件的方法及过程。

(1)在计算机中安装好华中数控串行接口通信软件,然后将计算机与机床通过传输线连接好。

(2)打开华中数控串行接口通信软件,其界面如图5-11所示。

图5-11　华中数控串行接口通信软件界面

(3)在华中系统数控机床操作面板上按"F7"键(DNC通信),进入接收状态。

(4)在华中数控串行接口通信软件中点击"发送G代码"按钮,系统弹出如图5-12所示的对话框,进入保存程序的文件夹,选择要加工的程序,然后点击"打开"按钮。

图5-12　选择要加工的程序

(5)待传输完毕后,在华中系统数控机床控操作板上按"Alt+E"键("E"为上挡键),退出DNC状态。

(6)在华中系统数控机床操作面板中,选择已传输的加工程序进行加工操作,传输参数的设置取其默认值即可。如果要修改,点击"参数设置"按钮进入"串口参数设置"对话框进行修改。对于较长的程序,由于华中系统的存储量较大,不必采用边传输边加工的方式。

单元(五) 加工中心加工实训

技能目标 >>>

具备加工中心操作及工艺编程的能力。

工作任务一 >>>

编写如图 5-13 所示零件,(材料为 45 钢,毛坯尺寸为 60 mm×60 mm×20 mm,零件六面已加工)的加工程序,并在加工中心上完成加工。

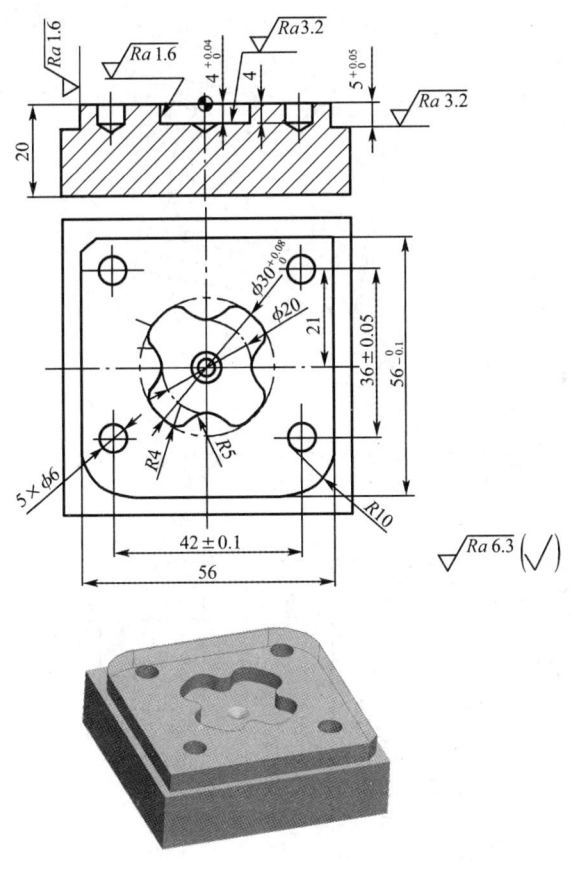

图 5-13 零件图(1)

工作任务二 >>>

编写如图 5-14 所示零件(材料为铝,毛坯尺寸为 120 mm×100 mm×25 mm)的加工程序,并在加工中心上完成加工。

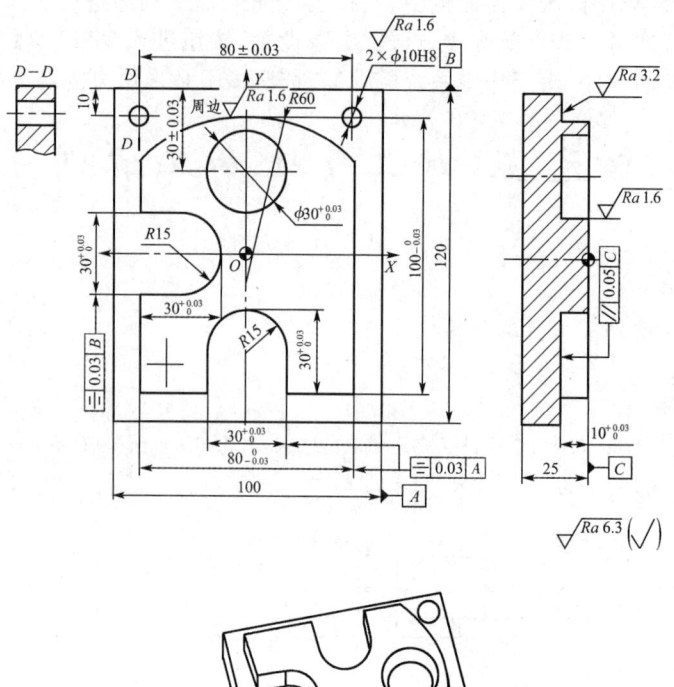

图 5-14 零件图(2)

工作任务三

试编写图 5-15 所示零件(材料为铝合金,毛坯尺寸为 120 mm×100 mm×25 mm)的加工程序,并在数控加工中心上完成加工。

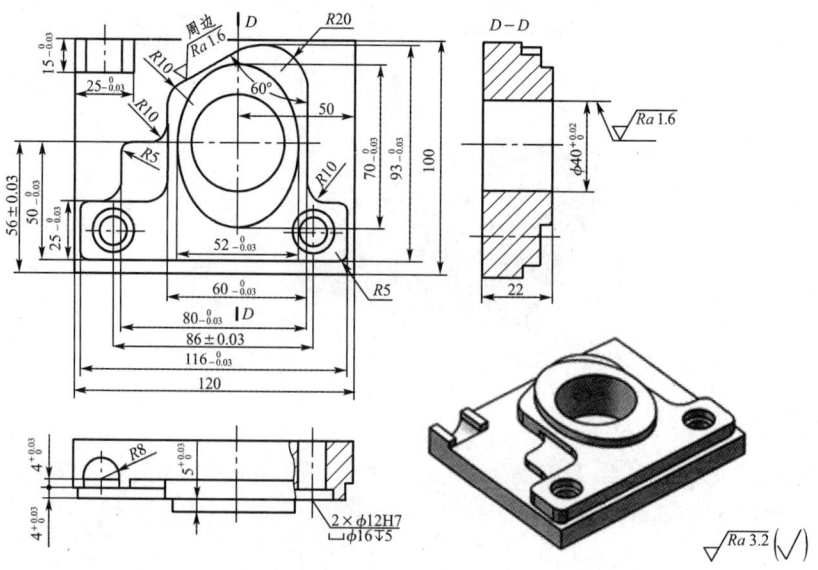

图 5-15 零件图(3)

工作任务四

编写如图 5-16 所示零件(材料为 45 钢调质,毛坯尺寸为 120 mm×120 mm×28 mm,已精加工完毕)的加工程序,并在加工中心上完成加工。

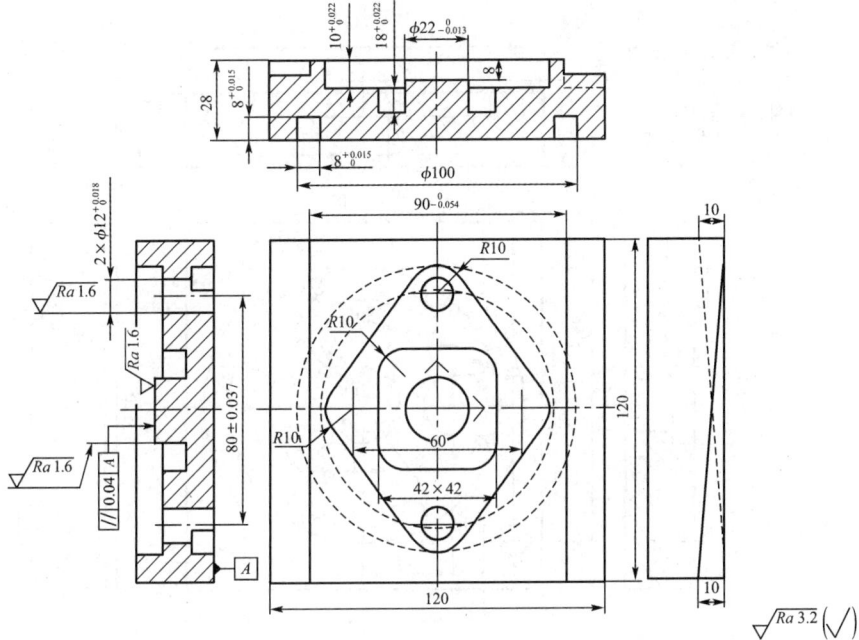

图 5-16 零件图(4)

工作任务五

编写如图 5-17 所示两个零件(材料为 45 钢调质,毛坯尺寸为 120 mm×120 mm×28 mm,已精加工完毕)的加工程序,并在加工中心上完成加工。

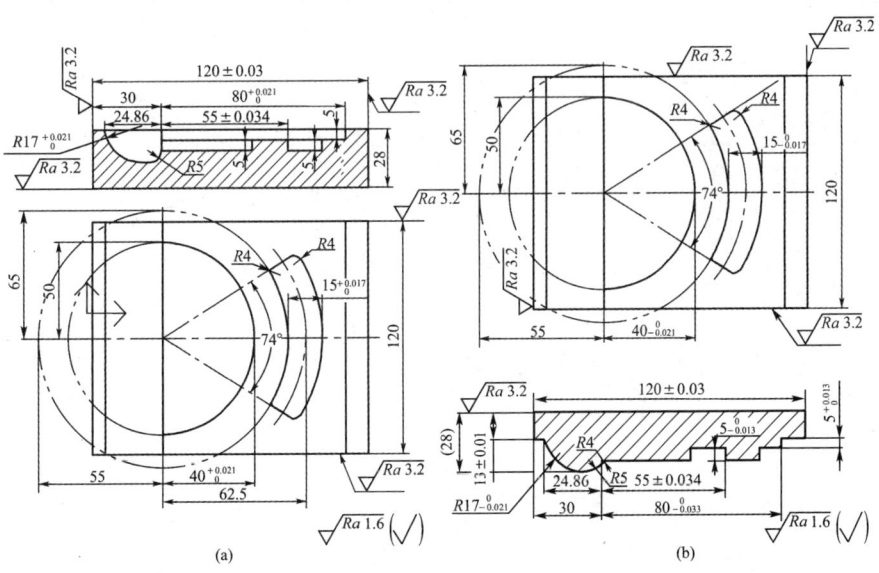

图 5-17 零件图(5)

工作任务六

编写如图 5-18 所示零件(材料为 45 钢调质,毛坯尺寸为 120 mm×120 mm×28 mm,已精加工完毕)的加工程序,并在加工中心上完成加工。

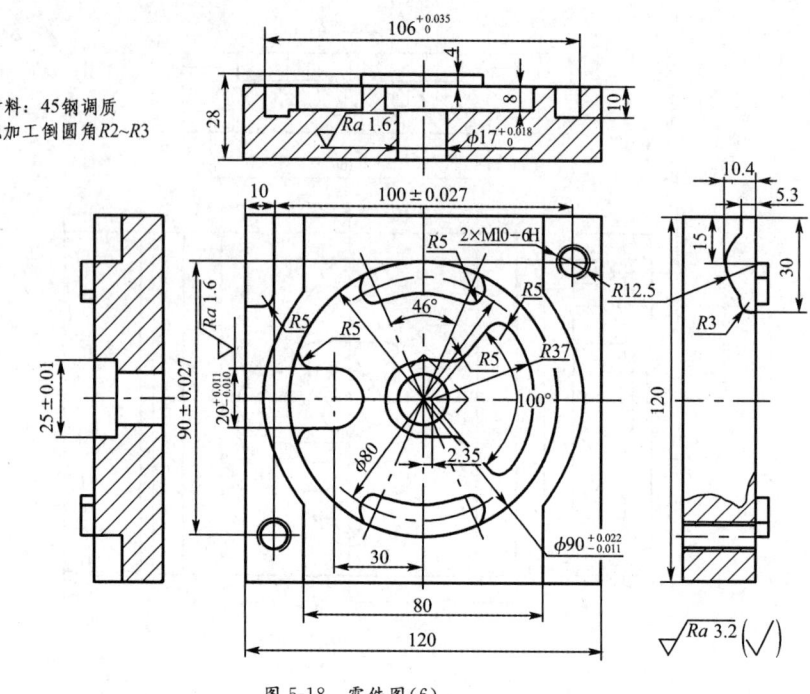

图 5-18 零件图(6)

模块六 模具数控线切割编程

单元一 数控线切割工艺及编程

技能目标 >>>

具有线切割工艺编程的基本能力。

核心知识 >>>

线切割加工的基本编程技术。

一、线切割基础

1. 线切割机床的工作原理

线切割机床加工的基本工作原理是利用连续移动的细金属丝（称为线切割的电极丝，常用钼丝）作为电极，对工件进行脉冲电火花放电来局部热熔金属，以达到切割金属的目的。线切割机床带有数控系统，通过数控编程可以控制电极丝按着规定的走丝路线切割工件。

2. 线切割机床的组成

线切割机床机械主要由工作台（X、Y）、走丝驱动机构、丝架和床身四部分组成：工作台用来装夹被加工的工件，数控系统控制工作台在 X 轴和 Y 轴方向进给运动；走丝驱动机构用来驱动电极丝按一定的线速度移动，并将电极丝整齐地缠绕在丝筒上；丝架用来支撑电极丝，使电极丝工作部分形成一定拉力；床身是机床上安装运动部件和控制装置的实体，一般采用铸造成型。

3. 线切割的应用

线切割主要用于加工各种形状复杂和精密细小的直线型母线构成的平面和曲面。线切割加工的优点是加工余量小，加工精度高，生产周期短，制造成本低。缺点是只能加工导电的金属材料。在模具制造领域线切割已在生产中获得了广泛的应用。

4. 线切割的类型

线切割按切割速度可分为快走丝和慢走丝。

快走丝：电极丝来回走丝，这样比较节约电极丝，但是加工精度低（0.010 mm），所加工的工件表面粗糙度一般为 $Ra\ 1.25\sim2.5\ \mu m$。快走丝电极丝可以重复使用。

慢走丝：电极速度小于 0.2 m/s 连续走丝，加工精度高（0.001 mm），表面粗糙度达 $Ra\ 0.16\ \mu m$，表面质量接近磨削水平。慢走丝运动平稳、均匀、抖动小，其固定误差、直线误差和尺寸误差都比快走丝小，所以慢走丝在高精度零件加工中得到了广泛应用。

5. 线切割编程指令

数控线切割编程与数控铣床编程的过程一样，也是按加工工件的轮廓编制加工程序的。

我国数控线切割机床常用的程序指令格式是按国际标准的 ISO 格式（G 代码指令）和我国自己开发的 3B、4B 格式。

二、ISO 格式编程

数控线切割系统常使用的 G 代码指令见表 6-1。

表 6-1　　　　　　　　数控线切割常用 G 代码指令

代码	功　能	代码	功　能
G00	快速定位	G10	Y 轴镜像，X、Y 轴变换
G01	直线插补	G11	X 轴镜像，Y 轴镜像，X、Y 轴交换
G02	顺时针方向圆弧插补	G12	消除镜像
G03	逆时针方向圆弧插补	G40	取消间隙补偿
G05	X 轴镜像	G41	左偏间隙补偿，D 偏置量
G06	Y 轴镜像	G42	右偏间隙补偿，D 偏置量
G07	X、Y 轴交换	G50	消除锥度
G08	X 轴镜像，Y 轴镜像	G51	锥度左偏 A 角度值
G09	X 轴镜像，X、Y 轴交换	G52	锥度右偏 A 角度值
G54	加工坐标系 1	G91	相对坐标
G55	加工坐标系 2	G92	定起点
G56	加工坐标系 3	M00	程序暂停
G57	加工坐标系 4	M02	程序结束
G58	加工坐标系 5	M05	接触感知解除
G59	加工坐标系 6	M96	主程序调用文件程序
G80	接触感知	M97	主程序调用文件程序结束
G82	半程移动	W	下导轮中心到工作台面的高度
G84	微弱放电找正	H	工件厚度
G90	绝对坐标	S	工作台面到上导轮中心的高度

(1)快速定位指令 G00

指令格式:G00 X __ Y __;

功能:在没有脉冲放电的情况下,电极丝快速移动到指定位置,快移速度由数控系统决定。如图 6-1 所示,从起点 A 快速移动到指定点 B,其程序为"G00 X45000 Y75000;"。线切割运动的坐标单位是 μm。

(2)直线插补指令 G01

指令格式:G01 X __ Y __ U __ V __;

功能:让电极丝按系统走丝速度从当前点直线插补到由 X __ Y __ U __ V __ 坐标确定的目标点。线切割机床一般有 X、Y、U、V 四个坐标,是四轴联动机床,U、V 坐标轴在加工锥度时使用。如图 6-2 所示,从起点 A 直线插补移动到指定点 B,其程序为"G01 X16000 Y20000;"。

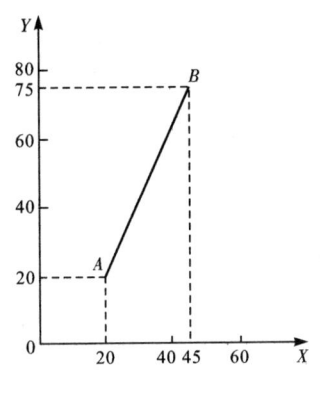

图 6-1　快速定位

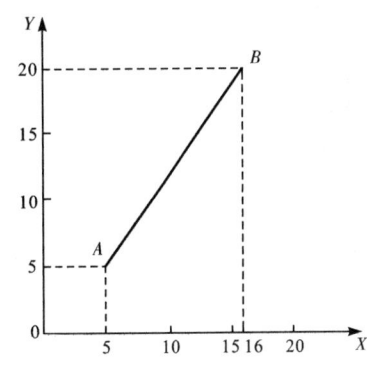

图 6-2　直线插补

(3)圆弧插补指令 G02、G03

G02 为顺时针方向圆弧插补加工指令;G03 为逆时针方向圆弧插补加工指令。

指令格式:G02 X __ Y __ I __ J __;
　　　　　G03 X __ Y __ I __ J __;

功能:从当前点顺时针或逆时针圆弧插补到由 X __ Y __ 定义的目标点,圆弧大小由向量 I __ J __ 定义。其中,X、Y 为圆弧终点坐标;I、J 为圆心坐标和圆弧起点坐标在 X 和 Y 轴方向的增量值,其值不得省略。如图 6-3 所示,从起点 A 加工到指定点 B,再从点 B 加工到指定点 C 的两段圆弧加工程序段为

N0110 G02 X15000 Y10000 I5000 J0;
N0120 G03 X20000 Y5000 I5000 J0;

(4)定起点指令 G92

指令格式:G92 X __ Y __;

功能:指定电极丝当前位置在编程坐标系中的坐标值,一般情况将此坐标作为加工程序的起点。如图 6-4 所示凹模,指定起点为 O,是编程坐标系的原点,指令程序段为"G90 G92 X0 Y0;"。

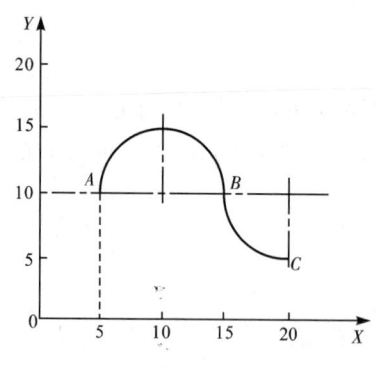
图 6-3 圆弧插补

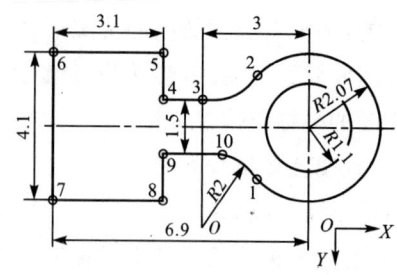
图 6-4 凹模线切割轮廓

例 6-1

如图 6-4 所示,编程坐标系为 O 点,在编程坐标系下走丝轨迹上加工基点为 1、2、3、4、5、6、7、8、9、10,这些基点的坐标值已经计算确定。假设暂时不考虑电极丝直径和放电间隙,确定走丝的加工路线为 $O-1-2-3-4-5-6-7-8-9-10-1-O$。编写走丝加工程序。

加工程序如下:

O0001
N010 G90 G92 X0 Y0;   (按绝对坐标定义加工起点)
N020 G01 X－1526 Y－1399;   (直线插补到 1 点)
N030 G03 X－1526 Y1399 I1526 J1399;   (加工 1~2 段圆弧)
N040 G02 X－3000 Y750 I－1474 J1351;   (加工 2~3 段圆弧)
N050 G01 X－3800 Y750;   (加工 3~4 段直线)
N060 G01 X3800 Y2050;   (加工 4~5 段直线)
N070 G01 X－6900 Y2050;   (加工 5~6 段直线)
N080 G01 X－6900 Y－2050;   (加工 6~7 段直线)
N090 G01 X－3800 Y－2050;   (加工 7~8 段直线)
N100 G01 X－3800 Y－750;   (加工 8~9 段直线)
N110 G01 X－3000 Y－750;   (加工 9~10 段直线)
N120 G02 X－1526 Y－1399 I0 J－2000;   (加工 10~1 段圆弧)
N130 G01 X0 Y0;   (返回加工起点)
N140 M02;   (程序结束)

(5) 镜像、交换加工指令 G05、G06、G07、G08、G09、G10、G11、G12

模具零件上的图形有些是对称的,虽然也可以用前面介绍的基本指令编程,但很烦琐,使用镜像、交换加工指令编程就简单了。

镜像、交换加工指令要单独构成为一个程序段,在该程序段以下的程序段中,X、Y 坐标按照指定的关系式发生变化,直到出现取消镜像、交换加工指令为止。

G05 为 X 轴镜像,关系式为 $X=-X$,如图 6-5 中的 AB 段曲线与 CB 段曲线。

G06 为 Y 轴镜像,关系式为 $Y=-Y$,如图 6-5 中的 AB 段曲线与 AD 段曲线。

G08 为 X 轴镜像, Y 轴镜像, 关系式为 X=-X, Y=-Y, 即 G08=G05+G06, 如图 6-6 中的 AB 段曲线与 CD 段曲线所示。

G07 为 X、Y 轴交换, 关系式为 X=Y, Y=X, 如图 6-6 所示。

G09 为 X 轴镜像, X、Y 轴交换, 即 G09 = G05 + G07。

G10 为 Y 轴镜像, X、Y 轴交换, 即 G10 = G06 + G07。

G11 为 X 轴镜像, Y 轴镜像, X、Y 轴交换, 即 G11 = G05 + G06 + G07。

G12 为取消镜像, 每个镜像加工程序结束后都要加上此指令。

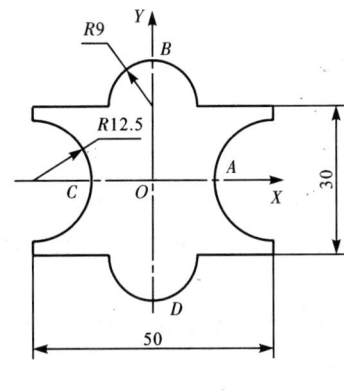

图 6-5 镜像示例

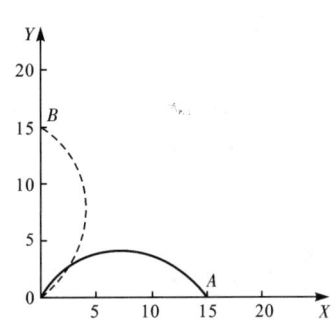

图 6-6 交换加工示例

(6) 间隙补偿指令 G41、G42、G40

如果没有间隙补偿功能, 就只能按电极丝中心点的运动轨迹编制加工程序, 这就要求先根据工件轮廓尺寸及电极丝直径和放电间隙计算出电极丝中心的轨迹尺寸, 因此计算量大、复杂, 且加工凸模、凹模、卸料板时需重新计算电极丝中心点的轨迹尺寸, 重新编制加工程序。采用间隙补偿指令后, 凸模、凹模、卸料板、固定板等成套模具零件只需要按工件尺寸编制一个加工程序, 就可以完成加工, 且是按工件轮廓尺寸编制加工程序的, 计算简单, 对手工编程具有特别意义。

G41 为左偏间隙补偿指令, 沿着电极丝前进的方向看, 电极丝在工件的左边。

指令格式:G41 D __

其中, D 指定电极丝半径与放电间隙之和, 单位为 μm, 下同。

G42 为右偏间隙补偿指令, 沿着电极丝前进的方向看, 电极丝在工件的右边。

指令格式:G42 D __;

G40 为取消间隙补偿指令。

指令格式:G40

G41、G42 指令应用的方向判断如图 6-7 所示。

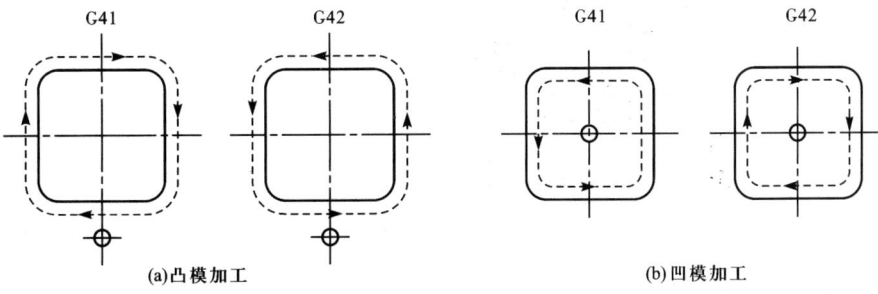

图 6-7 G41、G42 指令应用的方向判断

(7) 锥度加工指令 G50、G51、G52

G51 为锥度左偏指令,沿着电极丝前进的方向看,电极丝上段在底平面加工轨迹的左边。

指令格式:G51 A＿;

其中,A 指定工件的锥度(°),下同。

G52 为锥度右偏指令,沿着电极丝前进的方向看,电极丝上段在底平面加工轨迹的右边。

指令格式:G52 A＿;

G50 为取消锥度加工指令。

指令格式:G50

(8) 手工操作指令 G80、G82、G84

G80 为接触感知指令,使电极丝从现在的位置移动到接触工件,然后停止。

G82 为半程移动指令,使加工位置沿指定坐标轴返回一半的距离,即当前坐标系坐标值的一半。

G84 为微弱放电找正指令,通过微弱放电校正电极丝与工作台面垂直,在加工前一般要先进行校正。

例 6-2

如图 6-8 所示凹模,工件厚度 $H=8$ mm,刃口锥度 $A=15°$,下导轮中心到工作台面的高度 $W=60$ mm,工作台面到上导轮中心的高度 $S=100$ mm。用直径为 0.13 mm 的电极丝加工,取单边放电间隙为 0.01 mm。编制凹模加工程序(图中标注尺寸为平均尺寸)。

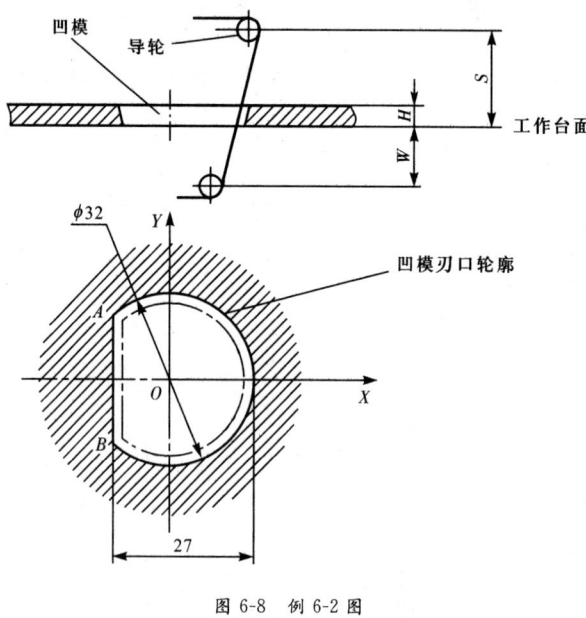

图 6-8 例 6-2 图

首先按平均尺寸绘制凹模刃口轮廓图,建立如图 6-8 所示坐标系,用 CAD 查询或计算求出各节点的坐标值 $A(-11.000, 11.619)$, $B(-11.000, -11.619)$;取 O 点为穿丝点,加工顺序为 $O-A-B-A-O$。考虑凹模间隙补偿 $R=0.13/2+0.01=0.075$ mm。同时要注意 G41 与 G42、G51 与 G52 指令之间的区别。

加工程序如下:

O0002	(程序号)
N010 G90 G92 X0 Y0;	(起点)
N020 W60000;	(定义下导轮位置)
N030 H8000;	(工件厚度)
N040 S100000;	(上导轮中心位置)
N050 G51 A0.150;	(建立锥度左偏 15°加工模式)
N060 G42 D75;	(间隙右补偿)
N070 G01 X-11000 Y11619;	(直线插补到 A 点)
N080 G02 X-11000 Y-11619 I11000 J-11619;	(圆弧插补到 B 点)
N090 G01 X-11000 Y11619;	(直线插补到 A 点)
N100 G50;	(取消锥度加工模式)
N110 G40;	(取消间隙补偿)
N120 G01 X0 Y0;	(直线插补回到起点)
N130 M02;	(程序结束)

二、3B 和 4B 格式编程

ISO 格式的优点是功能齐全、通用性强。而我国独创的 3B 和 4B 格式只能用于快走丝线切割,且只能用相对坐标编程,不能用绝对坐标编程。其优点是针对性强,通俗易懂。早期我国生产的大多数快走丝线切割机床采用 3B 和 4B 格式编程,现在则很少使用。下面介绍 3B 格式的编程。

1. 程序格式

3B 格式的程序没有间隙补偿功能,其程序格式见表 6-2。表中的 B 为分隔符号,它在程序单上起着把 X、Y 和 J 指定的数值分隔开的作用。当程序输入控制器时,读入第一个 B 后的数值表示 X 坐标值,读入第二个 B 后的数值表示 Y 坐标值,读入第三个 B 后的数值表示计数长度 J 的值。

表 6-2　　　　　　　3B 程序格式

B	X	B	Y	B	J	G	Z
分隔符号	X 坐标值	分隔符号	Y 坐标值	分隔符号	计数长度	计数方向	加工指令

加工圆弧时,程序中 X、Y 指定值必须是圆弧起点对圆心的坐标的增量值。加工斜线时,程序中 X、Y 指定值必须是该斜线段终点对其起点的坐标增量值,斜线段程序中的 X、Y 指定值允许把它们同时缩小相同的倍数,只要其比值保持不变即可,因为 X、Y 指定值只用来确定斜线的斜率,但 J 指定值不能缩小。对于与坐标轴重合的线段,在其程序中的 X 或 Y 指定值可不必写或写为零。X、Y 坐标值只取其绝对值,不管正负。X、Y 坐标值都以 μm 为

单位,1 μm 以下的按四舍五入计算。

2. 计数方向 G 和计数长度 J

(1) 计数方向 G

为保证所要加工的圆弧或线段长度满足要求,线切割机床是通过控制从起点到终点在某坐标轴进给的总长度来达到的,因此在系统中设立了一个计数器进行计数,将加工线段的某坐标轴进给总长度 J 值预先置入计数器中。加工时沿该坐标每进给一步,计数器就减 1,当计数器减到零时,则完成该圆弧或直线段在该坐标轴方向的加工。

加工斜线段时,必须用进给距离比较大的坐标方向作为计数方向。如线段的终点为 $A(X,Y)$,当 $|Y|>|X|$ 时,计数方向取 G_Y;当 $|Y|<|X|$ 时,计数方向 G_X。当确定计数方向时,可以 45°为分界线,斜线在阴影区内时,取 G_Y,反之取 G_X。若斜线正好在 45°线上时,可任意选取 G_X、G_Y,如图 6-9 所示。

加工圆弧时,其计数方向的选取应视圆弧终点的情况而定,从理论上来分析,当加工圆弧达到终点时,走最后一步的是哪个坐标,就选哪个坐标作为计数方向,这样很麻烦。因此以 45°线为界(如图 6-10 所示)。若圆弧坐标终点为 $B(X,Y)$,当 $|X|<|Y|$ 时,即终点在阴影区内,计数方向取 G_X;当 $|X|>|Y|$ 时,计数方向取 G_Y;当终点在 45°线上时,可任意取 G_X、G_Y。

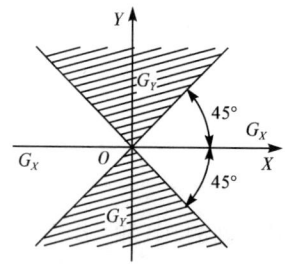
图 6-9 斜线段计数方向选择

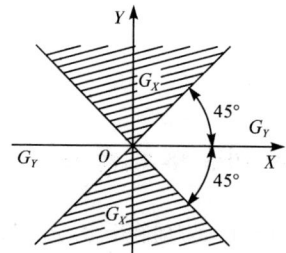
图 6-10 圆弧计数方向选择

(2) 计数长度 J 的确定

对于斜线,如图 6-11(a)所示,斜线在 X 轴投影长度大于在 Y 轴的投影长度,取 $J=X_e$;如图 6-11(b)所示,斜线在 Y 轴投影长度大于在 X 轴的投影长度,取 $J=Y_e$。

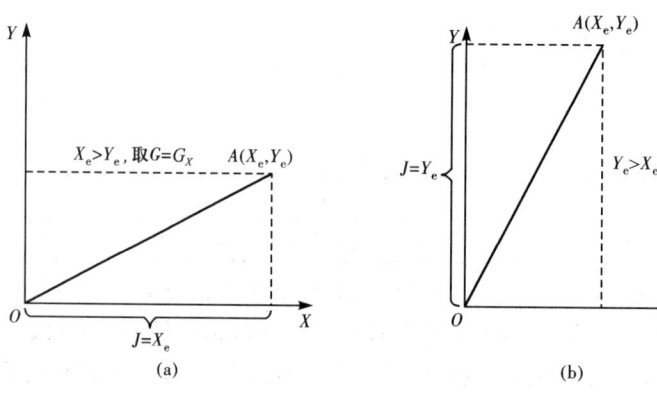

图 6-11 直线加工技术长度 J 的确定

对于圆弧,它可能跨越几个象限。如图 6-12 所示,两个圆弧都是从 A 加工到 B。如图 6-12(a)所示,圆弧圆心角小于 180°,计数方向为 G_X,计数长度 $J=J_{X1}+J_{X2}$;如图 6-12(b)所示,圆弧圆心角大于 180°,计数方向为 G_Y,计数长度 $J=J_{Y1}+J_{Y2}+J_{Y3}$。

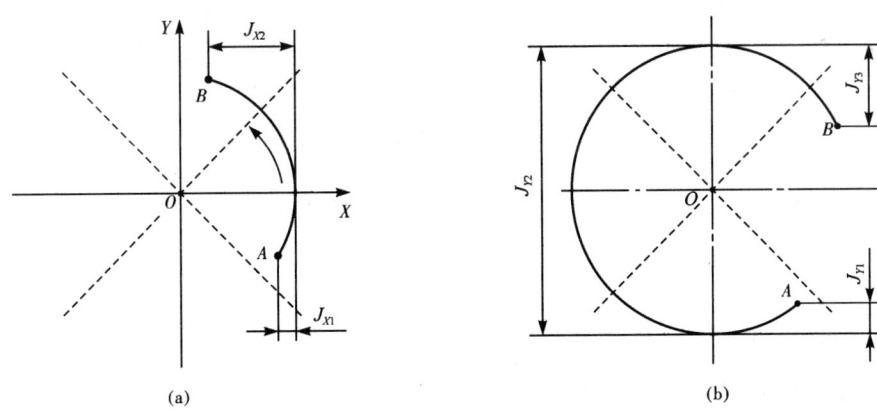

图 6-12　圆弧加工计数长度 J 的确定

3. 加工指令 Z

加工指令 Z 用来确定轨迹的形状及起点、终点所在坐标象限和加工方向,它包括直线插补指令 L 和圆弧插补指令 R 两类。

(1) 直线插补指令 L

当坐标系的原点是直线的起点,直线插补指令(L1、L2、L3、L4)表示加工的直线终点分别位于坐标系的第一、第二、第三、第四象限,如图 6-13(a)所示;如果加工的直线与坐标轴重合,根据进给方向来确定指令(L1、L2、L3、L4),如图 6-13(b)所示。

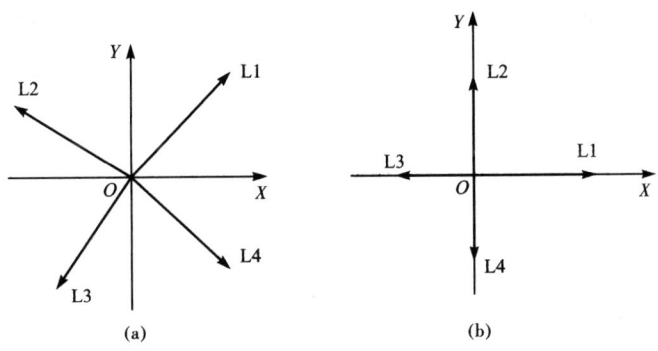

图 6-13　直线插补指令 L 的确定

(2) 圆弧插补指令 R

当坐标系的原点是圆弧的圆心时,圆弧插补指令(R)根据加工方向又可分为顺时针插补(SR1、SR2、SR3、SR4)和逆时针插补(NSR1、NSR2、NSR3、NSR4)。字母后面的数字表示该圆弧的起点所在象限,如图 6-14(a)所示为顺时针插补圆弧,图 6-14(b)所示为逆时针圆弧插补。

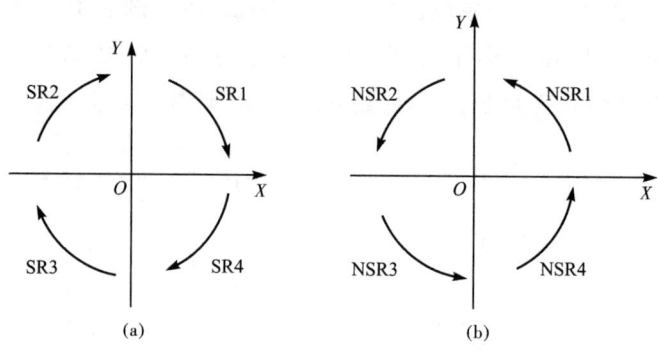

图 6-14　圆弧插补指令 R 的确定

4. 程序的输入方式

将编制好的线切割加工程序输入机床有以下方式：

（1）人工直接由机床操作面板键盘输入。这种方法直观，但费时麻烦，且容易出现输入错误，适合简单程序的输入。

（2）CAD/CAM 自动生成加工程序，由通信接口直接传输到线切割控制器，这种方法应用方便，且不容易出现输入错误，是最理想的输入方式。

5. 3B 编程举例

例 6-3

如图 6-15 所示，直线 OA 和 OB 分别在第一和第二象限，O 点在编程坐标原点，A 点和 B 点的坐标分别是 $(X5, Y16)$ 和 $(X-16, Y5)$，用 3B 格式编写程序。

直线 OA：

B5000 B16000 B16000 GY L1；

直线 OB：

B16000 B5000 B16000 GX L2；

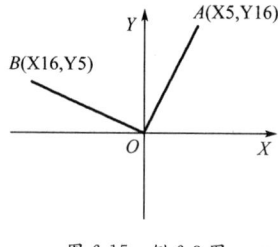

图 6-15　例 6-3 图

单元（二） 模具数控线切割工艺编程应用

技能目标

典型模具线切割加工工艺编程能力。

工作任务一

冲模的凸模和凹模需要线切割加工，凹模如图 6-16 所示，凸模如图 6-17 所示。编制凹模和凸模刃口数控线切割加工的程序。

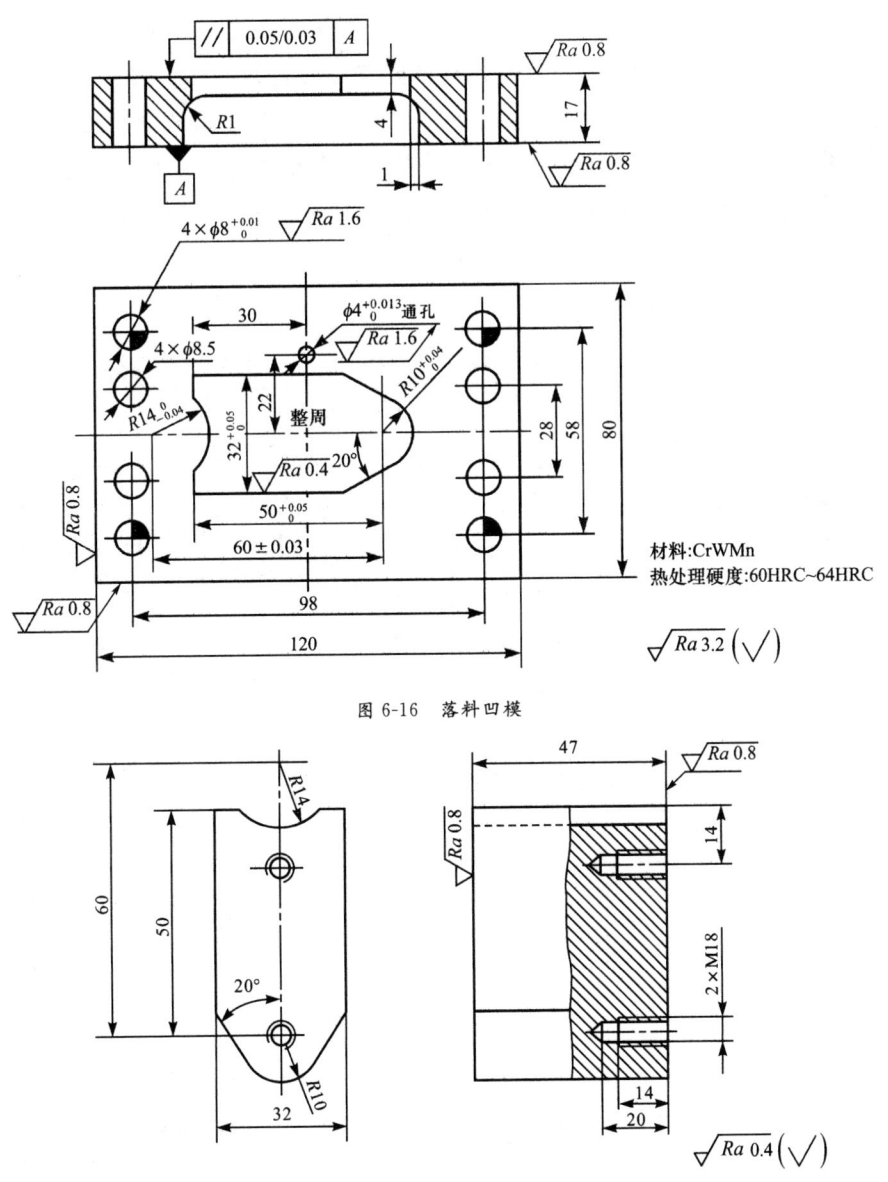

图 6-16 落料凹模

图 6-17 落料凸模

一、工艺分析及编程准备

1. 凹模、凸模间隙补偿量的确定

参数符号设定如下：

r_S——电极丝半径；

δ_d——电极丝和工件间的单边放电间隙；

δ_p——凸模和凹模间的单边配合间隙；

R_T——凸模的间隙补偿量；

R_W——凹模的间隙补偿量。

凸模的间隙补偿量为 $R_T = r_S + \delta_d$，则凹模的间隙补偿量为 $R_W = r_S + \delta_d - \delta_p$。

凹模的间隙补偿量为 $R_W = r_S + \delta_d$ 则凸模的间隙补偿量为 $r_S + \delta_d - \delta_p$。

选择钼丝直径 $\phi 0.15$ mm，钼丝半径 $r_S = 0.075$ mm。确定单边放电间隙 $\delta_d = 0.01$ mm。如图 6-16 和图 6-17 所示，凸模和凹模间的单边配合间隙 $\delta_p = 0.05/2 = 0.025$ mm。

凸模的间隙补偿量 $R_T = r_S + \delta_d = 0.075 + 0.01 = 0.085$ mm；凹模的间隙补偿量 $R_W = r_S + \delta_d - \delta_p = 0.075 + 0.01 - 0.025 = 0.060$ mm。

2. 走丝轨迹基点坐标确定

如果加工轮廓基点坐标不能根据零件标注的设计尺寸直接确定，特别对于复杂的曲线轮廓，可以借助CAD技术 1∶1 绘制零件的加工轮廓，通过CAD软件的坐标查询功能查询轮廓的基点坐标。

本任务凹模以 O 为编程坐标原点，利用CAD软件绘制凹模刃口轮廓，如图 6-18 所示。走丝轨迹节点 A、B、C、D、E、F、G、H 坐标及圆弧圆心坐标可以利用坐标查询工具确定，各基点坐标值见表 6-3。

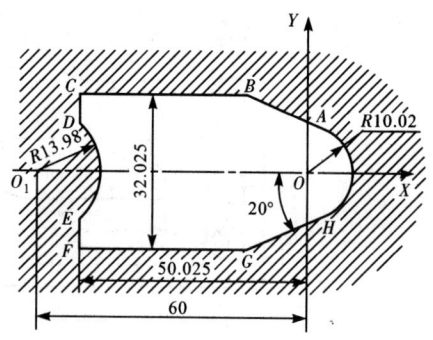

图 6-18 CAD软件绘制凹模刃口轮廓

表 6-3　　　　　　　凹模刃口轮廓的节点和圆心坐标

节点和圆心	X	Y	节点和圆心	X	Y
O	0	0	D	-50.025 0	9.794 9
O_1	-60	0	E	-50.025 0	-9.794 9
A	3.427 0	9.415 7	F	-50.025 0	-16.012 5
B	-14.697 6	16.012 5	G	-14.697 6	-16.012 5
C	-50.025 0	16.012 5	H	3.427 0	-9.415 7

二、凹模刃口数控线切割加工编程

1. 手工编程

编程原点及穿丝孔设在 O 点,按 $O-A-B-C-D-E-F-G-H-A-O$ 走丝路线加工,采用线切割 ISO 格式编制程序。

```
O0003                                    （FANUC 数控系线切割程序号）
N010 G90 G92 X0 Y0；                     （定义加工起点在编程坐标原点）
N020 G41 D70；                           （建立间隙补偿值为 70 μm）
N030 G01 X3427 Y9416；                   （走丝到 A 点）
N040 G01 X-14697 Y16012；                （走丝到 B 点）
N050 G01 X-50025 Y16012；                （走丝到 C 点）
N060 G01 X-50025 Y9795；                 （走丝到 D 点）
N070 G02 X-50025 Y-9795 I-9975 J-9795；  （走丝到 E 点）
N080 G01 X-50025 Y-16013；               （走丝到 F 点）
N090 G01 X-14697 Y-16013；               （走丝到 G 点）
N100 G01 X3427 Y-9416；                  （走丝到 H 点）
N110 G03 X3427 Y9416 I-3427 J9416；      （走丝到 A 点）
N120 G40；                               （取消间隙补偿）
N130 G01 X0 Y0；                         （走丝到 O 点）
N140 M02；                               （程序结束）
```

2. 计算机辅助编程

线切割计算机辅助编程系统采用 CAD 方式输入,只需要按被加工零件图纸上标注的尺寸在 CAD 绘制加工轮廓图,然后就可以自动生成 ISO 代码加工程序。把生成的程序通过通信接口直接传输到线切割控制器中。常用的线切割计算机辅助自动编程系统有 CAXA 线切割计算机辅助编程系统、YH 绘图式线切割计算机辅助编程系统及 MASTER 线切割计算机辅助编程系统。

CAXA 线切割计算机辅助编程系统是我国自产的面向线切割加工行业的计算机辅助编程软件,它可以为各种线切割机床提供快速、高效率的数控编程代码(包括 ISO 格式及 3B、4B 格式),极大地简化了编程人员的工作。用传统编程方式很难完成的复杂图形(如齿轮、花键等)都可以用 CAXA 线切割计算机辅助编程系统来快速、准确地完成。同时,此系统可实现跳步及锥度加工,可对生成的代码进行校验及加工仿真,可全面地满足 CAD/CAM 的要求。

三、凸模刃口数控线切割加工编程

选取加工路线与凹模相同,除引入、退出程序段不同外,其余加工程序段完全相同。这里就不再列出,请读者试试自己编制程序。

工作任务二

如图 6-19 所示下料凹模,编程并操作线切割机床加工刃口轮廓。

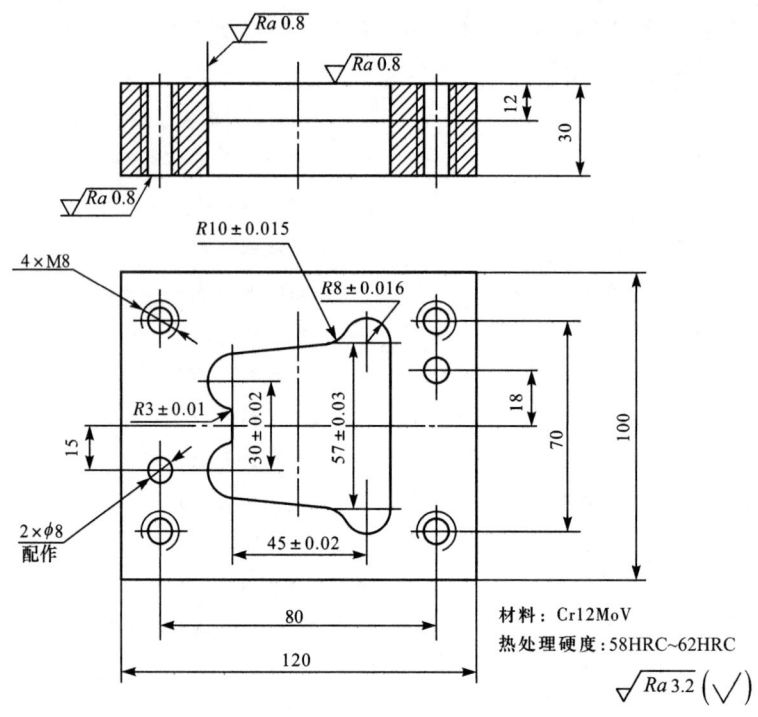

图 6-19 模具零件图

一、工艺准备

1. 模具零件材料分析

此模具零件材料为 Cr12MoV,其可锻造性能、淬火性能好,同时热处理的变形较小,是制造模具的典型材料。该零件无特殊的要求,符合进行线切割加工的要求。

2. 加工工艺过程

(1) 锻造毛坯,并进行退火处理,以消除锻造内应力,改善加工性能。

(2) 采用机械切削(铣削、磨削等)对毛坯各平面进行粗、精加工。

(3) 机械加工各螺纹孔、销孔、穿丝孔等。

(4) 快走丝线切割粗加工刃口轮廓,为慢走丝精加工留 4 mm 左右的切割余量。

(5) 刃口部位按设计要求淬火 58HRC~62HRC。

(6) 慢走丝精加工刃口轮廓达到图纸要求。

(7) 对材料进行退磁处理。

3. 程序编制准备

(1) 因该模具是落料模，冲下零件的尺寸由凹模决定，模具配合间隙在凸模上扣除，故凹模的间隙补偿量为 $R_w = r_s + \delta_d = 0.15/2 + 0.01 = 0.085$ mm。

(2) 按工件平均尺寸绘制凹模刃口轮廓图，并以 O 为坐标原点建立坐标系，如图 6-20 所示。用数学计算或 CAD 查询功能求出各基点坐标。

(3) 穿丝孔设在 O 点，按 $O-A-B-C-D-E-F-G-H-I-J-K-L-A-O$ 的顺序加工。

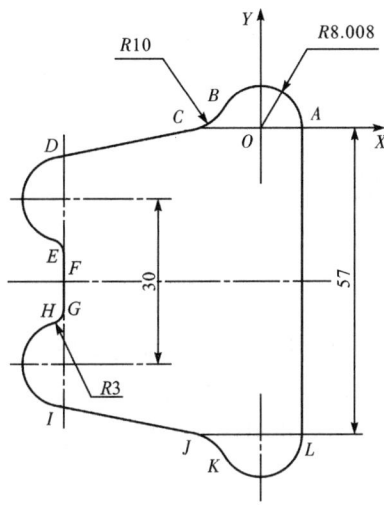

图 6-20 凹模刃口轮廓

二、慢走丝精加工程序

O0004;	(程序号)
N010 T84 T86 G90 G92 X0 Y0;	(加工起点 O)
N020 G41 D85;	(间隙补偿)
N030 G01 X8008 Y0;	(走丝到 A 点)
N040 G03 X−7009 Y3873 I−8008 J0;	(走丝到 B 点)
N050 G02 X−13901 Y−1117 I−8753 J4836;	(走丝到 C 点)
N060 G01 X−36992 Y−5492;	(走丝到 D 点)
N070 G03 X−39174 Y−21205 I0 J−8008;	(走丝到 E 点)
N080 G02 X−36992 Y−24091 I−818 J−2886;	(走丝到 F 点)
N090 G01 X−36992 Y−32909;	(走丝到 G 点)
N100 G02 X−39174 Y−35795 I−3000 J0;	(走丝到 H 点)
N110 G03 X−36992 Y−51508 I2182 J−7705;	(走丝到 I 点)
N120 G01 X−13901 Y−55883;	(走丝到 J 点)
N130 G02 X−7009 Y−60873 I−1861 J−9826;	(走丝到 K 点)
N140 G03 X8008 Y−57000 I7009 J3873;	(走丝到 L 点)

N150 G01 X8008 Y0;　　　　　　　　　　（走丝到 A 点）
N160 G40;　　　　　　　　　　　　　　（取消间隙补偿）
N170 G01 X0 Y0;　　　　　　　　　　　（插补到 O 点）
N180 T85 T87 M02;　　　　　　　　　　（程序结束）

三、程序输入及检验

(1)将编制好的加工程序输入线切割机床。程序简单,可以用手工方式通过键盘直接输入(自动生成程序最好的方法是用电缆通信的方式快速、准确地输入)。

(2)输入间隙补偿量及凹、凸模的关联信息。

(3)仿真检验走丝轨迹,以检验程序的正确性和合理性,保证加工操作不损坏机床,加工出来的工件满足加工要求。

四、机床加工操作过程

1. 穿丝孔的加工

(1)穿丝孔的作用

因为凹模图形是封闭的,所以工件在线切割前必须加工出穿丝孔,才能将电极丝穿入穿丝孔后加工内轮廓。凸模工件虽然可以不需要穿丝孔,直接从工件外缘切入,但有时为了提高加工效率和精度,经常在接近加工轮廓位置加工一个穿丝孔。

(2)穿丝孔的位置和直径

在切削凹模类工件时,穿丝孔最好在坐标原点(设计基准)位置,这样可以直接确定穿丝孔的加工位置,也便于计算走丝轨迹的基点坐标,但对于大孔凹形工件的加工,穿丝孔可设在起割点附近,且可沿加工轨迹多设置几个,以便在断丝后重新就近穿丝,减小空进刀行程。凸模工件的穿丝孔应设在加工轮廓轨迹的拐角附近,这样可以减小穿丝孔对模具表面的影响或进行修磨。同理,穿丝孔的位置最好选在已知坐标点或便于运算的坐标点上,以简化有关轨迹的运算,如图 6-21 所示。

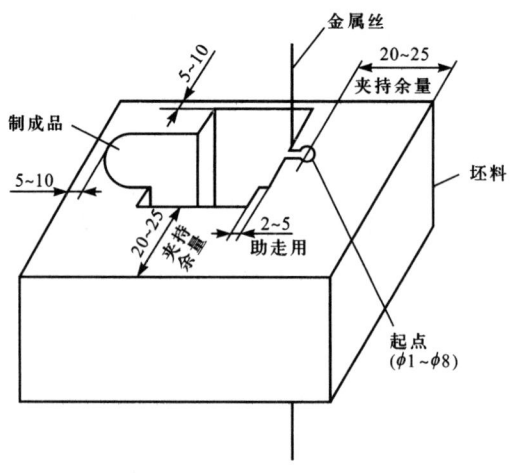

图 6-21　穿丝孔的位置

穿丝孔的直径不宜太大或太小，以钻孔工艺方便为宜，一般直径为 1～8 mm。

(3)穿丝孔的加工

由于穿丝孔轴线往往是加工轮廓的设计基准和加工工艺基准，穿丝孔的位置精度和尺寸精度要等于或高于工件的精度，因此需要在有精密坐标工作台的机床上进行钻—扩—铰加工。当然有的穿丝孔要求不高，只需要普通钻床加工。

2. 工作液的选择

(1)工作液的配制方法及配制比例

①工作液的配制方法　在自来水中按一定比例注入乳化油，使其充分乳化，呈均匀的乳白色。0 ℃以下时，可先用少量开水冲入拌匀，再加冷水搅匀。

②工作液的配制比例　根据不同的加工工艺指标，一般为 5%～20%（乳化油 5%～20%，水 95%～80%），均按质量比配制。在要求不太严时，也可大致按体积比配制。

(2)工作液的使用

①对要求切割速度高或大厚度的工件，浓度可适当低些，为 5%～8%，这样便于冲下电蚀渣物，加工比较稳定，且不易断丝。

②对加工表面粗糙度较小和精度要求比较高的工件，浓度比可适当再高些，为 10%～20%。

③新配制的工作液，使用约 2 天以后效果最好，继续使用 8～10 天后就易断丝，这是因为纯净的工作液不易形成放电通道，经过一段放电加工后，工作液中存在一些悬浮的放电产物，容易形成放电通道，有较好的加工效果。但工作时间过长时，悬浮的加工电蚀渣物太多，使间隙消电离能力变差，且容易发生二次放电，对放电加工不利，这时应及时更换工作液。

④加工时供液一定要充分，且使工作液包住电极丝，这样才能使工作液顺利进入加工区，以达到稳定加工的效果。

3. 工件的装夹和找正

要想在线切割机床上加工出合格的工件，首先要将工件正确装夹。线切割加工机床的夹具比较简单，一般是在通用夹具上采用压板螺钉来固定工件。为了缩短装夹时间、提高生产率及适应各种形状工件加工的需要，还可使用磁性夹具、旋转夹具或专用夹具，同时需要调整、检验工件的正确位置。

(1)工件的装夹

线切割加工属于较精密加工，工件的装夹对加工零件的定位精度有直接影响，安装工件时经常使用一些工具保证工件相对电极丝安装在正确的位置。

①用找正块找正　找正块是一个六方体，如图 6-22 所示。在校正电极丝垂直度时，首先目测电极丝的垂直度，若不垂直，则调节机床 U、V 轴，使电极丝垂直工作台；然后将找正块放在工作台上，在弱加工条件下，将电极丝沿 X 轴方向缓缓移向找正块。

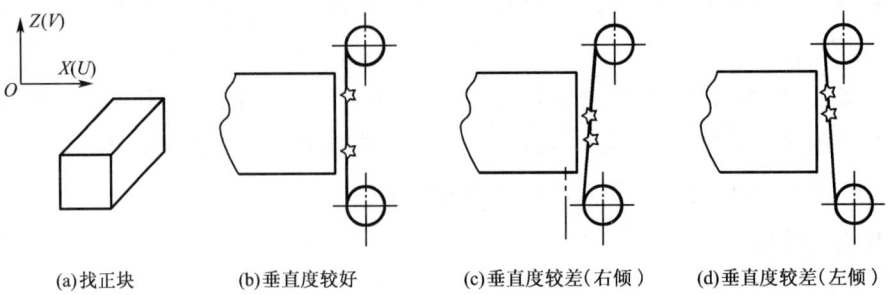

图 6-22 用找正块找正

②用校正器找正　校正器是一个触点与指示灯构成的光电校正装置,电极丝与校正器触点接触时指示灯亮。如图 6-23 所示,它的灵敏度较高,使用方便且直观。校正器底座用耐磨不变形的大理石或花岗岩制成。

③用百分表找正　如图 6-24 所示,用磁力表架将百分表固定在丝架或其他位置上,百分表的测量头与工件基面接触,往复移动工作台,按百分表指示值调整工件的位置,直至百分表指针的偏摆范围达到所要求的数值。

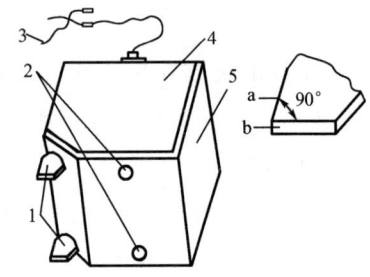

图 6-23 用校正器找正

1—上、下测量头(a、b 为放大的测量面);
2—上、下指示灯;3—导线及夹子;4—盖板;5—支座

④用划线法找正　当工件的切割图形与定位基准之间的相互位置精度要求不高时,可采用划线法找正,如图 6-25 所示。利用固定在丝架上的划线针在工件上划出的基准线往复移动工作台,目测划线针、基准间的偏离情况,将工件调整到正确位置。

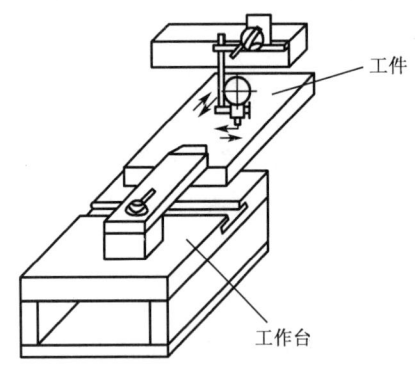

图 6-24 用百分表找正

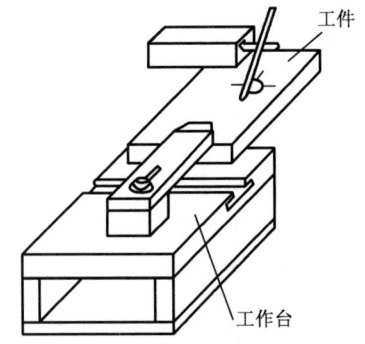

图 6-25　用划线法找正

4. 加工

根据加工工件的材质和高度,利用控制柜操作面板选择高频电源脉冲宽度和脉冲宽度。按下控制柜操作面板进给、加工按钮,选择加工电流的大小,按下高频按钮,按"F8"键,将进给按钮调到进给速度比较慢的位置(进给旋钮逆时针旋转),按下控制柜操作面板的变

频按钮。机床步进电动机开始动作,至此开始切割工件。

注意观察加工放电状态,逐步调大进给速度,至控制柜操作面板上的电压表机电流表指示比较稳定为止。

5. 关机

工件切割完毕,抬起高频、进给、变频按钮,按下红色电源开关,将总电源拨到"0"位置,拔掉电源插头。

6. 检验加工质量

工件加工完后,用规定的方法对其加工精度、表面质量及其他加工要求进行检验,以确定工件的合格性。

线切割编程及加工应考虑一些工艺问题:

(1)在分析零件图纸时,首先分析零件是否适合在此电火花线切割机床上加工。零件尺寸太大、太小都可能不宜在线切割机床上加工,要考虑线切割机床工作台大小,丝架跨距的大小。

(2)用手工编制加工程序时,直线与圆弧、圆弧与圆弧的切点坐标往往计算困难,要借助CAD技术。

(3)在确定加工工艺路线时,需要考虑到线切割加工一般是加工的最后工序,可以安排在淬火工序之后。此外,工件在线切割机床上的定位面一般在前面工序进行磨削加工。

(4)在确定走丝路线时,要考虑工件受力变形及对刚度影响。如图6-26所示三种走丝轨迹中,如图6-26(a)所示轨迹是不合理的,如图6-26(b)所示轨迹是可用的,如图6-26(c)所示轨迹是最合理的。因为电极丝最好不要从坯件外切入,起割点在坯件上预制的穿丝孔中,材料的变形小,则工件的变形小,加工精度高。

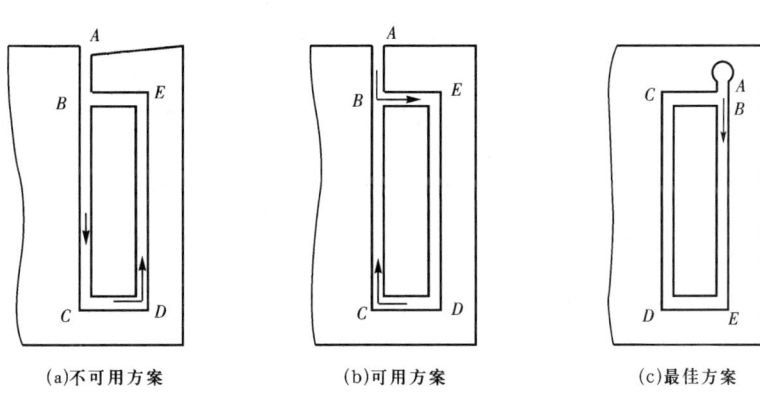

图6-26 线切割轨迹

(5)在确定编程坐标系时,为了方便确定各基点的坐标值,坐标原点应选择图形的设计基准,如对称中心。

(6)在计算补偿量 R 时,要考虑选定的电极丝直径、放电间隙和凸模、凹模配合间隙。

(7)有公差的尺寸应采用平均尺寸编程。平均尺寸的计算公式为

$$平均尺寸 = 公称尺寸 + (上极限偏差 + 下极限偏差)/2$$

思考与练习

一、简答题

1. 简述线切割机床的加工原理。
2. 线切割机床的类型有哪些？各有什么特点？
3. 我国线数控切割加工编程的格式有哪些类型？
4. 线切割加工精度的主要影响因素有什么？
5. 简述由线切割间隙补偿的含义及与数控铣半径补偿的异同点。

二、编程题

如图 6-27 所示落料凹模，取电极丝直径为 0.12 mm，单边放电间隙为 0.01 mm。编写线切割加工凹模的程序。

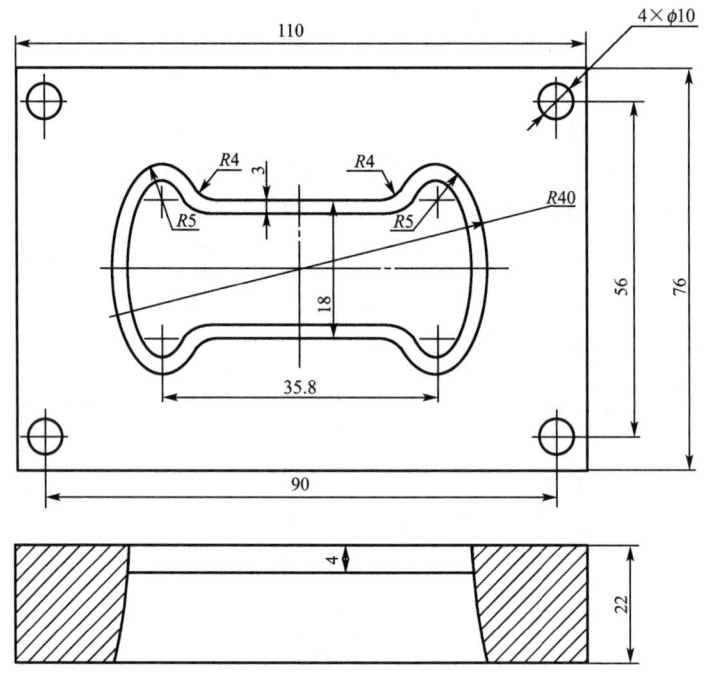

图 6-27 编程题图

模块七 模具现代制造技术

模具现代制造技术和模具特种加工方法是在传统模具制造工艺不断变化和发展的基础上逐步形成的模具制造技术,是模具制造业适应市场竞争的结果,是高新技术发展和传统模具工艺不断融合的结果。模具现代制造研究与应用的方向有:

(1)特殊材料的加工

特殊材料指高硬度、高强度、高韧性、高脆性的金属及非金属材料,如硬质合金、钛合金、耐热钢、不锈钢、淬火钢、金刚石、宝石、石英、锗、硅等。

(2)特殊形状的加工

特殊形状的加工指微细孔、槽及极薄壁等结构的加工,如表面质量和精度要求高的航天航空陀螺仪、伺服阀,以及细长轴、薄壁零件、弹性元件等低刚度零件的加工,靠传统机械加工方法难以实现。

(3)模具高速度、高效率制造

为满足市场瞬息万变的个性化需要,模具新产品的开发制造周期越来越短,为抢占市场采用高速、高效的模具制造方法是企业追求的目标。

(4)模具精密制造

模具的精度决定模具成型品的精度,随着对模具成新品精度要求越来越高,模具的制造精度要求也越来越高。

(5)模具数字化设计与制造

应用现代设计与制造技术,使用 CAD/CAM 通用软件或专用软件完成模具的设计与制造。数字化设计与制造技术可大大提高模具设计制造的周期,不仅提高生产效率,还可以设计与制造出传统工艺无法设计与制造的模具。

单元一 模具数控高速加工技术

技能目标 >>>

具有模具高速加工条件和技术参数选择的能力。

核心知识 >>>

满足高速数控加工的技术条件。

一、高速加工的特征

1. 高速加工的含义

1931年,德国科学家Salomon提出一个假想:一定的金属材料对应有一个临界的切削速度,在该切削速度下其切削温度与切削速度成正比;在大于该临界速度下切削时,其切削温度与切削速度成反比。这一假说经几十年的探索实验得以证实,并在20世纪90年代开始在工程实践中推广应用。

高速加工技术是指采用超硬材料的刀具、磨具,在保证加工精度和加工质量的前提下,用自动化高速切削设备高速、高效切除材料的加工技术。高速切削是一个相对的概念,由于加工方式、加工材料不同,高速切削速度的范围也不同。在工程应用中,高速切削的含义是:

(1)高切削速度

高速切削的速度一般为常规速度的5～10倍。常用材料的高速切削速度范围:钢为500～2 000 m/min,铸铁为800～3 000 m/min,铜为900～5 000 m/min,铝合金为1 000～7 000 m/min。

(2)进给速度

高速切削的进给速度一般是常规速度的4～6倍。

(3)特殊的高速切削机床

机床主轴转速为10 000～100 000 r/min或以上,机床进给运动速度为40 m/min以上。

(4)适合高速切削的刀具、磨具

适合高速切削的刀具、磨具要有高的强度和韧性、高温耐磨性。

2. 高速加工的特征

(1)高速切削的优点

①切削力小　由于切削速度大,切削区剪切角增大,剪切变形区变窄,切屑流出速度增大,使切削力比常规切削方法减小30%～90%,刀具耐用度提高65%以上。

②热变形小　高速切削时,90%以上的切削热来不及传给工件就被高速流出的切屑带走,工件切削区温度上升不超过3℃,特别适合加工易受热变形的细长或薄壁零件。

③材料去除率高　高速切削时的切削速度和进给速度使单位时间内工件材料的切出率提高3～5倍,特别适合汽车、飞机、模具等制造。同时,高速切削可加工淬硬零件(可达60HRC),在一次装夹过程中可完成粗、半精及精加工工序;对复杂型面可直接加工达到零件的表面质量要求,这样,就可省略常规加工的电加工、手工修磨等工序,缩短了工艺路线,大大提高加工的生产率。

④加工高精度　高速加工具有高速和高进给率,避开机床工艺系统的固有频率,使加工过程平稳,振动小;同时高速切削时切削深度较小,切削力和热变形小,加工的表面精度和质量高,可实现高精度、低粗糙度的加工。

⑤经济效益高　对于用常规加工方法难以加工的大型整体构件(如飞机的机翼骨架加工),以及壁厚小于0.5 mm、壁高小于20 mm的薄壁零件,高速加工具有显著的经济效益。综合高速加工所具有的精度高、质量好、工序简化等特点,经核算,其综合经济效益较其他加工技术高。

(2)高速加工面临的问题

①高速加工机床的设计制造成本高,采用高速加工对工艺系统具有很高的精度和稳定性要求,投资较大,中小企业难以应用。

②高速加工机床系统调试、维护维修技术要求高,维修成本大。

③高速加工需要特殊的工艺知识及专门的 CNC 系统与装置,数据处理和传输要求很高的速度。

④高速加工中,由于极快的运动速度,难以实现紧急停机,人为错误、硬件或软件错误都可能导致严重的后果。

⑤高速加工技术的应用人才短缺,编程人员、操作人员必须经系统的培训、实习后才能上岗。

二、高速加工工艺装备

1. 高速加工机床

自 1931 年高速切削的假说提出以来,经历了理论研究、实验探索、初步应用、推广应用等发展阶段。在 20 世纪 80 年代,发达工业国家开始投入大量人力、财力对高速加工及其相关技术进行系统的研制开发,重点是大功率高速主轴系统的研制、高加/减速度进给系统的研制、超硬超耐磨刀具材料研制、切屑冷却处理系统研制,并且在安全防护装置、高性能的 CNC 系统、检测系统等方面都有的重大的技术突破,为高速加工技术的推广应用提供了条件。

高速加工数控机床的特征如下:

(1)适应高的切削用量

为满足高速切削,高速加工数控机床的主轴采用高速主轴单元,集成内置式交流伺服电动机结构(又称电主轴)有自冷却循环系统,支承轴承多采用陶瓷混合轴承、气浮轴承、液体静压轴承等。美国、德国、瑞士等发达国家普遍在生产中使用的高速加工数控机床,其主轴转速一般为 10 000～40 000 r/min,进给速度为 20～50 m/min。我国近几年也研制出多种高速加工数控机床,如北京机床厂生产的 VRA400 立式加工中心,主轴转速达到 20 000 r/min,X、Y 轴方向进给速度达 48 m/min,Z 轴方向进给速度达 24 m/min。

进给系统多采用多线大导程滚珠丝杠或用直线电动机直接驱动,先进、高速的直线电动机具有较高的加、减速特性,正在逐步取代滚珠丝杠传动。目前直线电动机的进给速度可达 180 m/min,加速度为 10g,定位精度达 0.05～0.2 μm。直线电动机消除机械传动误差和弹性变形,没有滚珠丝杠传动的反向间隙。

为适应高速加工的运算速度和运算精度,以及满足高速加工复杂型面的要求,高速加工数控机床采用 32 位或 64 位的 CPU,并配有功能强大的 CNC 软件。CNC 控制装置具有前馈控制、加/减速预插补、精确矢量补偿等功能。采用全数字交流伺服电动机控制技术具有很好的动力学特性,无漂移,可以保证极高的轮廓精度和高速进给加工要求。

(2)高速加工技术在模具制造中的应用

高速加工技术推动了模具制造的飞跃性发展。采用高速、大进给、小切削深度加工模具时,可以加工淬火硬度大于 60HRC 的钢件,并可获得较佳的表面质量、较高的尺寸和几何精度,因此,可省略后续的电加工和手工修整等工序。高速加工技术应用于模具行业,可以大大缩短加工的准备时间、缩短工艺流程和加工的时间。

另外,在汽车、航空制造业中,高速加工技术对于批量生产、超精细加工、复杂曲面加工、难加工材料的加工具有重要应用价值。如飞机的机翼骨架,采用整板铝合金毛坯直接进行高速切削加工而成,不再使用铆接工艺。这种整体制造方法不但可以减小工件的质量,保证零件整体的机械性能,还可以提高加工效率,使尺寸和表面精度完全达到技术要求。

在高速加工机理研究方面,对高速加工过程中切屑形成的机理以及切削力和切削热的变化规律对加工精度、表面质量、加工效率的影响还在进一步的研究中。目前,高速加工铝合金的研究已经得到较为成熟的结论,并广泛应用于铝合金的高速加工实践加工中。但对于黑金属及难加工材料的高速加工机理还处于探索阶段。

2. 高速加工刀具

高速加工要解决的一个重要问题是刀具磨损。高速加工时刀具与工件的接触时间、接触频率与普通加工不同,切削热量对刀具的影响、刀具的磨损机理也与普通加工有较大的区别。另外,高速加工时产生的离心力和振动对刀具的平衡性、安全性有直接影响。所以高速加工刀具的设计和选择必须综合考虑磨损、刚度、强度、精度和安全等方面的因素。

(1)对高速加工刀具的基本要求

①满足刀具耐用度要求 要满足耐用度要求,必须根据加工对象和条件选择刀具的材料、刀具刀尖的形状和结构,确定高速加工的切削用量、冷却方式、走刀路线等,保证刀具材料与工件材料相匹配。

②保证刀具使用的安全性 刀具的强度、夹持的定位方式、刀片固定结构及刀具工作中的动平衡都是刀具安全可靠工作的基本因素。

(2)高速加工刀具的材料

①细晶粒硬质合金刀具 晶粒尺寸为 $0.2\sim1~\mu m$ 的硬质合金刀具称为细晶粒硬质合金刀具。可根据被加工材料选择钨钴类或钨钴钛类硬质合金。目前在一般性高速铣削加工中主要采用细晶粒硬质合金刀具。为保证高速加工中刀具的动平衡,整体式硬质合金刀具要比机夹式硬质合金刀具应用范围广。

②硬质合金涂层刀具 硬质合金涂层刀具的基体采用硬质合金钢,具有较高的韧性和抗弯强度,涂层材料高温耐磨性好,所以适合高速切削。可使用的涂层材料有 TiCN、TiAlN、TiAlCN、CBN、Al_2O_3 等。更多的是采用多层复合的涂层,如 TiCN+Al_2O_3+TiN、TiCN+Al_2O_3、TiN+Al_2O_3 等。目前常用的是用物理气相沉积技术制造的 TiAlN 涂层刀具及纳米涂层刀具,它们对高速加工刀具的发展起到了进一步的推动作用。

③金属陶瓷刀具 与硬质合金涂层刀具比较,金属陶瓷刀具可承受更大的切削速度,与金属材料亲和力更小,热扩散磨损及高温硬度都优于硬质合金涂层刀具,但其韧性较差,适合高速加工合金钢和铸铁。金属陶瓷刀具主要有高耐磨性的 TiC 基金属陶瓷(TiC+Ni 或 Mo)刀具、高韧性的 TiC 基金属陶瓷(TiC+TaC+WC+Co)刀具、增强型 TiCN 基金属陶瓷(TiCN+NbC)刀具等。

④陶瓷刀具 陶瓷刀具有 Al_2O_3 陶瓷刀具、Si_3N_4 陶瓷刀具和 Al_2O_3+Si_3N_4 复合陶瓷刀具三大类。其特点是高硬度、高耐磨性、热稳定性好。以 Al_2O_3 基陶瓷应用最多,它化学稳定性高,不易黏结,抗扩散磨损性强,但刀尖强度、抗断裂韧性和耐冲击性较低,适合高速

加工钢件;Si_3N_4基陶瓷刀具比Al_2O_3陶瓷刀具有较高的强度和抗断裂性、耐热冲击性,但化学稳定性弱,适合高速加工铸铁;$Si_3N_4 + Al_2O_3$复合陶瓷刀具具有较高的强度、抗断裂韧性、抗氧化性和高温抗冲击性,适合于铸铁和镍合金钢的高速粗加工,但不适合钢的高速加工。

⑤聚晶金刚石刀具　聚晶金刚石刀具硬度极高,耐磨性极强,导热性好,热膨胀系数和摩擦因数极小,特别适合难加工材料和黏结性强的有色金属材料或非金属材料的高速加工。聚晶金刚石晶粒越细越好。

⑥立方氮化硼刀具　立方氮化硼刀具具有高硬度及良好的耐热性、导热性、高温化学稳定性,但强度稍低。含50%~60%立方氮化硼的刀具适合高速精加工淬硬钢,含80%~90%立方氮化硼的刀具,适合冷硬铸铁、镍基合金的高速加工及淬硬钢的粗加工和半精加工。

三、高速加工的数控编程

1. 高速加工对数控编程的要求

与普通数控加工编程不同,高速加工数控编程必须考虑高速加工的特殊性和控制的复杂性,编程人员应全面、仔细地考虑全部的加工策略,设定有效、精确、安全的刀具路径,保证预期的加工精度和表面质量。高速加工对编程的具体要求如下:

(1)保持恒定的切削载荷

保持恒定的切削载荷对高速加工非常重要,也是高速加工的主要特征之一。保证切削载荷恒定,需要考虑以下因素的影响:一是保持金属切削层厚度的恒定,很明显分层加工要比仿形加工有利于保证材料去除量的恒定;二是刀具切入工件的方式要平滑,采用如图7-1(a)所示螺旋线方向切入或如图7-1(b)所示渐进切入要比如图7-1(c)所示直接切入好;三是要保证刀具轨迹平滑过渡,不能有直角过渡,最好采用螺旋切入,如图7-1(d)所示。

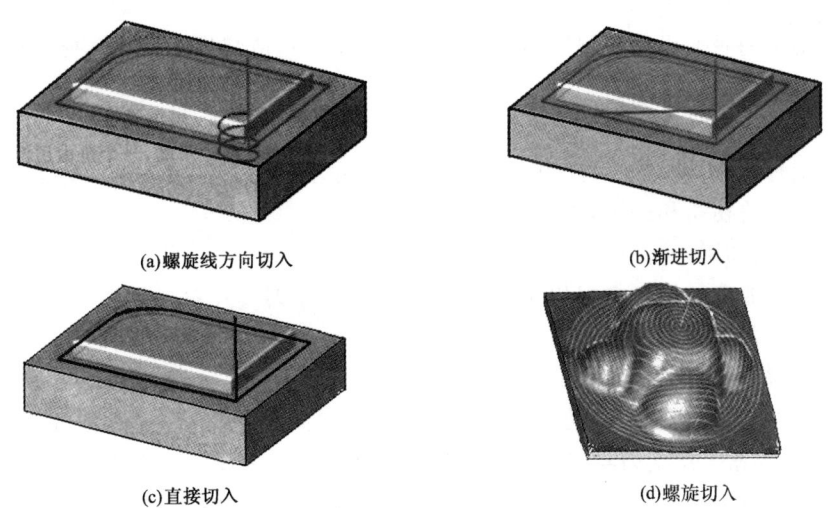

(a)螺旋线方向切入　　　　　(b)渐进切入

(c)直接切入　　　　　(d)螺旋切入

图7-1　刀具切入工件方式

(2)保证工件的加工精度

在高速加工中,为保证工件的加工精度和表面质量,要尽量减少刀具的切入次数,尽量采用螺旋走刀轨迹,避免分层走刀;避免采用过小的进给量,因为过小的进给量往往会造成切削力的不稳定,产生切削振动,影响工件表面的加工质量;进给量要均衡,采用较大的进给量可以保证加工表面的质量。

2. 高速粗加工数控编程

在高速加工中,粗加工应用最多。高速粗加工可以快速切除多余的材料,为半精加工和精加工留有更均匀的余量,也决定了精加工的加工精度和质量。高速粗加工编程必须重点考虑以下几个方面:

(1)切削条件要恒定

加工方式、刀具切入方式等切削条件决定了恒定的切削载荷,平滑的加工轨迹可以避免加工振动,保证高速加工的稳定性。

(2)切削深度要恒定

恒定的切削深度可以保证恒定的切削载荷,保证热传递条件和冷却条件的恒定,既可以保证加工质量的稳定,又可以延长刀具的寿命。

(3)走刀方式要合理

型腔类零件要从工件材料外部向内走刀,无型腔的外形轮廓粗加工采用螺旋线走刀方式。

(4)切入次数要减少

采用单一路径切入模式高速加工,由于加工路径和切削过程是连续的,避免了紧急降速,可以获得稳定的切削过程和加工质量。

(5)急速换向要避免

在高速加工中,除减小进给量和切削深度,还要避免加工过程中加工方向的急剧改变。因为急速换向意味着在换向的地方必须减小速度,急停和急动使加减速突变,将影响表面加工精度,并可能产生过切。

3. 高速精加工数控编程

高速精加工的重要思想是保证精加工余量的恒定。高速精加工方法与普通精加工方法类似,可采用如下加工方法编程:

(1)笔式清根加工

适合小型和结构简单的零件半精加工。使用尺寸小于粗加工的刀具,仅仅用来加工前道工序刀具留下的拐角和槽角,去除多余的余量。

(2)余量清根加工

与笔式清根加工的加工思想相同,但笔式加工使用小刀具仅对拐角部位的清根加工,余量清根加工可以采用大刀具清根加工整个区域。

(3)控制残留高度加工

在高速精加工编程中,工步大小是由残留高度决定的,并不是采用等值步长。在CAM软件包中,可以根据上次走刀自动计算加工路径中的残留高度,自动改变加工步长,生成精加工程序。控制残留高度的加工可以得到加工表面残留高度的一致性,有助于保持相对恒定的切削力,将切削振动控制在最小范围内。

上面仅提出一些精加工编程的加工思想,由于精加工是零件最后加工阶段,为保证达到图纸的加工要求,不同结构、不同材料可能采用的加工方法不同,编程人员要不断实践和运用现代先进的CAM软件,全面领会和掌握软件的加工功能,才能达到正确的编程目的。

单元(二) 模具快速成型技术与超精密加工技术

技能目标 >>>

具备应用快速成型技术的基础能力,以及选择超精密加工条件和技术参数的能力。

核心知识 >>>

快速成型、超精密加工的原理和技术方法。

一、快速成型技术

1. 快速成型原理

快速成型又称快速原型制造,指利用计算机辅助设计建立数据库中的信息来产生零件分层截面轮廓数据,然后在计算机控制下,按分层截面轮廓将材料逐层累积成型。它是将CAD技术、数控技术、材料科学、机械工程、电子技术和激光技术等集合于一体的综合技术。是继数控技术之后,制造业领域的又一场技术革命。

快速成型技术可以快速制造任意复杂形状的零件,且不需要刀具、装夹具,在模具制造业具有广泛的发展潜力。

快速成型技术实现零件成型的过程如图 7-2 所示。

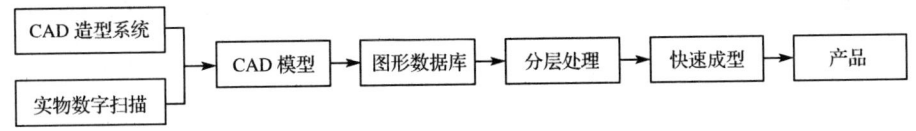

图 7-2 零件快速成型的过程

(1) CAD 建模的方法

一是将零件的概念应用各种三维 CAD 软件(如 SolidWorks、MGT、SolidEdge、UG、Pro/ENGINEER 等)来创建三维实体模型;二是通过对实物数字摄影(三坐标测量仪、激光扫描仪、核磁共振图像仪、实体图像等)进行反求获取三维数据,建立 CAD 实体造型。

(2) 图形数据库的建立

将三维 CAD 实体模型的图形数据转换为快速成型系统可接收的 STL 或 IGES 等格式的数据文件。

(3) 分层处理

将三维实体沿给定方向切分成一个个二维薄片,薄片的厚度由成型零件的制造精度决定,考虑计算机处理的速度和时间,分层厚度一般取 0.05~0.5 mm。

(4)快速成型

按照切片的轮廓和分层的厚度,用成型材料(片材、丝材、粉末、液体等)一层一层的堆积成零件产品。

2. 快速成型的优点

(1)快速成型作为一种使设计概念可视化的重要手段,计算机辅助设计的零件的实物模型可以在很短时间内被加工出来,从而可以很快地对加工能力和设计结果进行评估。

(2)由于快速成型是将复杂的三维形体转化为二维截面来解决,因此,它能制造任意复杂形体的高精度零件,而不需要任何工装模具。

(3)快速成型作为一种重要的制造技术,其原型可以被用在后续生产操作中以获得最终产品。

(4)快速成型可以应用于模具制造,可以快速、经济地获得模具。

(5)产品制造过程几乎与零件的复杂性无关,可实现自由制造,这是传统制造方法无法比拟的。

3. 快速成型方法

(1)光敏固化法

光敏固化法又称为立体印刷法和立体光刻法。如图7-3所示,激光紫外线通过透镜和反射镜反射到工作台上,激光束在计算机控制下,根据预定零件的分层轮廓对树脂槽中的液态表层光敏树脂进行由点到线、由线到面的逐点扫描,扫描到的地方光敏树脂被固化,未扫描的地方仍然是液态树脂。当一层树脂固化完成后,工作台下降一个层片厚度的距离,刮板在原先固化好的树脂层上重新覆盖一层液态光敏树脂,再进行下一层轮廓的扫描,新固化的一层牢固地黏结在前一层上,如此重复,直到整个零件制造完毕。成型材料为光敏树脂(光固化树脂),该材料主要包括低聚物、反应性稀释剂及光引发剂。光敏树脂分为三类:自由基光敏树脂、阳离子光敏树脂和混杂型光敏树脂。

光敏固化法的工艺特点是原型精度高(误差为±0.1 mm),材料利用率高,适合制造形状复杂的零件(如空心零件、首饰、工艺品等),可快速复制各种类型模具,但所需设备及原材料价格贵,且光敏树脂一般有一定的毒性,不符合绿色制造要求。

(2)叠层制造法

叠层制造法是由与零件各分层截面形状和尺寸都相同的,背面带胶的薄纸板、塑料板、金属板等箔材相互叠加黏合而成的零件成型方法。如图7-4所示,单面涂有热熔胶的纸卷套在送纸辊上,并跨过工作台与收纸辊相连。激光发射装置在计算机控制下,按零件分层截面轮廓数据切割该层切片轮廓,加热辊滚压加热纸背面的热熔胶,并使这一层纸与黏合在上一层纸板上,工作台下降一个层片厚度距离,再进行下一层的黏合,直到整个零件成型完毕。

叠层制造法的工艺特点是成型材料便宜,形状及尺寸精度稳定(误差为±0.125 mm),无相变和应力,适合制造航空、汽车等行业中体积较大的零件。

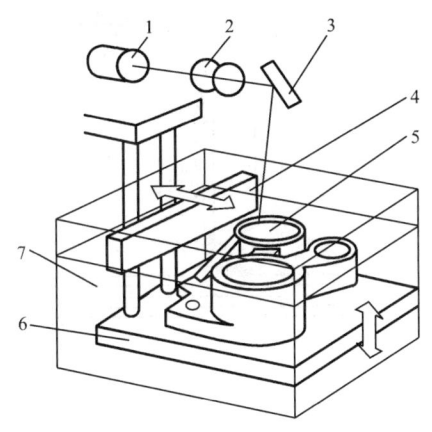
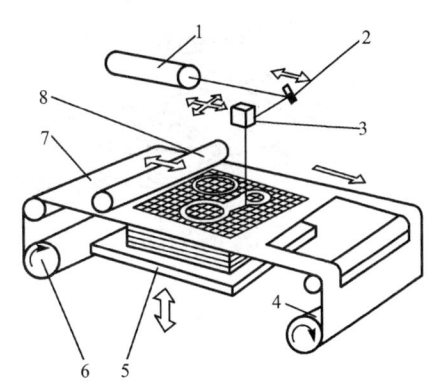

图 7-3 光敏固化法加工原理
1—激光发射装置；2—透镜；3—反射镜；4—刮板；
5—零件原型；6—工作台；7—光敏树脂

图 7-4 叠层制造法加工原理
1—激光发射装置；2—反射镜；3—光学系统；4—收纸辊；
5—工作台；6—送纸辊；7—纸板；8—加热辊

(3) 选区激光烧结法

选区激光烧结法是在一个充满惰性气体的加工室中，用 CO_2 激光器将很薄的可熔性粉末一层一层地烧结成型。如图 7-5 所示，滚轮将一层粉末均匀地铺在工作台上并进行预热，然后在计算机的控制下，激光束按零件分层轮廓进行扫描烧结，从而生成零件原型的一个截面。每一层烧结都是在前一层的顶部进行，这样，所烧结的当前层能够与前一层牢固地黏结。在零件原型烧结完成后，可用刷子或压缩空气将未烧结的粉末去掉。

选区激光烧结法的工艺特点是材料广泛，任何受热黏结的粉末都存在被用作原材料的可能性，如石蜡粉、尼龙粉、塑料粉等低熔点的粉末材料，而直接烧结熔点较高的金属粉或陶瓷粉的工艺正在研制中。选区激光烧结的层厚一般为 0.125～0.5 mm，制件的误差为 $\pm(0.125\sim0.4)$ mm。

选区激光烧结法可直接制作各种高分子粉末材料的功能件，用作结构验证和功能测试，并可用于装配样机。还可直接用于制造精密铸造用的蜡模、砂型或型心，制造出来的原型可快速翻制各种模具。

(4) 熔丝沉积成型法

熔丝沉积成型法使用一个外观很像二维平面绘图仪的装置，只是绘图笔是一个挤压喷头。如图 7-6 所示，一束热熔塑料丝通过喷头时被加热后从喷头挤出，喷头按分层截面形状运动，形成一层与切层截面同形的熔融材料，快速冷却固化，再沉积下一层，直到零件成型完毕。

熔丝沉积成型法的工艺特点是设备简单，运行成本低，尺寸精度较高（误差为 ± 0.2 mm），表面光洁性好。所用成型材料有 ABS 塑料、尼龙、石蜡等。其工艺可以成型任意复杂程度的零件，经常用于成型具有复杂内腔、孔等零件。用 ABS 工程塑料制造的原型零件，可以用于产品的设计、测试和评估等。

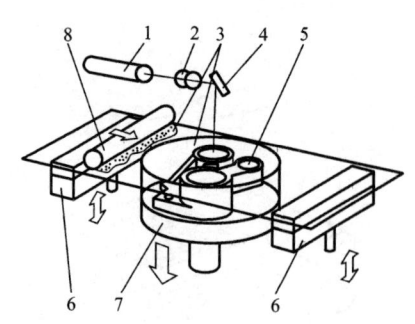 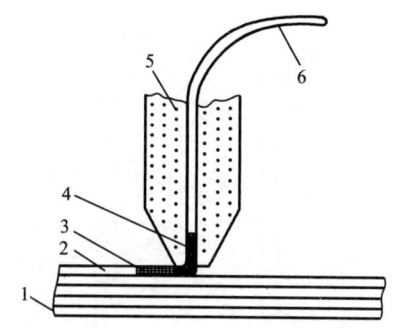

图 7-5　选区激光烧结法加工原理　　　　图 7-6　熔丝沉积成型法加工原理
1—激光发射装置；2—透镜；3—未烧结的粉末材料；4—反射镜；　　1—零件原型；2—已固化材料；3—正在固化的材料；
5—零件原型；6—粉末输送/回收装置；7—支撑台；8—滚轮　　　　4—熔融材料；5—喷头及加热元件；6—热熔塑料丝

二、超精密加工技术

1. 超精密加工的含义

精密加工和超精密加工是一个相对的概念，随着时代的发展和技术的进步，今天的超精密加工可能在明天只能属于精密加工范围，但是，无论如何精密加工和超精密加工已经成为当代全球制造业市场竞争的关键技术，尖端技术产品需要用精密和超精密模具来制造。在现代条件下，如果按加工精度将模具加工分为普通加工、精密加工、超精密加工，其技术指标可以划分如下：

(1) 普通加工

尺寸加工精度大于 $1\ \mu m$、表面粗糙度在 $Ra\ 0.1\ \mu m$ 以上的加工方法属于普通加工范畴。大多数国家和企业都能掌握和普及应用普通加工技术，生产制造普通加工的加工设备。

(2) 精密加工

尺寸加工精度为 $0.1 \sim 1\ \mu m$、表面粗糙度为 $Ra\ 0.01 \sim 0.1\ \mu m$ 的加工方法属于精密加工范畴。精密加工普遍应用的加工方法为金刚车、金刚镗、精密磨、研磨、珩磨等。精密加工在发达国家应用广泛，在发展中国家的大型企业、重要企业中也普遍应用。

(3) 超精密加工

尺寸加工精度小于 $0.1\ \mu m$、表面粗糙度小于 $Ra\ 0.01\ \mu m$ 的加工方法属于超精密加工范畴。超精密加工的方法有金刚石刀具超精密车削、超精密磨削加工、超精密特种加工和复合加工。

(4) 纳米加工

尺寸加工精度小于 $0.03\ \mu m$、表面粗糙度小于 $Ra\ 0.005\ \mu m$ 的加工方法属于纳米加工范畴。

2. 超精密加工所涉及的技术领域

(1) 超精密加工机理

虽然超精密加工也应该服从一般加工的普遍规律和原理，但由于超精密加工从被加工表面去处的是一层极微量的表面层，其加工方法有其自身的特殊性，刀具磨损、积屑瘤生成规律、加工参数等加工机理与一般加工有所不同。

(2) 超精密加工工具

超精密加工的刀具、磨具及其制造技术,如金刚石刀具的制造与刃磨、超硬度砂轮的修整等都是超精密加工的关键技术。

(3) 超精密加工机床

超精密加工机床是实现超精密加工的平台,不仅要有微量伺服进给机构,其整体设备要具有高精度、高刚度、高抗振性、高稳定性及较强的自动化功能。

(4) 超精密测量及补偿技术

测量技术和测量装置必须与超精密加工的级别相一致,要具有实时在线测量和误差补偿功能。

(5) 超精密加工工作环境

超精密加工对工作环境的稳定性有极高的要求,微小的变化都可能影响加工精度。因此,必须严格控制加工环境,如保障恒室温,有空气净化、减振及隔振装置等。

3. 超精密切削加工技术

当前超精密切削加工技术主要应用金刚石刀具的超精密车(镗)技术中,用于加工铜、铝等有色金属及其合金及光学玻璃、大理石、碳素纤维等非金属材料。

(1) 超精密切削对刀具的要求

①极高的硬度、高耐用度和高弹性模量,保证刀具具有很长的使用寿命。

②刀具刃口极其锋利,刃口半径 ρ 值极小,使切削厚度极薄(小于 $0.1\ \mu m$)。

③刀刃无缺陷,以实现超光滑镜面加工。

④刀具材料与工件材料亲和性弱,抗黏结性好,摩擦因数小,使加工表面的完整性好。

(2) 金刚石刀具的性能特点

当前超精密切削主要使用天然大颗粒金刚石刀具,要求使用的天然单晶体金刚石无杂质、无缺陷。金刚石刀具的性能特点是:

①硬度可以达到 6 000HV ~10 000HV。

②刃口可以磨得极其锋利且无缺陷,刃口圆弧半径可小到纳米级。

③热化学性质相当稳定,导热性能好,与有色金属材料的摩擦因数很小,亲和力很弱。

④刀刃强度高,耐磨性好,摩擦因数小(与铝的摩擦因数仅为 0.06~0.13),正常切削,刀具磨损极慢,耐用度极高。

虽然天然金刚石价格极高,但是,天然金刚石的确是理想的、尚不可替代的超精密切削的刀具材料。

(3) 金刚石刀具的切削参数

超精密切削的主要特点是极其微量的切削厚度。在超精密切削中,最小切削厚度除与使用的超精密机床的性能、切削的技术和工作环境有关外,还与金刚石刀具刃口锋利度有直接的关系。研究表明,在刀具和被加工材料的摩擦因数 μ 一定时,最小极限切削厚度 h_{Dmin} 与刀具刃口半径成正比。例如,当 $\mu=0.12$ 时,$h_{Dmin}=0.322\rho$;当 $\mu=0.25$ 时,$h_{Dmin}=0.249\rho$。可见,要使最小切削厚度 $h_{Dmin}=1\ nm$,金刚石刀具的刃口半径 ρ 应该达到 3~4 nm。虽然发达国家研磨水平最高的金刚石刀具的刃口半径 ρ 已经可以达到几纳米,但我国使用的金刚石刀具的刃口半径 ρ 仅为 $0.2\sim0.5~\mu m$。

4. 超精密磨削加工技术

对于有色金属及其合金这类软金属，用金刚石刀具进行超精密加工是十分有效的方法，但对于钢、铸铁等脆硬材料，当前采用精密或超精密磨削是主要的加工方法。超精密磨削的尺寸加工精度达到或大于 $0.1~\mu m$，表面粗糙度小于 $Ra~0.025~\mu m$。超精密磨削分为砂轮磨削、砂带磨削、研磨、珩磨和抛光等加工方法，其中常用砂轮超精密磨削。

(1) 超精密磨削砂轮的选择

超精密磨削加工中的砂轮，其磨料采用金刚石或立方氮化硼，硬度极高。由于金刚石与铁族元素亲和性强，金刚石砂轮适合磨削脆性非金属材料、硬质合金、有色金属及其合金；立方氮化硼的热稳定性和化学惰性比金刚石好，对于硬而韧、高温硬度高、导热率低的钢铁材料，可以采用立方氮化硼砂轮进行超精密磨削。

砂轮的结合剂形式有：

①树脂结合剂　特点是砂轮锋利性好，但磨粒的保持小，耐磨性差。

②金属结合剂　用青铜、电镀金属和铸铁纤维作为结合剂的砂轮的特点是磨粒保持力大，耐磨性好，但自锐性差，砂轮修整困难。

③陶瓷结合剂　陶瓷结合剂是硅酸钠做主要成分的玻璃质结合剂，砂轮特点是硬度及耐磨性高，高温化学性能稳定，但脆性较大，抗冲击能力较差。

加工脆硬非金属材料，如玻璃、陶瓷等，选择锋利性的金属剂金刚石砂轮；加工硬而韧的金属材料，选择自锐能力强的树脂结合剂的砂轮。

(2) 超精密磨削砂轮的修整

超硬磨料砂轮修整是超精密磨削加工中的技术难题。砂轮修整包括修形和修锐两个过程，修形是保证砂轮保持一定的几何形状精度；修锐是使磨粒突出结合剂既定的高度，形成磨削中所需的切削刃。普通砂轮修形和修锐一般同步进行，而超精密磨削的砂轮具有超高的硬度，修形和修锐要分先后两步进行。

超硬磨料砂轮修整的方法有车削、磨削法、喷射法、电解修锐法、电火花修整法等。

(3) 超精密加工磨削速度及磨削液

金刚石砂轮的热稳定温度低于 $800~℃$，在高速磨削时超过热稳定温度，金刚石砂轮磨损急剧加快，所以金刚石砂轮的磨削速度不能太大，也不能太小，否则会使磨削表面粗糙度增大，一般为 $12\sim30~m/s$，具体视磨削方式、砂轮结合剂和冷却条件而定。一般陶瓷结合剂的金刚石砂轮可选择较大的磨削速度，金属结合剂砂轮磨削速度可选小些。

相比金刚石砂轮，立方氮化硼砂轮的热稳定性要好得多，所以其磨削速度可达到 $80\sim100~m/s$。

磨削液除具有润滑、冷却、清洗作用外，还有渗透、防锈、改善磨削性功能。在超精密磨削加工中，磨削液的选择和使用方法对砂轮的寿命影响极大。磨削液分为油性和水溶性两大类，油性磨削液的主要成分是矿物油（煤油、轻质柴油等），润滑性能好；水溶性磨削液的主要成分是水，冷却性能好，有乳化液、无机盐水溶液、化学合成液等。

一般情况下，超精密磨削宜采用油性磨削液，特别是立方氮化硼砂轮不适宜采用水溶性磨削液，因为立方氮化硼砂轮容易与水发生水解化学反应。若为提高冷却效率必须采用水溶性磨削液，则应添加减弱水解作用的添加剂。

单元 三 模具特种加工技术

技能目标

具备在模具制造中应用多种加工的能力。

核心知识

不同技术方法的加工原理、工艺特点、应用范围。

一、电化学能加工

1. 电解加工

(1) 加工原理

电解加工是利用金属在电解液中电离时被溶解而使工件成型。如图 7-7 所示，被加工工件接直流电源阳极(正极)，工具接阴极(负极)，两极之间保持一定的间隙(0.1～1 mm)。通电后电解液(NaCl 或 NaNO$_3$ 溶液)在一定的压力(0.5～2.5 MPa)下从两极的间隙间高速流过(5～50 m/s)，由于电场的作用，阳极工件表面上的金属被电离溶解，溶解的金属正离子与溶解液中的负离子结合，同时被电解液带走，直到阳极工件与阴极工具表面的形状相似为止。以加工钢材料为例，若采用的电解液为 NaCl 溶液，电解时，工件钢表面的铁原子失去电子成为铁的正离子 Fe^{++} 进入电解液，并与电解液中的负离子 Cl$^-$ 和 OH$^-$ 发生下列化学反应：

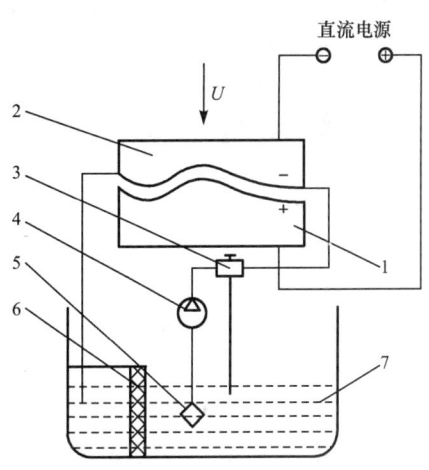

图 7-7 电解加工原理
1—工件；2—工具；3—调压阀；4—泵；
5—过滤器；6—过滤网；7—电解液

$$Fe^{2+} + 2(OH)^- \rightarrow Fe(OH)_2 \downarrow$$
$$Fe^{2+} + 2Cl^- \rightleftharpoons FeCl_2$$

经不断电解，工件表面上的铁原子不断被溶解，最终被加工成与工具规定一致的形状。

如图 7-8 所示为工件未加工时的情况，工件与工具两者的间隙是不均匀的。图 7-9 所示为工件加工完的情况，工件与工具表面形状相同，两者的间隙是均匀的。

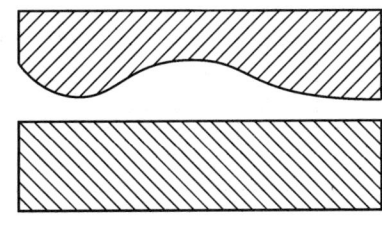

图 7-8 工件未加工时的情况

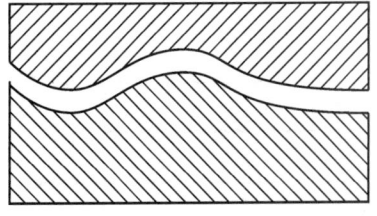

图 7-9 工件加工完的情况

电解加工常用参数范围：直流电源 $U=10\sim 20$ V，加工间隙 $\Delta=0.1\sim 1$ mm，电解液压力 $P=0.5\sim 2$ MPa。

(2) 工艺特点及应用范围

电解加工的生产工效率非常高，是电火花加工的 5~10 倍，适合加工形状复杂的模具型面和型腔。由于电解加工无切削力作用，能获得较高的加工精度和表面质量。电解加工中，工件的尺寸误差可控制在 ±0.1 mm 之内，表面粗糙度可达 Ra 0.2~1.25 μm。工具电极无损耗，可长期使用。但电解液需庞大的过滤循环装置，占地面积大；电解液对机床有腐蚀，须采取周密的防腐措施。电解加工可用于模具上孔加工（固定阴极扩孔或移动阴极扩孔）、型腔加工（锻模型腔成型）、叶片型面成型加工等。

2. 电解磨削加工

(1) 加工原理

电解磨削加工是由电解作用（金属的溶解，占 95%~98%）和机械磨削作用（去除钝化膜，占 2%~5%）相结合而进行加工的。在电解磨削加工中，采用导电砂轮来去除金属材料，间隙由磨粒凸起的高度来决定。在加工过程中，砂轮不断旋转，砂轮上凸出的砂粒与工件接触，形成砂轮与工件间的电解间隙。电解液不断供给，砂轮在旋转中，将工件表面由电化学反应生成的钝化膜除去，继续进行电化学反应，如此反复不断，直到加工完毕，如图 7-10 所示。

(2) 工艺特点及应用范围

电解磨削加工能获得比电解加工更好的加工精度和表面粗糙度，比机械磨削有更高的生产率；加工范围广泛，生产效率高；提高了加工精度及表面质量；减少了砂轮损耗。电解磨削加工可用于高硬材料模具的电解磨削、孔电解珩磨、研磨加工等。

3. 电铸加工

(1) 加工原理

如图 7-11 所示，用可导电的工件原模作为阴极，电铸材料作为阳极，电铸材料的金属盐溶液作为电铸镀液，在直流电源的作用下，阳极上的金属原子交出电子，成为正金属离子进入镀液，并进一步在阴极上获得电子，成为金属原子而沉积镀复在阴极原模表面，阳极金属源源不断地成为金属离子，补充溶解进入电解液，保持质量分数基本不变，阴极原模上电铸层逐渐加厚，当达到预定厚度时即可取出，设法与原模分离，即可获得与原模型面凹凸相反的电铸件。

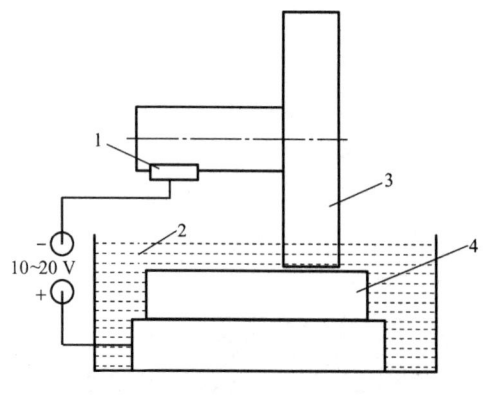

图 7-10　电解磨削加工原理
1—旋转电刷；2—电解液；3—砂轮；4—工件

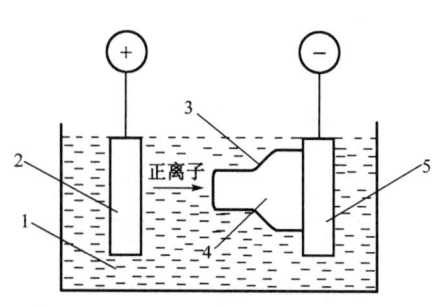

图 7-11　电铸加工原理
1—电解液；2—阳极；3—电铸层；4—原模；5—阴极

电铸的基本设备包括电铸槽,电源,电铸液循环、过滤、搅拌系统及电铸液温度控制装置。

(2)工艺特点及应用范围

电铸加工可以准确、精密地复制复杂型面;用一个原模可电铸一致性好的多个工件;内、外型面转换较便利。电铸加工多应用于模具型腔成型、电火花电极制造、空心或薄壁零件制造、异形零件制造等。

4. 电刷镀加工

电刷镀又称刷镀或无槽电镀,是在金属工件表面快速电化学沉积金属的技术。其加工原理属于电化学阴极沉积。

(1)工艺特点

①设备简单,操作方便。

②可镀金属种类较多。

③镀层与基体结合牢固,其镀速快于槽镀。

④一般采用手工操作,较难实现自动化操作。

(2)应用范围

①修复零件,超差补救。

②填补零件缺陷。

③改善零件表面性能。

二、电子能加工

1. 电子束加工

(1)加工原理

电子束加工是在真空条件下,利用聚焦后能量密度极大的电子束,以极大的速度冲击到工件表面极小面积上,在极短的时间内使被冲击部分的工件材料达到几千摄氏度以上的高温,从而引起材料的局部熔化和气化,被真空系统抽走。电子束加工装置主要由获得电子束的电子枪系统(包括电子发射阴极、控制栅极和加速阳极等)、保证电子束加工时维持 $1.33 \times 10^{-2} \sim 1.33 \times 10^{-4}$ Pa 真空度的真空系统(由机械转泵和油扩散泵或涡轮分子泵两级组成)、控制系统(包括束流聚焦控制、位置控制、强度控制以及工作台位移控制等)和电源等,如图 7-12 所示。

(2)工艺特点

①可聚焦到 $0.1~\mu m$ 的微细加工。

②非接触加工,工件不产生宏观应力和变

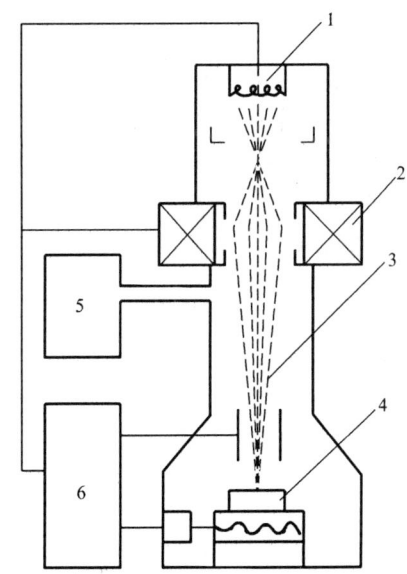

图 7-12 电子束加工原理
1—电子枪系统;2—聚焦系统;3—电子束;4—工件;
5—真空系统;6—控制系统和电源

形,加工范围广泛(导体、半导体、非导体、脆性材料)。

③能量密度大,生产率高。

④强度、位置、焦点易于控制,易实现加工自动化。

⑤加工环境为真空条件,工件表面不发生氧化。

⑥设备昂贵。

(3)应用范围

①使材料局部加热,进行电子束热处理。

②使材料局部熔化,进行电子束焊接。

③使材料熔化和气化,进行打孔、切割加工。

④利用低能量密度的电子束轰击高分子材料时产生化学变化的原理,实现电子束光刻加工。

2. 离子束加工

(1)加工原理

离子束加工原理与电子束加工原理基本类似,也是在真空条件下,将离子源产生的离子束经过加速、聚焦后投射到工件表面的加工部位来实现加工的。所不同的是,离子带正电荷,其质量比电子大数千倍乃至数万倍,故在电场中加速较慢,但一旦加至较大速度,就比电子束具有更大的撞击动能。离子束加工是靠微观机械撞击能量,而不是靠动能转化为热能进行的。离子束加工的物理基础是离子束射到材料表面时所发生的撞击效应、溅射效应和注入效应。

(2)加工特点

①加工精度非常高。离子束加工是目前特种加工中最精密、最微细的加工。离子刻蚀可达纳米级精度,离子镀膜可控制在亚微米级精度,离子注入的深度和浓度也可精确地控制。

②对工件污染很小。离子束加工在高真空中进行,污染少,特别适合对易氧化的金属、合金和半导体材料进行加工。

③加工应力及热变形极小。离子束加工是靠离子轰击材料表面的原子来实现的,是一种微观作用,所以加工应力和变形极小,适合对各种材料和低刚性零件进行加工。

④设备昂贵,加工成本高,应用受到一定限制。

(3)应用范围

①离子刻蚀　离子倾斜轰击工件,将工件表面的原子逐个剥离,又称离子铣削,其实质是一种原子尺度的切削加工。

②离子溅射沉积　离子倾斜轰击靶材,将靶材原子击出,沉积在靶材附近的工件上,使工件表面镀上一层薄膜。

③离子镀　离子同时轰击靶材和工件表面,目的是为了增大膜材与工件基材之间的结合力。

④离子注入　离子束(5~500 keV 离子能)直接垂直轰击被加工材料,由于离子能量相当大,离子就钻入被加工材料的表层。工件表面层含有注入离子后,化学成分改变了,从而改变了工件表面层的机械物理性能。

三、超声波加工

1. 加工原理

超声波加工是利用工具端做超声频振动(频率超过 16 000 Hz),通过驱动工作液中的悬浮磨料撞击加工表面的加工方法。超声波加工原理如图 7-13 所示,加工时在工具和工件间被输入工作液(水或煤油)和微细磨料混合的悬浮液,并使工具在很小的作用力下轻轻压在工件上。超声波发生器将工频交流电转换为超声频电振荡能量源,经转换器转换成纵向振动,再经变幅杆把振幅放大到 0.05～0.1 mm,驱动工具端面做超声振动,迫使悬浮液中的磨料以很大的速度和加速度不断撞击、抛磨被加工表面,将被加工表面的材料粉碎成很细的微粒从工件表面脱落下来,并被悬浮液带走,逐步将工具的形状复制到工件上。

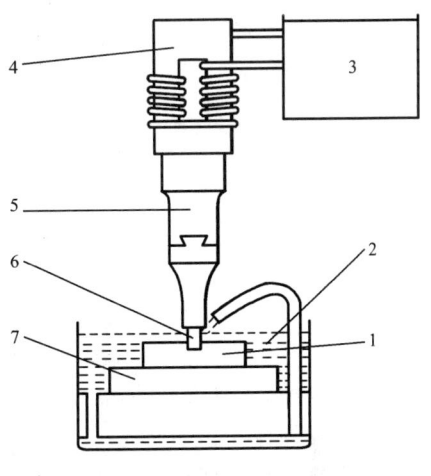

图 7-13 超声波加工原理
1—工件;2—悬浮液;3—超声波发生器;
4—转换器;5—变幅杆;6—工具;7—工作台

2. 工艺特点及应用范围

超声波加工是磨粒在超声振动作用下机械撞击、抛磨以及超声空化作用的综合结果,其中磨粒的撞击是主要的。超声波加工可用于加工导电材料,也可加工不导电材料和半导体材料。特别适合加工脆、硬性材料,如玻璃、陶瓷、石英、玛瑙、金刚石、宝石等,但不适合加工韧性材料。为提高生产率,常采用与其他加工方法相结合的复合加工,如超声波切削、超声波磨削、超声波电解加工、超声波线切割等。

超声波加工机床结构简单,操作方便,但加工效率较低,工具消耗大。

制作工具的材料用较软的黄铜或低碳钢,悬浮液中的磨料用碳化硼、碳化硅、氧化铝等,粗加工磨料的粒度为 200～400 目,精加工选用的粒度为 600～1 000 目。

四、激光加工

1. 加工原理

激光是一种辐射光,亮度极高,方向性、相干性和单色性好,通过光学系统可以将激光束聚集成直径为几十到几微米的极小光束,其能量密度可达 $1\times10^8 \sim 1\times10^{10}$ W/cm^2。当激光照射到工件表面时,光能迅速被工件吸收并转化为热能,产生方向性极强的冲击波,使被照射的工件表面材料被瞬间熔化、汽化去除。

激光加工设备由电源、激光发生器、光学系统和机械系统组成。其加工原理如图 7-14 所示,激光发生器将电能转换为光能,形成激光束,经光学系统聚焦照射到工件被加工表面进行加工。工件固定在工作台上,由数控系统控制和驱动。

2. 工艺特点及应用范围

激光加工能量密度极大,几乎可以加工任何材料,如硬质合金、陶瓷、石英、金刚石等硬脆材料。激光适于加工精密微细结构,特别适合加工精密微细孔。因为激光加工与工件不

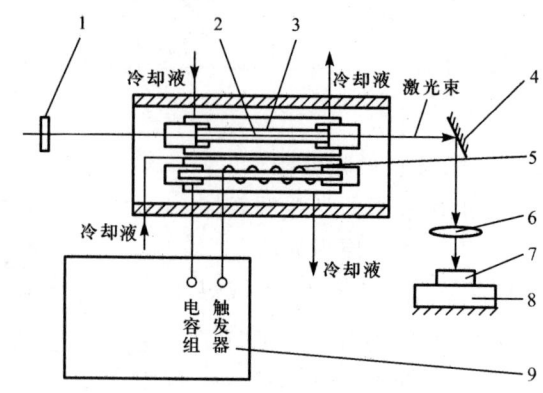

图 7-14 激光加工原理
1—全反射镜；2—激光工作物质；3—玻璃套管；4—部分反射镜；
5—氙灯；6—聚焦镜；7—工件；8—数控工作台；9—电源

存在硬性接触，所以没有冲击和磨损及加工变形等问题。激光还广泛应用于切割、焊接和热处理等加工领域。

激光是一种局部瞬间熔化、汽化的热加工方法，其影响因素很多，要达到预期的精度和表面质量需要反复试验，确定合理的加工参数。

五、高压水射流切割加工

1. 工作原理

高压水射流切割技术是以水为载体携带压力能和动能，用高压水射流对材料进行切割的工艺方法。其加工原理如图 7-15 所示，水箱中的水在水泵的作用下进入蓄能器中，往复压缩式增压器在液压机构的作用下，由控制器将蓄能器中的水加压到 300~1 000 MPa，具有高压的水流经水阀进入蓝宝石喷嘴，达到 2~3 倍的声速喷出，将压力能转换为动能冲击被加工材料，如果冲击压力超过材料的强度，就可以将材料切断。如果在水中添加高硬度、粒度为 80~200 目的磨粒，可以大大提高切割功效。

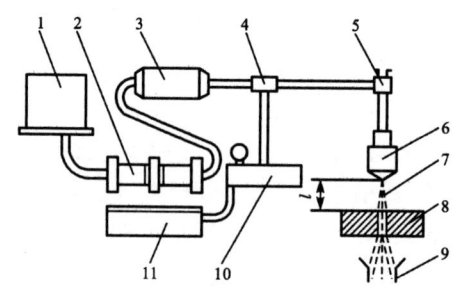

图 7-15 高压水射流切割加工原理
1—水箱；2—水泵；3—蓄能器；4—控制器；5—水阀；6—喷嘴；
7—射流；8—工件；9—排水器；10—液压机构；11—增压器

2. 工艺特点及应用范围

高压水射流切割技术具有切口平整、无火花、加工清洁等优点，可应用于各种材料的切割加工。

应解决的问题是提高水射流设备的可靠性及延长使用寿命,特别是在高压、高速带有磨料的水流作用下,延长增压器和喷嘴的寿命;提高数控装置自适应调整能力,进一步提高加工精度;扩大其应用范围,由切割向型面加工发展。

单元(四) 模具 CAD/CAM 技术

技能目标 >>>

具备选择模具 CAD/CAM 造型技术方法的能力。

核心知识 >>>

CAD/CAM 技术构成和应用方法。

一、模具 CAD/CAM 技术基础

1. 模具 CAD/CAM 的概念

Computer Aided Design(计算机辅助设计)与 Computer Aided Manufacturing(计算机辅助制造)简称 CAD/CAM,是指以计算机作为主要技术手段来处理各种信息,进行产品设计与制造的技术方法。模具 CAD/CAM 技术是利用计算机软件作为有效的辅助工具,对产品、模具结构、成型工艺、数控加工及成本等进行设计和优化的现代模具制造技术。模具 CAD/CAM 技术能显著缩短模具设计与制造周期,降低生产成本和提高产品质量,这已成为模具界的共识。

2. 模具 CAD/CAM 系统的组成

每一种 CAD/CAM 软件都是针对某一类产品而开发的,如电子 CAD/CAM 只适用于印刷电路板、集成电路等电子产品的设计制造,机械 CAD/CAM 适用于机械产品的设计与制造。尽管各种 CAD/CAM 软件的应用领域不同,但工作系统的逻辑功能、支撑环境是相同的。CAD/CAM 系统由计算机及其必需的外部设备和相应的 CAD/CAM 软件组成,如图 7-16 所示。对于一个具体的 CAD/CAM 系统,对计算机硬件及操作系统的配置要求是有区别的。

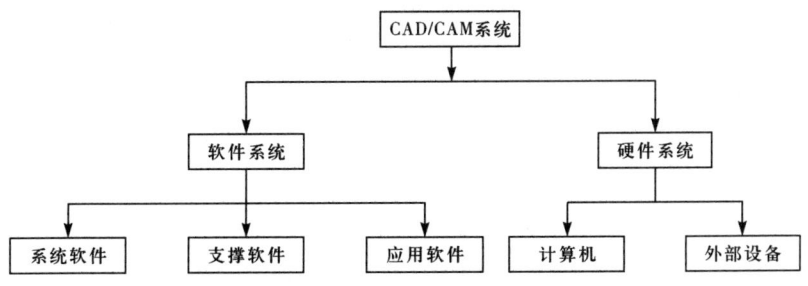

图 7-16 CAD/CAM 系统的组成

CAD/CAM 系统的软件系统由系统软件、支撑软件和应用软件组成。系统软件是计算机运行、控制、管理、程序编译的软件,如操作系统软件(如 UNIX、Windows 等)、语言编译系统软件(如 C 语言、VB 语言)等。支撑软件是支持 CAD/CAM 应用软件工作的通用软件。商品化的支撑软件有:计算机分析计算软件,如大型动力学分析软件 ADAMS;图形支撑软件,如 AutoCAD;数据库管理软件,如 SQL Server;计算机网络软件,如 NetWare。应用软件是针对某一应用领域专门开发的软件,这类软件专业性要求高,针对性强、价格较高。

3. 模具数控自动编程

模具数控自动编程是经 CAD 造型,再由 CAM 软件后置处理而自动生成数控加工程序的过程。初期的模具数控自动编程是采用专用的 APT 软件,以人机对话的方式来确定加工对象和加工条件,然后编程器自动运算和生成加工指令。这种方式适合加工简单的直线和圆弧组成面,可以快速完成编程工作。目前这种自动编程方式已经集成在数控机床的数控装置中,但如果加工零件的表面轮廓是复杂的曲面,这种方法就难以生成自动加工程序。现代模具数控自动编程是以 CAD 图形为交互基础,在 CAD/CAM 集成系统中对 CAD 的零件造型进行 CAM 处理,自动生成数控加工程序。CAD/CAM 自动编程的过程如图 7-17 所示。

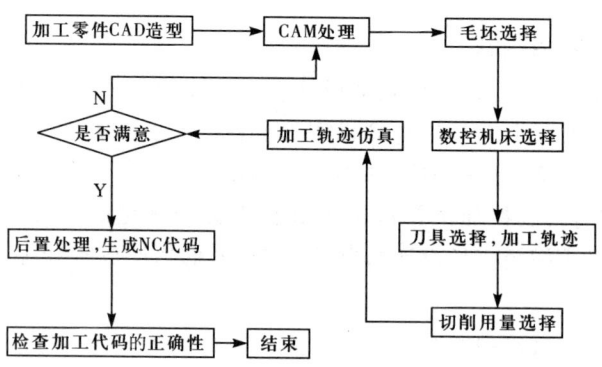

图 7-17 CAD/CAM 自动编程的过程

二、模具 CAD 技术

模具 CAD 技术是集计算机图形学、数据库技术、计算机网络通信等技术为一体的综合性高新技术。CAD 技术在模具行业的应用使模具设计制造的水平有了飞速的提高。CAD 技术的发展经历了多次的技术变革,已经形成的三维 CAD 图形技术有曲线、曲面造型技术,实体造型技术,参数化造型技术,特征造型技术,变量化造型技术。

1. 曲线、曲面造型技术

从 20 世纪 60 年代初人们就开始研究自由曲线、曲面的计算机处理与计算方法,先后出现了适合计算机处理的 Ferguson 曲线曲面、Coons 曲线曲面、Bizier 曲线曲面、B 样条曲线曲面、Nurbs 曲线曲面建模方法,推出了三维曲面造型系统 CATIA,标志着 CAD 技术从单纯绘制二维工程图样模式飞跃到用计算机完整描述零件立体的主要信息,为 CAD 技术的发展和 CAM 技术的开发奠定了基础。

2. 实体造型技术

实体造型技术来自于 CAD/CAE 一体化的开发，1979 年 SDRC 公司推出的 I-DEAS 成为第一个基于实体造型技术的 CAD/CAE 软件。实体造型技术可以完全表达零件的全部属性和形状特征，其造型的基础是基本体素构型和边界构图法。在生成基本体素后，通过布尔运算对零件的特征进行拉伸、旋转、抽壳、拔模、过渡、阵列等操作，从而建立零件完整的三维造型。

3. 参数化造型技术

参数化造型是在 20 世纪 80 年代出现的一种更先进的 CAD 造型技术，零件的特征和属性用一组参数来约定，参数和造型对象的控制尺寸有对应关系，可以通过修改参数来改变设计造型结果。目前，参数化 CAD 技术已经在 CAD/CAM 软件中得到广泛应用，如 Pro/ENGINEER 就是典型的全尺寸约束的参数化 CAD/CAE/CAM 软件。

4. 特征造型技术

为使生产组织自动化程度进一步提高并向集成化进一步发展，CAD 技术从单纯的二维图形绘制发展到三维线框图、曲面三维造型、实体造型，CAD 技术重点是零件几何信息的描述，而缺乏对产品功能等拓扑信息的定义，不便于基于产品信息的 CAD/CAPP/CAM 集成系统的开发与应用。

特征造型技术是将零件或产品的形状和功能定义为属性特征，涉及零件的几何形状、拓扑关系、设计结构特征、工艺结构特征、技术及公差要求等。特征造型的操作对象不再是线条和体素，而是零件的功能特征。

5. 变量化造型技术

变量化造型技术是基于参数化造型技术而来的，它保留了参数化造型的优点。变量化造型通过建立一组约束方程来定义零件的形状和尺寸，约束方程可以通过几何关系和零件功能条件计算建立，构建模型时采用概念设计思想，先建立主体几何形状，再考虑尺寸细节。目前，典型的以变量化造型技术为理论基础的是 SDRC 公司 20 世纪 90 年代后推出的 I-DEAS Master Series 系列 CAD 软件。

CAD 技术的发展方向是进一步的集成化、智能化、网络化。

三、模具 CAM 技术

模具 CAM 技术是利用计算机技术加工制造产品的技术。它根据模具 CAD 过程提供的信息，对模具加工工艺路线进行控制和对加工过程进行模拟仿真，最后生成控制模具的数控加工信息。

CAM 系统的自动化、智能化特点：以 CAD 模型为编程对象，自动生成面向局部曲面的数控加工轨迹，编程的难易程度与产品的工艺特征、工艺复杂程度无关，仅与零件的复杂程度有关。具有代表性的现代 CAM 软件有 UG CAM、Cimatron、Master CAM 等。

新一代 CAM 系统的发展方向是系统结构独立于 CAD/CAPP 系统，使 CAPP 发展更有空间，摆脱了仅以 CAD 模型的局部几何特征为目标对象的处理方式，形成了面向产品整体的设计属性、工艺特征，建立自动化、智能化、网络化程度更高的 CAM 系统。新一代 CAM 系统的基本特点如下：

1. 面向产品设计属性和工艺特征的 CAM 系统

新一代 CAM 系统的结构体系面向产品的整体设计属性和工艺特征,按照工艺要求(CAPP 要求)具有自动识别和提取所有工艺特征及特定工艺特征的能力,使 CAD/CAPP/CAM 向更高的集成化、一体化、自动化、智能化发展成为可能。

2. 基于知识的智能化专家系统

新一代 CAM 系统可以利用专家知识智能判断加工的工艺特征,通过对比和分析优化刀具路经,提高加工效率;具有面向模型整体,对工件防过切、防碰撞等操作安全性判断的能力,适应高速加工的工艺要求;具有开放的知识库、工艺库、材料库、刀具库,具有知识学习、运用和积累的功能。

3. 可以独立运行的 CAM 系统

新一代 CAM 系统的高智能自动化编程,要求 CAM 系统在功能上与 CAD、CAPP 系统分离,在网络环境下可以集成一体,这样才能符合数控加工工程化要求。

4. 几何参数与工艺特征相关性的 CAM 系统

过去的 CAM 系统以零件的几何特征为对象进行编程,但按照数控加工工程化的概念,CAM 应以零件的工艺特征为目标进行处理。几何特征和工艺特征并没有必然的、唯一的相关性,当几何参数变化时,工艺特征不一定相关联地变化,某些工艺特征可能消失或产生新的工艺特征。所以,几何参数与工艺特征间的相关性还需要深入研究,相信经过不断的实验、分析、积累,可以找到几何参数与工艺特征相关联的规律,使相关性 CAM 编程 成为可能。

5. 工艺管理更方便的 CAM 系统

新一代 CAM 系统的工艺管理采用树形结构,便于实时修改;具有 CAPP 再开发环境和可编辑模板,可进行产品的工艺设计和工艺规程的批处理,自动生成图文并茂的工艺文件,以超文本格式在网络中浏览。新一代的 CAM 系统在软、硬件平台方面的性能价格比更高,维修方便,与外围软件的兼容性好。其系统工作界面操作简单,具有项目管理、工艺管理的树形结构,便于集成在 PDM 系统中。

四、模具 CAD/CAM 集成技术

目前的 CAD/CAM 都是属于混合化的结构体系,没有达到真正的集成化,特别是网络集成化。CAD 功能与 CAM 功能相对独立,不是面向整体零件的数控编程形式。在 CAD 建模之后,CAM 通过人工方式添加工艺特征,与实际的生产形式和生产布局不匹配,难于实现网络集成化;CAPP 是 CAD/CAM 一体化的桥梁,因为混合化的 CAD/CAM 系统使 CAPP 没有独立的发展空间,所以至今还没有一个成熟的、商品化的真正 CAPP 系统;混合化系统受到生产设备、刀具及工艺管理的制约,生产工艺的标准化程度难以提高。

现阶段,模具设计和制造在很大程度上仍然依靠着模具工作者的经验,利用计算机自身的数值计算功能无法完成诸如模具设计方案的选择、工艺参数与模具结构的优化、成型缺陷的诊断以及模具成型性能的评价等所有工作。新一代模具 CAD/CAE/CAM 系统正在利用 KBE(基于知识的工程)技术进行脱胎换骨的改造。如 UG-Ⅱ中所提供的人工智能模块 KF(Knowl-edge Fusion)。利用 KF 可将设计知识融入系统之中,以便进行图形的识别与推理。

在 CAD/CAM 应用最为广泛的模具行业，针对各类模具的特点，将通用的 CAD/CAM 系统改造为模具行业专用的软件，已经取得了较大的成效。如美国 UGS 公司的级进模设计系统 NX-PDW、塑料注射模设计系统 Mold Wizard，以色列 Cimatron 公司的模具设计和制造系统 Quick，法国 Misslel Software 公司的注射模专用软件 Top Mold 和级进模专用软件 Top Progress，英国 DELCAM 公司的塑料模设计和制造系统 PS-Moldmaker，日本 UNISYS 公司的塑料模设计和制造系统 CADCEUS 等。这些软件的技术特点是能在统一的系统环境下使用统一的数据库，完成特定模具的设计。美国 UGS 公司的 NX-PDW 初步实现了模具零件的结构关联，日本 UNISYS 公司的 CADCEUS 实现了三维设计与二维视图的联动，英国 DELCAM 公司的 PS-Moldmaker 做到了加工信息的自动封装，这些特点使得专业软件更加人性化。

目前，国外一些软件开发商已能按实际生产过程中的功能划分产品系列，在网络系统下实现 CAD/CAM 的一体化，解决传统混合型 CAD/CAM 系统无法满足实际生产过程分工协作的要求。即系统的每个功能模块既可独立运行，又可通过数据接口与其他系统模块相兼容，能按使用要求进行组合，以便形成专业化的 CAD/CAE/CAM 系统，具有开放性、兼容性和专业化相统一的特点。例如英国 DELCAM 公司在原有软件 DUCT5 的基础上推出了 CAD/CAM 集成化的 Delcam's Power Solution 系统，覆盖了几何建模、逆向工程、工业设计、工程制图、仿真分析、快速成型、数据编程、测量分析等各个领域。相信模具 CAD/CAE/CAM 系统在今后会逐步发展为支持从设计、分析、管理到加工全过程的产品信息管理的集成化系统。

五、模具 CAD/CAM 技术发展方向

模具 CAD/CAM 技术还在发展之中，发展的主要趋势是集成化、智能化、并行化、网络化和标准化。

1. 计算机集成制造（CIM）

美国的瑟夫·哈林顿博士于 1973 年首次提出 CIM（Computer Integrated Manufacturing）的概念。它的内涵是借助计算机，把企业中与制造有关的各种技术系统地集成起来，进而提高企业适应市场竞争的能力。这个概念强调了两个方面：一是产品生产的各个环节是不可分割的，需要统一安排组织；二是产品制造过程实质上是信息采集、传递、加工处理的过程。

CIM 是 CAD/CAM 集成技术发展的必然趋势。CIM 的目标是以企业为对象，利用计算机信息技术，使企业在经营决策、产品开发、生产准备、生产实施、销售的过程中，将人、生产、经营管理三要素形成的信息流、物流和价值流进行有机集成并优化运行，从而达到产品上市快、高质、低耗、服务好、环境清洁的目的，帮助企业赢得市场竞争优势。

CIMS（Computer Integrated Manufacturing System）是一种基于 CIM 思想的计算机化、信息化、智能化、集成化的制造系统。它适应多品种、小批量市场需求，可有效地缩短生产周期，强化人、生产和经营管理之间的联系，压缩流动资金，提高企业的整体效益。我国于 1986 年 3 月提出 863/CIMS 主题计划，开始了对 CIMS 的全面研究和实施。863/CIMS 主题研究和实施技术的核心是现代集成制造，其中集成分为三个阶段：信息集成、过程集成（如并行工程）和企业集成（如敏捷制造）。在市场竞争的激励与相关技术进步的推动下，近年

来,CIMS 在实践中已被不断充实、完善与发展。

2. 智能化 CAD/CAM 系统

除了集成化之外,CAD/CAM 技术的发展将人工智能技术、专家系统应用于系统中,形成智能化的 CAD/CAM 系统。系统可以储备行业专家的经验和知识,具有学习、推理、联想和判断等功能,以及智能化的视觉、听觉、语言能力,从而解决那些以前必须由行业专家才能解决的概念设计问题。另外,智能化和集成化两者之间存在着密切联系,为了能自动生成制造过程所需的信息,必须理解设计师的设计意图。从这个意义上讲,为实现系统集成,智能化是不可缺少的研究方向。

3. 并行工程

并行工程(Concurrent Engineering)是随着 CAD/CAM、CIMS 技术发展而提出的一种新的系统工程方法。这种方法的思想就是并行的、集成地设计产品及其开发过程。它要求产品开发人员在设计的阶段就考虑产品整个生命周期中可能出现的问题,包括质量、成本、进度、用户等所有要求,最大限度地提高产品开发的一次成功率及效率。并行工程的关键是用并行设计方法代替传统的串行设计方法。

并行工程的实现与 CAD/CAM 技术的发展密切相关,要求 CAD/CAM 技术发展研究特征建模技术,发展新的设计理论的方法,开发制造仿真软件及虚拟制造技术,为支持并行工程应用提供工具和条件;探索新的工艺设计方法,适应可制造性设计(DFM)的要求;借助网络技术,建立并行工程中的数据共享的环境;提供多学科协同开发工作环境,充分发挥人在并行工程中的作用。

我国 CAD/CAM 的研究应用与工业发达国家相比还有较大差距,主要表现在:

(1)CAD/CAM 的应用集成化程度较低,很多企业的应用仍停留在绘图、NC 编程等单项技术的应用上。

(2)CAD/CAM 系统的软、硬件均依靠进口,自主版权的软件较少。

(3)缺少设备和技术力量,有些企业尽管引进了 CAD/CAM 系统,但其功能没能充分发挥。

近年来,模具 CAD/CAM 技术的硬件与软件价格已降低到中小企业普遍可以接受的程度,特别是计算机的普及应用为广大模具企业普及模具 CAD/CAM 技术创造了良好的条件。随着软件的发展和进步,技术培训工作也日趋简化。在普及推广模具 CAD/CAM 技术的过程中,应抓住机遇,重点扶持国产模具软件的开发和应用,加大技术培训和技术服务的力度,应进一步扩大模具 CAD/CAM 技术的应用范围。

思考与练习

简答题

1. 说明电解加工的原理、加工特点。
2. 说明激光加工的原理、加工特点和适用范围。
3. 说明高压水射流切割加工的原理、加工特点。
4. 说明快速成型的制造原理和过程。

5. 目前快速成型常用的技术方法有哪些？
6. 模具快速制造的技术方法有哪些？
7. 什么是高速切削加工？它有哪些特征？
8. 对高速加工刀具有哪些要求？
9. 对高速加工数控编程有哪些要求？
10. 什么是超精密加工？超精密加工涉及哪些领域？
11. 什么是模具 CAD 技术？
12. 什么是模具 CAM 技术？
13. 什么是模具 CAD/CAM 集成技术？
14. 简述 CIM 的含义。
15. 简述并行工程的含义。
16. CAD/CAM 技术在模具制造中有哪些应用？

参 考 文 献

[1] 何平.数控加工中心操作与编程实训教程[M].2版.北京:国防工业出版社,2010.
[2] 于骏一,邹青.机械制造技术基础[M].2版.北京:机械工业出版社,2009.
[3] 屈华昌.塑料成型工艺与模具设计[M].2版.北京:机械工业出版社,2010.
[4] 董玉红.数控技术[M].2版.北京:高等教育出版社,2012.
[5] 张君.数控机床编程与操作[M].北京:北京理工大学出版社,2010.
[6] 全国数控培训网络天津分中心.数控原理[M].3版.北京:机械工业出版社,2012.
[7] 詹华西.数控加工与编程[M].3版.西安:西安电子科技大学出版社,2014.
[8] 彼得·斯密德.数控编程手册[M].3版.北京:化学工业出版社,2012.
[9] 华茂发.数控机床加工工艺[M].2版.北京:机械工业出版社,2011.
[10] 刘宏军.数控加工工艺与编程[M].上海:上海科学技术出版社,2011.
[11] 黄杰,刘宏军.数控车职业技能训练与实践教程[M].北京:化学工业出版社,2012.
[12] 王文凯.数控铣加工技术[M].上海:上海科学技术出版社,2011.
[13] 严帅.数控车加工技术[M].上海:上海科学技术出版社,2011.
[14] 赵萍,张宇.模具数控加工技术[M].北京:国防工业出版社,2012.